名校名师精品系列教材

Java
Programming

Java
程序设计教程

任务驱动式

靳启健 陈承欢◉编著

人民邮电出版社
北京

图书在版编目（CIP）数据

Java 程序设计教程. 任务驱动式 / 靳启健，陈承欢编著. -- 北京 : 人民邮电出版社，2025. --（名校名师精品系列教材）. -- ISBN 978-7-115-64971-3

Ⅰ. TP312.8

中国国家版本馆 CIP 数据核字第 20247JE963 号

内 容 提 要

本书对 Java 程序设计的相关内容进行系统化设计，形成 9 个模块，分别是搭建 Java 开发环境与输出文本信息程序设计、数据存储与运算程序设计、控制运行流程程序设计、面向对象初级程序设计、面向对象高级程序设计、文件操作程序设计、图形用户界面程序设计、网络通信程序设计和数据库应用程序设计。各模块均按照“教学导航－身临其境－前导知识－编程实战－编程拓展－考核评价－归纳总结－模块习题”的结构组织教学内容。本书使用 Java 集成开发环境 Apache NetBeans IDE 编写、调试和运行程序。

本书可以作为高校相关专业“Java 程序设计”课程的教材，也可以作为计算机培训机构的参考资料及 Java 程序设计爱好者的自学参考书。

◆ 编　　著　靳启健　陈承欢
　责任编辑　顾梦宇
　责任印制　王　郁　焦志炜

◆ 人民邮电出版社出版发行　　北京市丰台区成寿寺路 11 号
　邮编　100164　　电子邮件　315@ptpress.com.cn
　网址　https://www.ptpress.com.cn
　三河市君旺印务有限公司印刷

◆ 开本：787×1092　1/16
　印张：17.25　　2025 年 1 月第 1 版
　字数：507 千字　　2025 年 1 月河北第 1 次印刷

定价：69.80 元

读者服务热线：(010)81055256　印装质量热线：(010)81055316
反盗版热线：(010)81055315
广告经营许可证：京东市监广登字 20170147 号

前　言

Java 作为一种优秀的面向对象程序设计语言，具有稳定、安全、可移植性强、支持网络编程、支持多线程、功能不依赖于开发平台等优良特性，是目前使用最广泛的程序设计语言之一。

本书对 Java 程序设计的教学内容进行系统化设计，形成 9 个模块、8 个环节、5 个基本步骤、3 个编程层次和 3 个知识层次的完整体系。

【9 个模块】：搭建 Java 开发环境与输出文本信息程序设计、数据存储与运算程序设计、控制运行流程程序设计、面向对象初级程序设计、面向对象高级程序设计、文件操作程序设计、图形用户界面程序设计、网络通信程序设计和数据库应用程序设计。

【8 个环节】：每个模块都设置完整的教学环节，包括教学导航、身临其境、前导知识、编程实战、编程拓展、考核评价、归纳总结和模块习题，最终形成系统性强、条理性强、循序渐进的教材体系。其中，"身临其境"环节尽量选取贴近读者日常生活的案例，并以图片形式展示编程任务的真实需求，激发读者的学习兴趣。

【5 个基本步骤】：每个模块根据知识学习和技能训练的需要设计完整的编程任务，大部分编程任务按"任务描述－知识必备－任务实现－程序运行－代码解读"5 个基本步骤组织实施，教师可根据教学内容实际需要灵活设置第 6 个步骤"问题探究"。

【3 个编程层次】：本书设置了 3 个编程层次，即"实例验证""编程实战""编程拓展"。"实例验证"通过编写与运行程序，带领读者验证并理解 Java 知识点；"编程实战"和"编程拓展"以任务形式提供，要求读者综合运用相关编程知识编写满足具体需求的程序。其中，"编程实战"为难度适中的基本编程任务；"编程拓展"为编程知识的提升应用，其程序的需求分析和代码编写均适度增加了难度。

【3 个知识层次】：大多数模块的编程知识分为"前导知识""知识必备""问题探究"3 个层次。其中，"前导知识"在每个模块的"编程实战"之前以连续方式呈现；"知识必备"与各项任务所应用的主要编程知识对应，分散于每个编程任务之中，通过知识点的编号体现知识的关联性；"问题探究"根据需要灵活设置，以"问题"方式析疑解惑，专门破解编程难点。

本书的主要特色与创新点总结如下。

（1）以"编程实战"为中心组织教学内容、设计编程任务，围绕程序带领读者学习语法、熟悉算法、掌握方法、实现想法。

作为程序设计课程，让学生在课堂上理解知识点、掌握具体的语法规则固然重要，但更重要的是，要教会学生解决实际问题的方法，在教学过程中培养学生的思维能力。本书把训练编程能力放在主体地位，使学生熟悉算法设计、掌握编程方法，提高学生分析问题和解决问题的能力。

（2）本书主体采用"任务驱动+问题探析"的教学方法，强调"做中学，做中会"，强化对编程技能的训练。

编者认为，程序设计不是听会的，也不是看会的，而是练会的。写在纸上的程序，看上去是正确的，一上机运行，可能会发现不少错误。课堂教学应让学生多动手、动脑，更多地上机实践。只有让学生动手，他们才会有成就感，进而对程序设计课程产生浓厚的兴趣，才会主动学习。不仅如此，学生只有在编写大量程序之后，才能将理论知识自如地运用到实际应用中。

（3）理论知识与实际应用有机结合，让读者在分析实际需求、解决实际问题的过程中学习语法知识、体会语法规则、积累编程经验、提升编程能力。

每个教学模块的理论知识分别在“前导知识”环节和编程任务的“知识必备”环节进行讲解。实际应用则以实例和任务的方式设置在“实例验证”“编程实战”“编程拓展”环节。各模块末尾均配套在线测试，读者扫描二维码即可答题（每次随机选取10道题目，读者可多次扫描二维码，进行练习）。

（4）强调良好的编程习惯和认真的工作态度的培养。

读者在编程过程中，除了学习必备知识和训练必需技能外，还应注重养成良好的编程习惯，强调程序的规范性、可读性，程序构思要有说明，程序代码要有注释，程序运行结果要有分析，程序算法尽量优化。因此，为培养读者良好的编程习惯、严谨的设计思路和认真的工作态度，本书大部分示例代码均附带详细注释。

本书由山东铝业职业学院靳启健和湖南铁道职业技术学院陈承欢编著。颜谦和、冯向科、张军、张丽芳等老师参与了教学案例的设计与部分章节的整理工作，在此表示感谢。

由于编者水平有限，书中难免存在不妥之处，敬请读者批评指正，编者的QQ号码为1574819688。

编　者

2024年9月

目　录

模块 1

模块 2

模块 3

模块 4

模块 5

模块 6

模块 7

模块 8

模块 9

附录

模块 1 搭建Java开发环境与输出文本信息程序设计

Java 是一种可以编写跨平台应用程序的面向对象的程序设计语言，Java 具有卓越的通用性、高效性、平台移植性和安全性，是目前使用最广泛的程序设计语言之一。Apache NetBeans IDE 是使用 Java 开发的一个开源工具，是目前使用非常广泛的 Java 开发工具。

教学导航

教学目标	（1）初步了解 Java、JDK、JRE、JVM、Java API、Apache NetBeans IDE （2）初步了解 Java 程序的运行机制、Java 程序的编译与运行 （3）学会下载与安装 JDK、Apache NetBeans IDE （4）学会在 Windows 操作系统中配置 Java 运行环境 （5）熟悉 Apache NetBeans IDE 的组成及其功能
教学重点	（1）Java 运行环境的配置 （2）Apache NetBeans IDE 的组成及其功能 （3）Java 程序的运行机制

身临其境

网站中经常需要输出文本信息，以“京东商城”为例进行说明，在“京东商城”网站的页面中，文本形式的导航栏很常见。“京东商城”用户登录之前的顶部导航栏如图 1-1 所示，由于此时用户还没有成功登录，顶部导航栏左侧输出“你好，请登录 免费注册”文本内容。“京东商城”用户成功登录后的顶部导航栏如图 1-2 所示，由于此时用户已成功登录，顶部导航栏左侧输出成功登录的用户名以及用户类型。

你好，请登录 免费注册 | 我的订单 | 我的京东 | 企业采购 | 商家服务 | 网站导航 | 手机京东 | 网站无障碍

图 1-1 “京东商城”用户登录之前的顶部导航栏

jdchenchk... PLUS | 我的订单 | 我的京东 | 企业采购 | 商家服务 | 网站导航 | 手机京东 | 网站无障碍

图 1-2 “京东商城”用户成功登录后的顶部导航栏

“京东商城”客户服务与设置选项如图 1-3 所示，每一行输出 1 个服务或选项。“京东商城”商品类

别列表如图 1-4 所示，商品类别分多行在页面中输出，每一行的商品类别为 1 种至 4 种。

客户服务
返修退换货
价格保护
意见建议
我的问答
购买咨询
交易纠纷
京东维修
我的发票
举报中心

设置
个人信息
收货地址

图 1-3 “京东商城”客户服务与设置选项

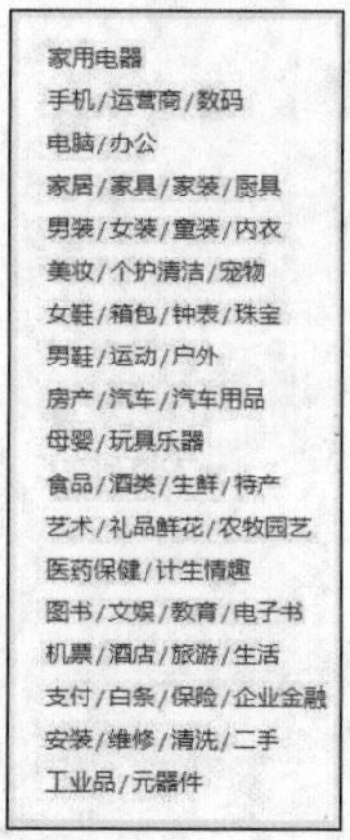

家用电器
手机/运营商/数码
电脑/办公
家居/家具/家装/厨具
男装/女装/童装/内衣
美妆/个护清洁/宠物
女鞋/箱包/钟表/珠宝
男鞋/运动/户外
房产/汽车/汽车用品
母婴/玩具乐器
食品/酒类/生鲜/特产
艺术/礼品鲜花/农牧园艺
医药保健/计生情趣
图书/文娱/教育/电子书
机票/酒店/旅游/生活
支付/白条/保险/企业金融
安装/维修/清洗/二手
工业品/元器件

图 1-4 “京东商城”商品类别列表

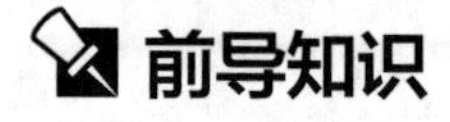

前导知识

【知识 1-1】认知 Java

Java 最初是由 Sun Microsystems 公司推出的 Java 面向对象程序设计语言和 Java 平台的总称，由詹姆斯·高斯林与他的同事们共同研发，并在 1995 年正式推出。Java 最初被称为 Oak，是 1991 年为消费类电子产品的嵌入式芯片设计的。其于 1995 年更名为 Java，并重新设计用于开发 Internet 应用程序。用 Java 实现的 HotJava 浏览器（支持 Java Applet）显示了 Java 的魅力：跨平台、动态 Web、Internet 计算。从此，Java 被广泛接受并推动了 Web 的迅速发展，常用的浏览器均支持 Java Applet。Java 自面世后就非常流行，发展迅速，Java 技术也不断更新。在全球云计算和移动互联网的产业环境下，Java 具备了显著优势和广阔前景。2010 年，Oracle 公司收购了 Sun Microsystems 公司，Java 便成为 Oracle 公司旗下的产品。

【知识 1-2】认知 Java API

Java 应用程序接口（Java Application Program Interface，Java API）是程序员使用 Java 进行程序开发时相关类的集合，是 Java 的一个重要组成部分。Java API 中的类按照用途被分为多个包（Package），每个包又是一些相关类或接口的集合，其中 java.*包是 Java API 的核心。

【知识 1-3】认知 Java 程序的运行机制

Java 程序分为 Java 应用程序（Java Application）和 Applet 小程序（Java Applet）两类。Java 应用程序只有通过编译器编译生成.class 文件后，才能被 Java 解释器解释并执行；Java 小程序不能独立运行，它是必须被嵌入超文本标记语言（Hypertext Markup Language，HTML）代码中，由 Web 浏览器内含的 Java 解释器解释运行的非独立程序。

对于多数程序设计语言来说，其程序执行方式要么采用编译执行方式，要么采用解释执行方式。而 Java 的特殊之处在于，程序的运行既要经过编译又要经过解释。

Java 根据自身的实际需要将解释型和编译型相结合，采用“半编译半解释型”的执行机制，即 Java 程序的最终执行需要经过编译和解释两个步骤。首先，Java 使用 Java 编译器将 Java 程序编译成与操作系统无关的字节码（二进制代码），而不是本机代码；其次，通过 Java 解释器来执行字节码。任何一台机器，无论安装什么类型的操作系统，只要配备了 Java 解释器，就可以执行字节码，且不必考虑这种字节码是在哪一种类型的操作系统上生成的。

Java 通过预先把源程序编译成字节码，克服了传统的解释型语言执行效率低的性能瓶颈。但是，字节码不能在操作系统上直接执行，必须在包含 Java 虚拟机（Java Virtual Machine，JVM）的操作系统上才能执行。

JVM 是一种可执行 Java 代码的虚拟机，它在任何操作系统上都能为编译程序提供一个共同的接口。编译程序只需要面向虚拟机并生成其能够解释的代码，然后由解释器将虚拟机代码转换为特定操作系统的机器码执行。Java 开发工具包（Java Development Kit，JDK）针对每一种操作系统提供的解释器是不同的，但是 JVM 的实现是相同的。

Java 应用程序的执行过程：Java 源程序（.java 文件）经过 Java 编译器（javac.exe）编译后生成的字节码文件（.class 文件）由 JVM 解释执行，并在特定的操作系统上执行，如图 1-5 所示。利用 JVM 把字节码与具体的软硬件平台隔离，就能保证在任何操作系统中编译的字节码文件都能在 JVM 上执行。

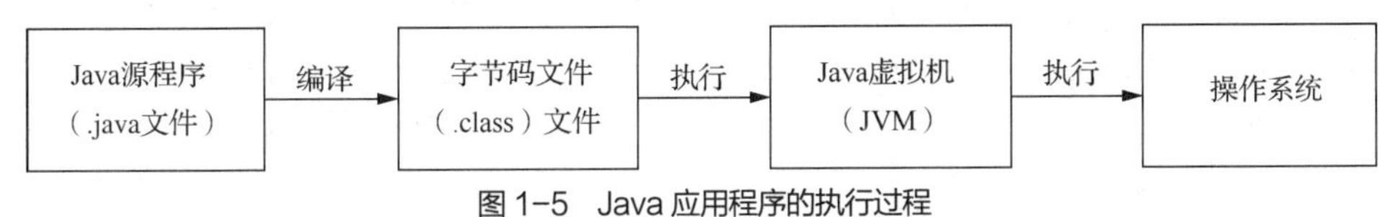

图 1-5　Java 应用程序的执行过程

编程实战

1.1 搭建 Java 程序开发环境

【任务 1-1】安装与配置 JDK

【任务描述】

（1）下载与安装 JDK

从官网下载最新版本的 JDK，然后正确安装 JDK。

（2）在 Windows 操作系统中配置 Java 运行环境

JDK 安装完成后，需要对 JAVA_HOME Path 以及 ClassPath 环境变量进行正确的配置。其中，JAVA_HOME 设置为 JDK 所在路径，如“C:\Program Files\Java\jdk-19”；在 Path 环境变量中增加 bin 文件夹所在路径，如在 Path 环境变量中增加“C:\Program Files\Java\jdk-19\bin;”，注意“;”是路径之间的分隔符；ClassPath 环境变量设置为编译 Java 程序时所需要的一些外部.class 文件所在路径，如将 ClassPath 变量设置为“C:\Program Files\Java\jdk-19\jre\lib;”。

【知识必备】

【知识 1-4】区分 JDK、JRE、JVM

1. JDK

JDK 是 Java 的软件开发工具包（Software Development Kit，SDK），没有 JDK，无法编译 Java 程序，JDK 主要分为标准版、企业版和微型版。如果想只运行 Java 程序，则要确保已安装相应的 JRE。

（1）标准版（Standard Edition，SE）J2SE，是通常使用的版本，从 JDK 5.0 开始，其改名为

Java SE。

（2）企业版（Enterprise Edition，EE）J2EE，主要用于开发 J2EE 应用程序，从 JDK 5.0 开始，改名为 Java EE。

（3）微型版（Micro Edition，ME）J2ME，主要用于开发移动设备、嵌入式设备上的 Java 应用程序，从 JDK 5.0 开始，其改名为 Java ME。

2. JRE

Java 运行环境（Java Runtime Environment，JRE）是 Java 程序运行必备的环境集合，包含 JVM 标准实现及 Java 核心类库。JRE 是可以运行、测试和传输应用程序的 Java 平台，包括 JVM、Java 核心类库和支持文件。但 JRE 不包含开发工具（JDK）的编译器、调试器和其他工具。JRE 需要辅助工具 Java plug-in，以便在浏览器中运行 Java Applet。

3. JVM

JVM 是一个虚拟的计算机，通过仿真模拟各种计算机功能来实现其功能。Java 具有的一个非常重要的特点就是与平台的无关性，而使用 JVM 是实现这一特点的关键。一般的高级语言如果要在不同的平台上运行，则至少需要编译成不同的目标代码。而引入 JVM 后，Java 在不同平台上运行时不需要重新编译。Java 使用 JVM 屏蔽了与具体平台相关的信息，使得 Java 编译程序只需生成在 JVM 上执行的字节码，就可以在多种平台上不加修改地运行。JVM 在执行字节码时，把字节码解释成具体平台上的机器指令。这就是 Java 能够“一次编译，到处运行”的原因。

【知识 1-5】认知 Java 程序的编译和执行

编译和执行 Java 程序必须经过两个步骤：第一步，将 Java 源文件（扩展名为.java）编译成字节码文件（扩展名为.class）；第二步，解释执行字节码文件。实现以上两个步骤要使用 javac 和 java 命令。

【任务实现】

1. 下载 JDK

本书使用的是 JDK 19，安装文件名为 jdk-19_windows-x64_bin.exe，下载网址为 https://www.oracle.com/java/technologies/downloads/#java19。

2. 安装 JDK

成功下载 JDK 的安装文件后，双击 JDK 的安装文件 jdk-19_windows-x64_bin.exe，启动安装向导，然后根据安装向导的提示信息完成 JDK 的安装。

3. 在 Windows 操作系统中配置 Java 运行的环境变量

在开发 Java 程序之前，必须在计算机上安装并配置 Java 运行环境，本书采用 JDK 19。JDK 19 成功安装后，在指定的安装位置将会出现 jdk-19 文件夹。

jdk-19 文件夹中包含 bin、include、lib 等多个子文件夹。bin 子文件夹用于存放开发 Java 程序所需工具，如编译指令 javac、执行指令 java 等；include 子文件夹用于存放编译本地方法的头文件；lib 子文件夹用于存放开发工具包的类库文件。

在 Windows 操作系统的命令提示符后输入命令“javac”，如果命令行窗口中输出提示信息“javac 不是内部或外部命令，也不是可运行的程序或批处理文件”，则说明虽然安装了 JDK，但是操作系统并不知道这两个命令所在的路径，也就无法执行命令。Windows 操作系统根据 Path 环境变量来查找命令，Path 的值就是一系列路径。因此，安装完 JDK 之后，还要设置 Windows 操作系统的环境变量并测试 JDK 的配置是否成功，才能正确编译和执行 Java 程序。

这里以 Windows 10 为例说明环境变量的设置方法。首先右击桌面上的“此电脑”图标，在弹出的快捷菜单中选择【属性】命令，打开【系统】窗口，在【系统】窗口右侧的“相关设置”导航栏区域中单击

【高级系统设置】超链接，弹出【系统属性】对话框，并自动切换到“高级”选项卡，如图 1-6 所示。

（1）设置 Path 环境变量

在【系统属性】对话框的“高级”选项卡中单击【环境变量】按钮，弹出【环境变量】对话框，在该对话框的“系统变量”列表框中选择“Path”选项。

单击【编辑】按钮，弹出【编辑环境变量】对话框，在该对话框中添加路径“C:\Program Files\Java\jdk-19\bin;”，单击【确定】按钮，返回【环境变量】对话框，如图 1-7 所示。通过设置 Path 环境变量，系统将会按照顺序在安装路径下的 bin 文件夹中找到 Java 编译器命令 javac、解释器命令 java 以及其他工具命令。

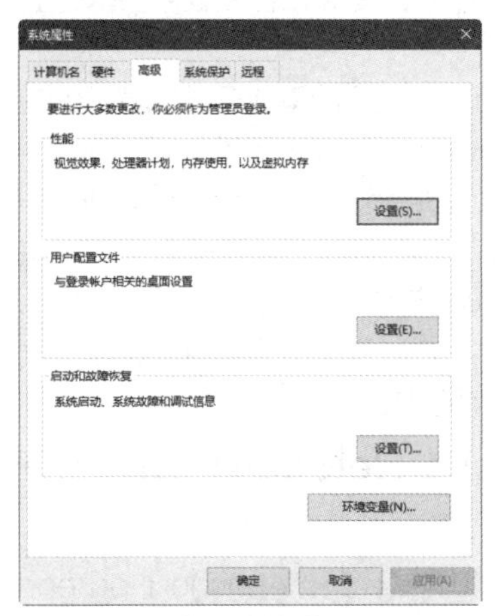

图 1-6 【系统属性】对话框

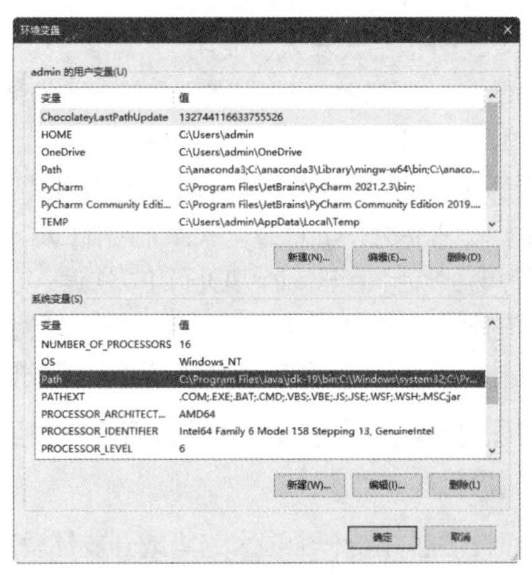

图 1-7 【环境变量】对话框

系统环境变量 Path 用来指定一个系统搜索的路径列表，以便自动搜索文件。如果待搜索的文件在当前文件夹中没有找到，则依次搜索 Path 中的每一条路径；如果仍没有搜索到，则会给出提示信息。注意，用户变量只对当前用户有效，而系统变量对所有用户都有效，系统变量的优先级高于用户变量的优先级。

在【环境变量】对话框中单击【确定】按钮，返回【系统属性】对话框，在该对话框中单击【确定】按钮，即可完成 Path 环境变量的设置，关闭【系统】窗口。

（2）测试 JDK 的环境配置

右击【开始】按钮，在弹出的快捷菜单中选择【运行】命令，弹出【运行】对话框，在“打开”下拉列表框中输入命令“cmd”，如图 1-8 所示，单击【确定】按钮，打开命令行窗口。在该窗口的命令提示符后面输入命令“java -version”，然后按【Enter】键，如果环境配置正确，则会显示 JDK 的版本信息，如图 1-9 所示。

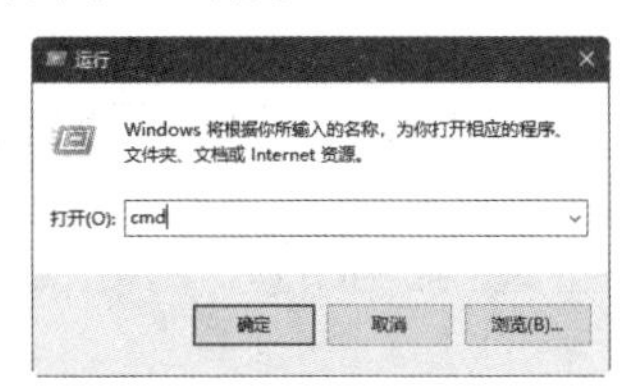

图 1-8 【运行】对话框

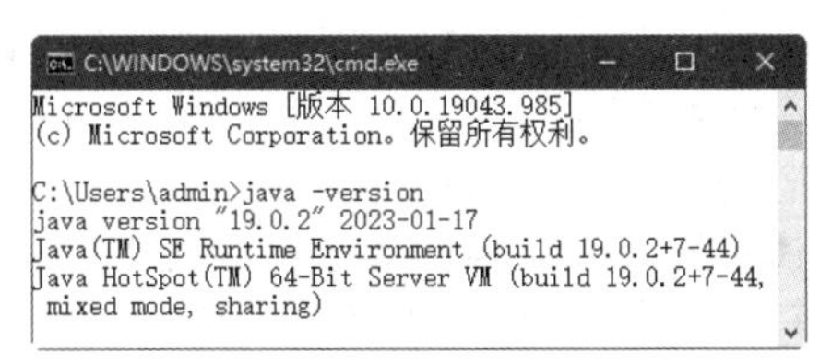

图 1-9 JDK 的版本信息

【任务 1-2】下载与安装 Apache NetBeans IDE

【任务描述】

从官网下载最新版本的 Apache NetBeans IDE，然后进行正确安装。

【知识必备】

【知识 1-6】认知 Apache NetBeans IDE

Apache NetBeans IDE 最初是 Sun Microsystems 公司使用 Java 开发的一个开源工具，是 Java 为开发图形用户界面（Graphical User Interface，GUI）提供的第三代技术，是目前使用广泛的开源且免费的 Java 集成开发环境，Apache NetBeans IDE 可以使用 Swing 组件快捷开发具有 GUI 的 Java 应用程序。当年作为 Sun Microsystems 公司认定的 Java 开发工具，Apache NetBeans IDE 的开发过程被认为最符合 Java 的开发理念。Apache NetBeans IDE 主要包括集成开发环境（Integrated Development Environment，IDE）和平台（Platform）两部分，其中 IDE 是在平台基础上实现的，并且平台本身开放给开发人员使用。

Apache NetBeans IDE 是一个与 Microsoft Visual Studio 类似的集成开发环境，可以方便地在 Windows、macOS、Linux 和 Solaris 中运行。Apache NetBeans IDE 可以使开发人员利用 Java 平台快速创建 Web、桌面以及移动的应用程序，Apache NetBeans IDE 目前支持 PHP、Ruby、JavaScript、AJAX、Groovy、Grails 和 C/C++等开发语言。

利用 Apache NetBeans IDE 可以快速、方便地开发 Java 应用程序，在 Apache NetBeans IDE 中，所有的开发工作都是基于项目完成的。项目由一组源文件组成，即一个项目可以包含一个或多个源文件。此外，项目还包含用来生成、运行和调试这些源文件的配置文件。

【知识 1-7】对比 Java 程序的开发工具：Apache NetBeans IDE、Eclipse 和 IntelliJ IDEA

Java 程序员需要一个强大的集成开发环境来编写、调试和测试代码。Apache NetBeans IDE、Eclipse 和 IntelliJ IDEA 是 3 个受欢迎的 Java IDE，它们都拥有一系列强大的功能和工具。下面对这 3 个 Java IDE 进行比较，分析其各自的优缺点，为不同的 Java 开发人员选择合适的 Java IDE 提供参考。

1. Apache NetBeans IDE

Apache NetBeans IDE 是一个免费、开源的 IDE，是一个基于 Java 的 IDE，支持 Java、C/C++和 PHP 等程序设计语言。同时，Apache NetBeans IDE 还支持多平台开发，包括 Linux、Windows 和 macOS 等操作系统。Apache NetBeans IDE 的最大特点是易学易用，结合了代码编写、调试和构建等功能，方便开发人员在一个环境中完成所有开发工作。

（1）Apache NetBeans IDE 的优点

Apache NetBeans IDE 拥有许多强大的功能和工具，其主要优点如下。

① 拥有丰富的插件生态系统。Apache NetBeans IDE 拥有一个庞大的插件库，可以为开发人员提供各种功能和工具，包括代码模板、调试器和版本控制系统等。

② 拥有强大的调试功能。Apache NetBeans IDE 提供了一套强大的调试工具，可帮助开发人员轻松地诊断和修复代码中的错误。

③ 快速开发。Apache NetBeans IDE 提供了一些快速开发工具，如 GUI 设计器和代码生成器，可以帮助开发人员快速创建应用程序。

（2）Apache NetBeans IDE 的缺点

虽然 Apache NetBeans IDE 是一款非常强大的 Java IDE，但它也存在一些缺点。

① 性能问题。Apache NetBeans IDE 在启动时需要消耗较长的时间，对于一些性能较低的计算机来说，这可能会成为一个问题。

② 代码重构。Apache NetBeans IDE 的代码重构功能不如 Eclipse 和 IntelliJ IDEA 强大，一些高级功能需要安装插件。

2. Eclipse

Eclipse 是一款免费、开源的 Java IDE，其主要优点在于集成度高，支持多种语言以及插件的扩展，让用户可以更加轻松地进行开发。Eclipse 的用户界面简洁明了，可以帮助开发人员更加专注于代码的编写和调试。同时，Eclipse 提供了强大的调试和分析工具，使得开发过程更加高效。

（1）Eclipse 的优点

Eclipse 拥有众多的功能和插件，其主要优点如下。

① 稳定的性能。Eclipse 拥有非常稳定的性能和快速的响应速度，在处理大型项目时也非常出色。

② 插件库。Eclipse 有庞大的插件库，提供各种各样的功能，包括代码格式化、调试器和版本控制等。

③ 完善的代码重构功能。Eclipse 的代码重构功能非常强大，包括代码提取、变量重命名、方法提取和类提取等。

（2）Eclipse 的缺点

虽然 Eclipse 是一款非常流行的 Java IDE，但它也存在一些缺点，具体如下。

① 界面不够现代化。Eclipse 的界面相对来说不够现代化和友好，可能会给使用者带来不便。

② 较差的 GUI 设计器。Eclipse 的 GUI 设计器与其他 IDE 相比要差一些，可能不够直观和易用。

3. IntelliJ IDEA

IntelliJ IDEA 被认为是 Java 开发中最流行的 IDE 之一，它具有出色的智能功能和代码分析能力，可以帮助开发人员更轻松地完成任务。IntelliJ IDEA 支持多种程序设计语言，包括 Java、Kotlin、Scala 和 Groovy 等，并提供强大的插件机制，可以扩展到其他语言和框架。

（1）IntelliJ IDEA 的优点

IntelliJ IDEA 是一款由 JetBrains 公司开发的商业 Java IDE，拥有很多强大的功能和工具。IntelliJ IDEA 的主要优点如下。

① 出色的代码重构功能。IntelliJ IDEA 的代码重构功能非常强大，可帮助开发人员快速重构代码，如提取方法、提取变量、内联方法和重命名等。

② 智能代码完成功能。IntelliJ IDEA 的智能代码完成功能非常强大，可以根据上下文自动推断开发人员要编写的代码，从而提高编写代码的速度。

③ 强大的插件库。IntelliJ IDEA 拥有一个强大的插件库，可以为开发人员提供各种功能和工具，如版本控制、静态代码分析、数据库支持等。

（2）IntelliJ IDEA 的缺点

虽然 IntelliJ IDEA 是一款非常强大的 Java IDE，但它也存在资源消耗较大等缺点。由于 IntelliJ IDEA 拥有很多强大的功能和工具，因此需要占用更多的计算机资源，可能会影响开发人员的使用体验。

综上所述，Apache NetBeans IDE、Eclipse 和 IntelliJ IDEA 都是常见的 Java 开发工具，它们都有自己的特点和优势。选择哪个工具更多地取决于开发人员的需求和习惯。

对于初学者来说，Apache NetBeans IDE 是较好的选择，因为它拥有友好的界面。

对于处理大型项目的开发人员，Eclipse 是一个非常不错的选择，因为它拥有稳定的性能和快速的响应速度。

对于专业的 Java 开发人员，IntelliJ IDEA 是较好的选择，因为它拥有很多强大的功能和工具，如智能代码完成和出色的代码重构功能，可以提高开发人员的效率和生产力。

总之，Java IDE 应该根据自己的需求和偏好进行选择。无论选择哪种 IDE，都应该花时间学习和熟悉它的功能和工具，从而提高程序的开发效率和质量。

【任务实现】

1. 下载 Apache NetBeans IDE

打开浏览器，在地址栏中输入网址“https://netbeans.apache.org/download/”，在打开的 Apache NetBeans 19 下载页面中，找到对应版本的 Apache NetBeans IDE，单击【Download】按钮，即可打开下载 Apache NetBeans IDE 的页面。在该页面中找到对应的安装包，如 Apache-NetBeans-19-bin-windows-x64.exe (SHA-512, PGP ASC)，单击该超链接即可开始下载安装包。

2. 安装 Apache NetBeans IDE

完成下载 Apache NetBeans IDE 的安装包后，双击 Apache NetBeans IDE 的安装文件，这里的安装文件为 Apache-NetBeans-19-bin-windows-x64.exe，启动安装向导，然后根据安装向导的提示信息完成 Apache NetBeans IDE 的安装。

1.2 Apache NetBeans IDE

【任务 1-3】熟悉与使用 Apache NetBeans IDE

【任务描述】

（1）启动 Apache NetBeans IDE，认识 Apache NetBeans IDE 的基本组成。

（2）在 Apache NetBeans IDE 中尝试创建 Java 标准项目、Java 包、Java 主类和 Java 类，然后尝试更改运行的主类。

（3）在 Apache NetBeans IDE 中尝试运行 Java 标准项目。

【知识必备】

【知识 1-8】启动 Apache NetBeans IDE

在【开始】菜单中选择【程序】→【Apache NetBeans IDE】→【Apache NetBeans IDE 19】命令，也可以直接双击桌面快捷方式 Apache NetBeans IDE 19，启动 Apache NetBeans IDE，其启动界面如图 1-10 所示。

图 1-10　Apache NetBeans IDE 19 启动界面

【知识 1-9】认知 Apache NetBeans IDE 主界面

Apache NetBeans IDE 19 启动成功后，将进入图 1-11 所示的 Apache NetBeans IDE 19 主界面。Apache NetBeans IDE 19 主界面主要包括以下各个部分。

1. Apache NetBeans IDE 的菜单栏

如图 1-11 所示，Apache NetBeans IDE 的菜单栏包括【File】【Edit】【View】【Navigate】【Source】【Refactor】【Run】【Debug】【Profile】【Team】【Tools】【Window】【Help】菜单。

2. Apache NetBeans IDE 的工具栏

Apache NetBeans IDE 的工具栏提供了诸如【New Project】【New File】【Open Project】【Save All】【Undo】【Redo】【Build Project】【Clean and Build Project】【Run Project】【Debug Project】【Profile Project】等常用按钮，将鼠标指针停留在工具栏的某个按钮上，会显示该按钮功能的提示信息及快捷键。在工具栏空白处右击，可根据需要在弹出的快捷菜单中对工具栏进行定制。

图 1-11　Apache NetBeans IDE 19 主界面

3. Apache NetBeans IDE 的主要窗口

利用 Apache NetBeans IDE 可以快速、方便、可视化地开发 Java GUI 程序。Apache NetBeans IDE 的窗口是 Apache NetBeans IDE 的重要组成部分，主要包括【Projects】【Files】【Services】【Output】【Navigator】【Palette】【Properties】【Source】等窗口，如图 1-12 所示，每个窗口实现不同的功能。

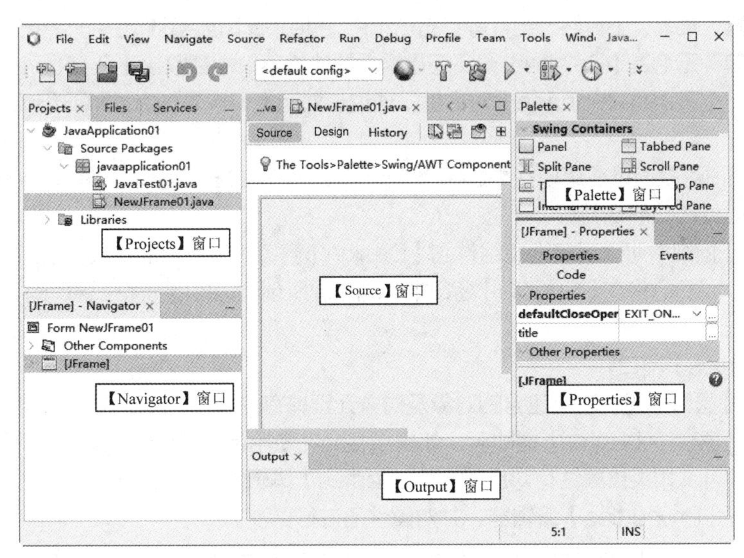

图 1-12　Apache NetBeans IDE 的主要窗口

（1）【Projects】窗口

【Projects】窗口列出了当前打开的所有项目，是项目源的主入口。展开某项目节点会看到其项目组成。在 Apache NetBeans IDE 中，所有的开发工作都基于项目完成。项目由一组源文件组成，还包含用来生成、运行和调试这些源文件的配置文件。【Projects】窗口可以包含一个项目，也可以包含多个项目，但同一时间只能有一个主项目，在【Projects】窗口中可以进行主项目的设置。【Projects】窗口可通过在菜单栏中选择【Window】→【Projects】命令打开，或者通过快捷键 Ctrl+1 打开。

（2）【Files】窗口

【Files】窗口用于显示基于文件夹的项目视图，其中包括【Projects】窗口中未显示的文件及文件夹，以及支撑项目运行的配置文件。【Files】窗口可通过在菜单栏中选择【Window】→【Files】命令打开，或者通过快捷键 Ctrl+2 打开。

（3）【Services】窗口

【Services】窗口描述了 Apache NetBeans IDE 运行时资源的逻辑视图，包括 Databases、Servers、Maven Repositories、Cloud、Hudson Builders、Docker、Task Repositories、Selenium Server 等。【Services】窗口可通过在菜单栏中选择【Window】→【Services】命令打开，或者通过快捷键 Ctrl+5 打开。

（4）【Output】窗口

【Output】窗口用于显示来自 IDE 的消息，消息种类包括调试程序、编译错误、输出语句、生成 Javadoc 文档等。【Output】窗口可通过在菜单栏中选择【Window】→【Output】命令打开，或者通过快捷键 Ctrl+4 打开。

（5）【Navigator】窗口

【Navigator】窗口显示了当前选中文件包含的构造方法和普通方法等。将鼠标指针停留在某成员节点上，可以显示其 Javadoc 文档内容。在【Navigator】窗口中双击某成员节点，可以在代码编辑器中直接定位该成员。默认情况下，在 Apache NetBeans IDE 的左下角显示【Navigator】窗口。【Navigator】窗口可通过在菜单栏中选择【Window】→【Navigator】命令打开，或者通过快捷键 Ctrl+7 打开。

（6）【Palette】窗口

【Palette】窗口包含可添加到 IDE 编译器中的各种组件。对于 Java GUI 程序，【Palette】窗口中的可用项包括容器、菜单、工具栏、组件等。右击【Palette】窗口或组件上的任意空白位置，都可以弹出相应的快捷菜单。无论是【Palette】窗口还是组件的快捷菜单中都包含【Palette Manage】命令，选择该命令可弹出【Palette Manage】对话框，通过该对话框可以添加、删除、组织【Palette】窗口中的组件。

【Palette】窗口可以通过在菜单栏中选择【Window】→【IDE Tools】→【Palette】命令打开，或者通过快捷键 Ctrl+Shift+8 打开。

从【Palette】窗口中可以直接拖曳组件到【Design】窗口中进行界面布局。程序界面布局完成后，Apache NetBeans IDE 将在【Source】窗口中自动生成所创建组件的 Java 源代码，并将组件与其事件进行关联操作。

（7）【Properties】窗口

【Properties】窗口描述了项目包含的对象及对象元素具有的属性。如果要修改属性值，则单击属性字段并直接输入新值，按【Enter】键即可。如果属性允许使用特定的值，则会出现下拉箭头，单击下拉箭头并选中值即可。如果该属性有对应的【Properties】编辑器，则会出现三个点号（…）按钮，单击该按钮即可打开【Properties】编辑器，并对属性值进行更改。

【Properties】窗口可以通过在菜单栏中选择【Window】→【Properties】命令打开，或者通过快捷键 Ctrl+Shift+7 打开。

（8）【Source】窗口

Apache NetBeans IDE 的【Source】窗口是编写 Java 程序代码的窗口，它提供了各种可以使编写代码更简单、快捷的功能。Apache NetBeans IDE 支持代码模板功能，借助代码模板，可以加快开发速度，积累开发经验，降低记忆成本及沟通成本。代码模板的使用很简单，只需要在源代码编辑器中输入代码模板的缩写，然后按【Tab】键或【Space】键即可生成完整的代码。代码模板功能可以帮助程序员快速查找并输入 Java 的类名、表达式、方法名、组件名及属性等。在输入字符后，Apache NetBeans IDE 代码编辑器将显示提示菜单，列出可能包含的类、方法、变量等。

【知识 1-10】熟知 Java 标准项目的运行方式

Apache NetBeans IDE 中 Java 标准项目的运行方式主要有以下几种。

（1）在工具栏中单击【运行项目】按钮，开始运行项目，该方法适用于运行主项目。如果要运行的项目不是主项目，则将其设置为主项目即可。

（2）在【Run】菜单中选择【Run Project】命令，开始运行项目，该方法适用于运行主项目。如果要运行的项目不是主项目，则将其设置为主项目即可。

（3）在【Projects】窗口中选中要运行的文件并右击，选择【Run File】命令，即可运行选中的文件，该方法适用于主项目和非主项目。

【任务实现】

1. 启动 Apache NetBeans IDE

启动 Apache NetBeans IDE 的方法见【知识 1-8】。

2. 创建 Java 标准项目

（1）在 Apache NetBeans IDE 的【File】菜单中选择【New Project】命令，弹出【New Project】对话框，在该对话框的“Choose Project”区域的“Categories”列表框中选择“Java with Ant”选项，在“Projects”列表框中选择“Java Application”选项，如图 1-13 所示。

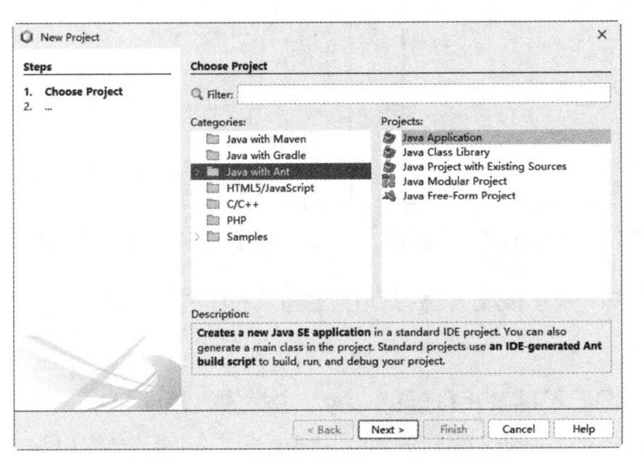

图 1-13 【New Project】对话框

（2）单击【Next】按钮，弹出【New Java Application】对话框。在“Project Name”文本框中输入“Unit01”，在“Project Location”文本框中输入“D:\JavaProject”，选中“Create Main Class”复选框，在其右侧的文本框中输入“unit01.JavaTest01”（这里“unit01”表示包名称，“JavaTest01”表示主类名称），如图 1-14 所示。主项目是包含应用程序主类的项目，在 IDE 中有且只有一个主项目。如果这里没有选中“Create Main Class”复选框，则需要另行创建 Java 包及 Java 主类。

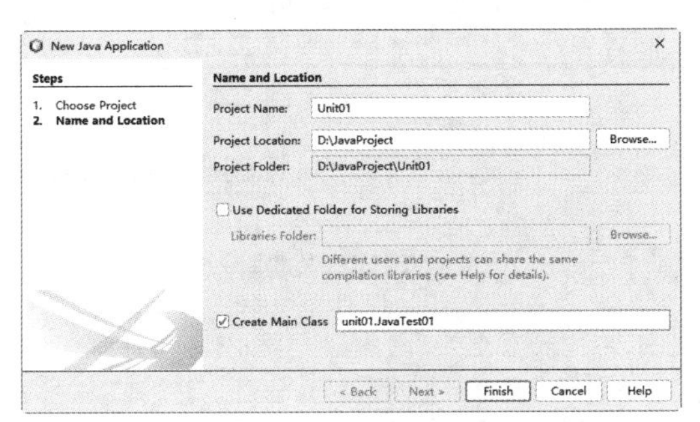

图 1-14 【New Java Application】对话框

（3）单击【Finish】按钮，完成 Java 标准项目的创建。创建标准项目 Unit01 时系统自动生成的代码如图 1-15 所示。创建的标准项目包含主类 JavaTest01，主类是指包含 main()方法的 Java 类，主类是一个项目的入口，main()方法是一个程序执行的入口，且一个 Java 项目只能有一个主类。

以上操作在创建 Java 标准项目的同时，创建了 Java 主类 JavaTest01 以及 Java 包 unit01。

Apache NetBeans IDE 将项目信息存储在 nbproject 文件夹中，包括 Ant 生成的脚本、控制生成和运行的属性文件以及可扩展标记语言（Extensible Markup Language，XML）配置文件。

在 main()方法中输入以下代码。

```
System.out.println(x:System.getProperty(key:"file.encoding"));
```

这行代码的功能是输出 Java 文件的编码，如 UTF-8、GBK、GB2312 等。

在主类 JavaTest01 的 main()方法中输入所需代码，此时，JavaTest01.java 文件编辑窗口如图 1-16 所示。

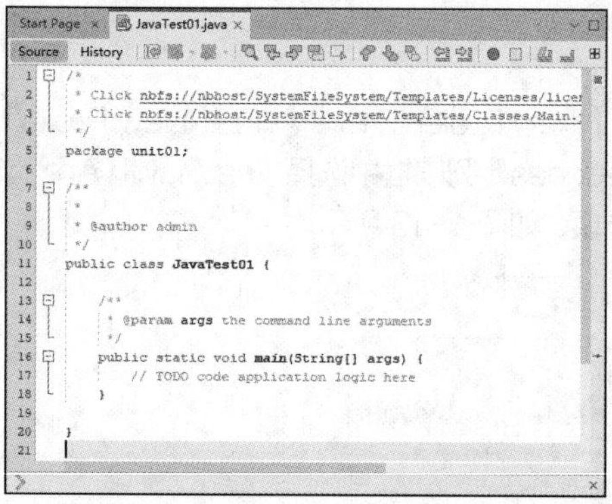

图 1-15　创建标准项目 Unit01 时系统自动生成的代码

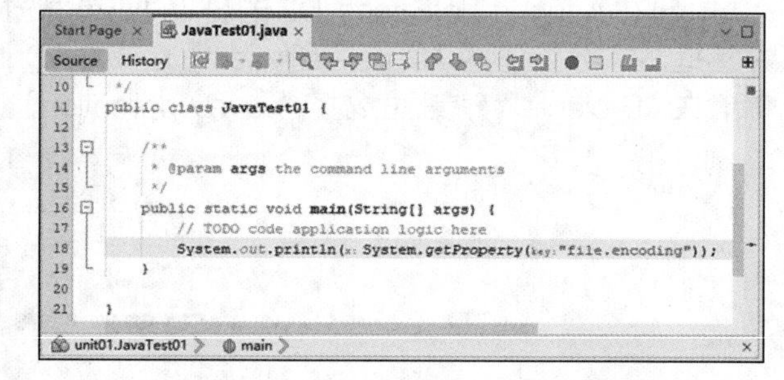

图 1-16　JavaTest01.java 文件编辑窗口

单击工具栏中的【Save All】按钮，保存新创建的 Java 项目 Unit01。

3. 创建 Java 包

Apache NetBeans IDE 不推荐将创建的 Java 主类放入默认包中，如果创建 Java 标准项目时，没有创建 Java 包，那么在创建主类之前应先创建 Java 包，操作步骤如下。

（1）在【File】菜单中选择【New File】命令，弹出【New File】对话框，在该对话框的“Categories”列表框中选择“Java”选项，在“File Types”列表框中选择“Java Package”选项，如图 1-17 所示。

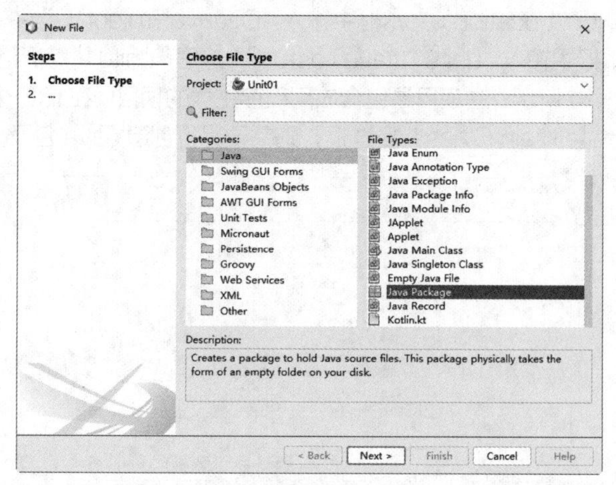

图 1-17　在【New File】对话框中选择“Java Package”选项

（2）单击【Next】按钮，弹出【New Java Package】对话框，在“Package Name”文本框中输入包名，这里为默认包名称“newpackage”，如图 1-18 所示，单击【Finish】按钮，完成 Java 包的创建。

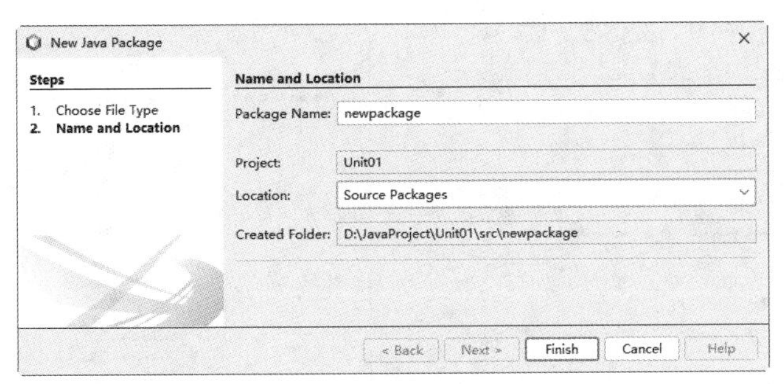

图 1-18 【New Java Package】对话框

单击工具栏中的【Save All】按钮，保存新创建的 Java 包 newpackage。

4. 创建 Java 主类

Java 主类即包含 main()方法的 Java 类，如果在创建 Java 标准项目时，选中了“Create Main Class”复选框，那么在创建标准项目的同时会创建一个 Java 主类。若没有选中“Create Main Class”复选框，则可以通过下面的操作步骤完成 Java 主类的创建工作。

（1）在【File】菜单中选择【New File】命令，弹出【New File】对话框，在该对话框的“Categories”列表框中选择“Java”选项，在“File Types”列表框中选择“Java Main Class”选项，如图 1-19 所示。

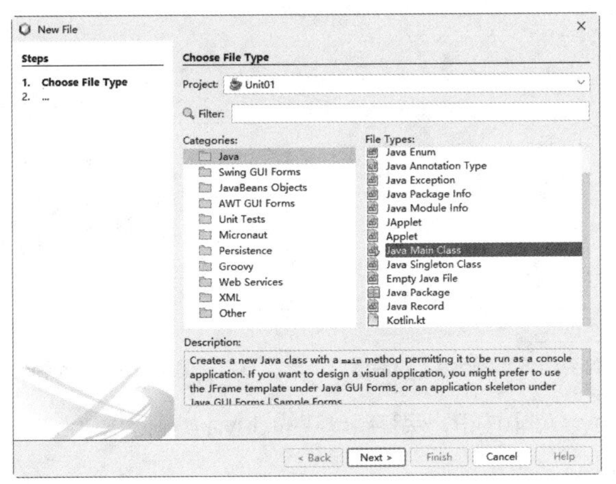

图 1-19 在【New File】对话框中选择“Java Main Class”选项

（2）单击【Next】按钮，弹出【New Java Main Class】对话框，在“Class Name”文本框中输入主类名称，这里为默认主类名称“NewMain”，然后在“Package”下拉列表框中选择主类所在的包，这里选择上一步创建的“newpackage”包，如图 1-20 所示，最后单击【Finish】按钮，完成 Java 主类的创建。

单击工具栏中的【Save All】按钮，保存新创建的 Java 主类 New Main。

5. 创建 Java 类

不包含 main()方法的 Java 类称为普通 Java 类，这种不包含 main()方法的普通 Java 类不能作为程序执行的入口。

一个 Java 标准项目也可以包含普通 Java 类，其创建步骤如下。

（1）在【File】菜单中选择【New File】命令，弹出【New File】对话框，在该对话框的“Categories”列表框中选择“Java”选项，在“File Types”列表框中选择“Java Class”选项，如图 1-21 所示。

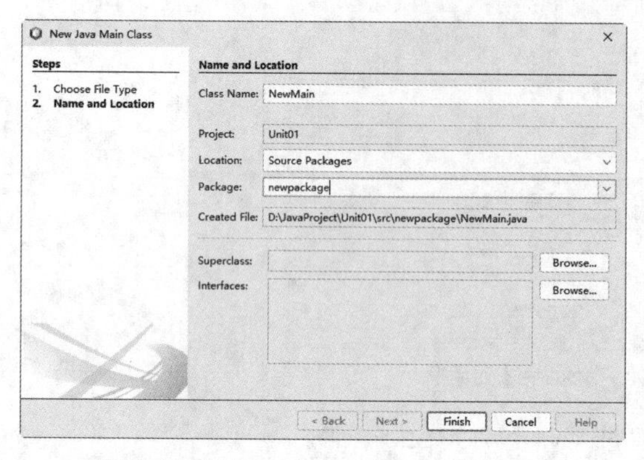

图 1-20 【New Java Main Class】对话框

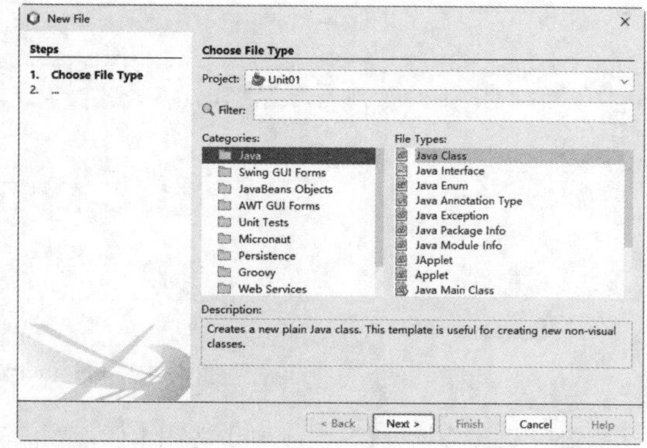

图 1-21 在【New File】对话框中选择“Java Class”选项

（2）单击【Next】按钮，弹出【New Java Class】对话框，在“Class Name”文本框中输入类名称，这里为默认类名称“NewClass”，然后在“Package”下拉列表框中选择 Java 类所在的包，这里选择的包为“newpackage”，如图 1-22 所示，最后单击【Finish】按钮，完成 Java 类的创建。

在 Java 标准项目 Unit01 中创建 Java 包、Java 主类、Java 类后，【Projects】窗口中的包与文件列表如图 1-23 所示。

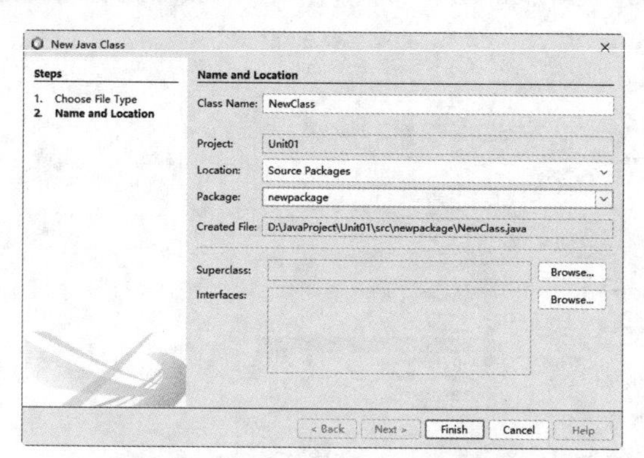

图 1-22 【New Java Class】对话框

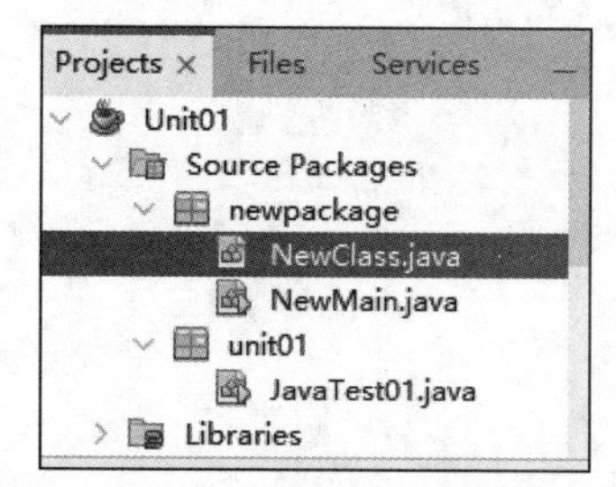

图 1-23 【Projects】窗口中的包与文件列表

单击工具栏中的【Save All】按钮，保存新创建的 Java 类 NewClass。

6. 更改运行的主类

在【Run】菜单中选择【Set Project Configuration】→【Customize】命令，弹出【Project Properties】对话框。在该对话框左侧的“Categories”列表框中选择“Run”节点，单击“Main Class”右侧的【Browse】按钮。在弹出的【Browse Main Classes】对话框中选择要运行的主类，这里选择“unit01.JavaTest01”选项，如图 1-24 所示，单击【Select Main Class】按钮，返回【Project Properties】对话框。

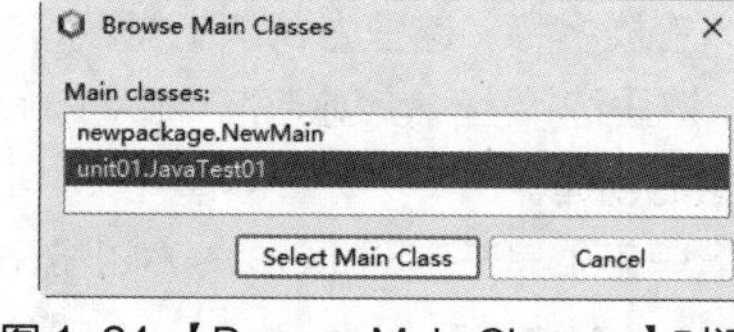

图 1-24 【Browse Main Classes】对话框

设置完成的【Project Properties】对话框如图 1-25 所示，单击【OK】按钮即可更改运行的主类。

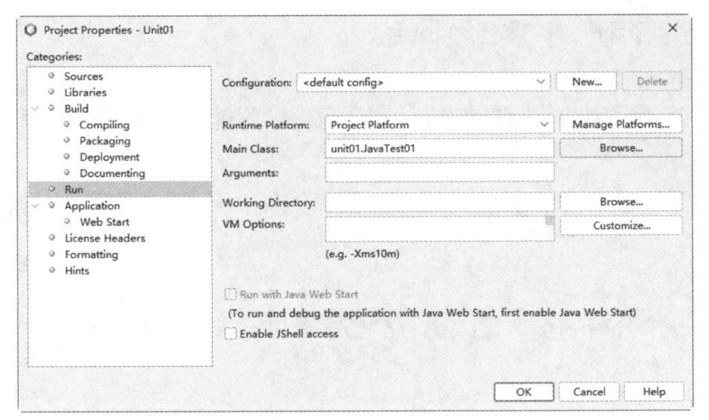

图 1-25　设置完成的【Project Properties】对话框

7. 运行 Apache NetBeans IDE 中的 Java 标准项目

在 Apache NetBeans IDE 主窗口的工具栏中单击【运行项目】按钮，开始运行项目。运行结果如下。

```
UTF-8
BUILD SUCCESSFUL (total time: 0 seconds)
```

1.3 编写与运行 Java 程序

通过分析与运行 Java 应用程序，熟悉 Java 程序的运行机制和运行环境。

【任务 1-4】编写 Java 程序并在屏幕中输出单行文本信息

【任务 1-4-1】使用 Windows 操作系统自带的“记事本”编写 Java 程序并在屏幕中输出单行文本信息

【任务描述】

（1）使用 Windows 操作系统自带的“记事本”编写 Java 程序并在屏幕中输出“你好，请登录！”的提示信息。

（2）在命令行窗口中编译 Java 程序。

（3）在命令行窗口中运行 Java 程序。

（4）分析 Java 程序代码。

【知识必备】

【知识 1-11】Java 程序的基本结构及要求

Java 程序必须以类（Class）的形式存在，类是 Java 程序的最小程序单位。Java 程序不允许可执行语句和方法等独立存在，所有的程序部分都必须位于类中。

Java 程序中的 3 个基本要素是包声明、导入类声明、定义类的顺序出现。如果程序中有包语句，那么只能是除空语句和注释语句之外的第一条语句。Java 程序的基本结构如图 1-26 所示。

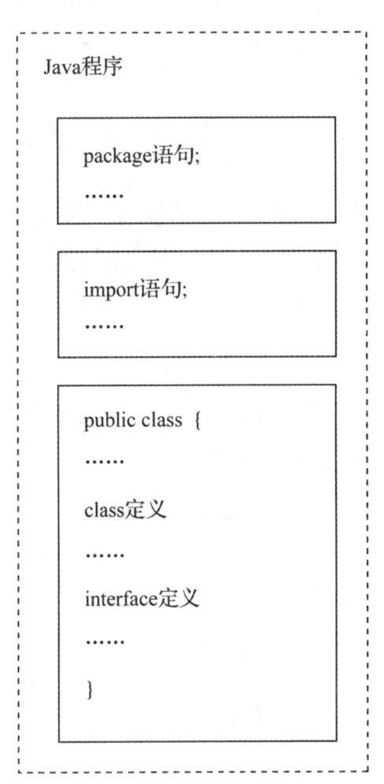

图 1-26　Java 程序的基本结构

main()方法作为程序执行的入口，必须严格按规定格式声明。

一个 Java 程序只能有一个公有类的定义，且 Java 程序的名称与包含

main()方法的公有类的类名相同，扩展名为.java。

（1）包声明语句 package

包声明语句定义了该源程序中类存放的包。一个源程序只能有一条或者没有 package 语句。

（2）包导入语句 import

包导入语句用于导入 JDK 中的标准类或其他已有的类。一个源程序可以有多条或者没有 import 语句。

（3）类和接口的定义

一个源程序只能有一个公有的类，可以有 0 个或多个非公有类和接口定义。

【任务实现】

Java 源程序是扩展名为.java 的文本文件，它可以使用各种集成开发环境中的代码编辑器来编写，也可以使用“记事本”之类的文本编辑工具来编写。

（1）使用“记事本”编写 Java 源程序

使用 Windows 操作系统自带的“记事本”编写 Java 源程序。打开“记事本”，输入表 1-1 所示的程序代码。

表 1-1　文件 Java1_1.java 的程序代码

序号	程序代码
01	public class Java1_1 {
02	public static void main(String[ ] args) {
03	System.out.println("你好，请登录！");
04	}
05	}

保存输入的程序代码，保存位置为“D:\JavaProject\Unit01”（注意，事先要在 D 盘中创建该目录），文件名为“Java1_1.java”。

（2）在命令行窗口中编译 Java 程序

使用 javac 命令编译 Java 程序，编译生成的字节码文件的默认文件名以定义的类名为主文件名，以.class 为扩展名。

打开 Windows 操作系统的命令行窗口，在该窗口中先切换当前盘为 D 盘，然后在命令提示符后面输入“CD D:\JavaProject\Unit01”命令，按【Enter】键。

注意　**如果需要更改盘符，则直接输入“盘符:”即可，如“D:”，然后更改当前文件夹。CD 是一个用于更改当前工作目录的命令行命令。**

输入“javac Java1_1.java”命令，按【Enter】键，对程序进行编译，如果没有出现编译错误，则编译通过，并在文件夹 Unit01 中生成 Java1_1.class 文件。

（3）在命令行窗口中运行 Java 程序

在命令行窗口的命令提示符后面输入“java Java1_1”命令，按【Enter】键，程序开始执行，命令行窗口中输出文本信息“你好，请登录！”。

文件 Java1_1.java 的程序代码编译过程与运行结果如图 1-27 所示。

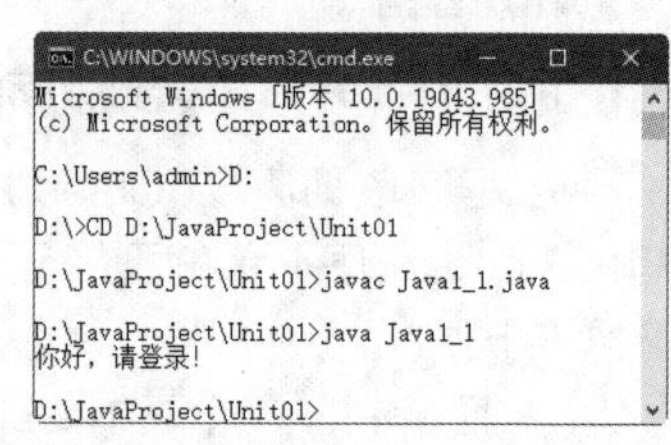

图 1-27　文件 Java1_1.java 的程序代码编译过程与运行结果

注意 当前文件夹必须为文件“Java1_1.class”所在的文件夹才可以直接输入“java Java1_1”命令。java 命令是执行 Java 程序的解释器，其参数是不带扩展名的类文件名。而 javac 是编译时要用的命令，要使用完整的文件名，如 javac Java1_1.java。

（4）分析 Java 程序代码

文件 Java1_1.java 的程序代码解释如下。

① Java 程序的基本单位就是类，01～05 行代码就是一个类的定义。

② 01 行中的关键词 public 表示这个类的访问权限是全局的、公共的；class 是定义类的关键词；Java1_1 表示类的名称；“{”是类体的起始标识。

③ 02～04 行表示定义 main()方法，main()方法是一个特殊的方法，是程序执行的入口。由于类 Java1_1 中包含 main()方法的定义，该类可以使用 public 修饰，表示该类为主类，主类的名称与源文件名完全一致。

④ 02 行中的关键词 public 表示方法 main()的访问权限是全局的、公共的；关键词 static 表示方法 main()是静态方法，可以通过类名直接调用；关键词 void 表示方法 main()无返回值；方法 main()中的 String[ ] args 表示参数是数组类型，参数名称是 args（args 是 arguments 的缩写，不是关键词，也可取其他符合 Java 语法规则的名称，如 message）；“{”是方法 main()的起始标识。

⑤ 03 行中的 System 是类名，out 代表标准输出流对象，out 是 System 类的静态数据成员，也是类 PrintStream 的实例化对象。方法 println()是类 PrintStream 的成员方法，用于输出数据，输出后会换行；方法 print()也用于输出数据，但输出后不换行。通过调用 System 类的静态数据成员 out 的方法 println()在屏幕中输出字符串“你好，请登录！”。“;”是 Java 语句的结束标识。

⑥ 04 行中的“}”是方法 main()的结束标识。

⑦ 05 行中的“}”是类体的结束标识。

【任务 1-4-2】使用 Apache NetBeans IDE 编写 Java 程序并在屏幕中输出单行文本信息

【任务描述】

（1）使用 Apache NetBeans IDE 编写 Java 程序并在屏幕中输出“你好，请登录！”的提示信息。

（2）运行 Java 程序。

【任务实现】

（1）打开创建的 Java 标准项目 Unit01

在 Apache NetBeans IDE 菜单栏选择【File】→【Open Project】命令，弹出【Open Project】对话框，在该对话框中先选择文件夹“JavaProject”，然后在该文件夹中选择项目文件“Unit01”，如图 1-28 所示。单击右下角的【Open Project】按钮，即可打开所选项目文件 Unit01。

（2）在 Java 标准项目 Unit01 默认包中创建 Java 主类

在 Apache NetBeans IDE 主窗口左侧的【Projects】窗口中右击已创建的标准项目“Unit01”，在弹出的快捷菜单中选择【New】→【Java Main Class】命令，如图 1-29 所示。

弹出【New Java Main Class】对话框，在该对话框右侧的“Name and Location”区域的“Class Name”文本框中输入类名称“Java1_2”，其他选项保持默认值，如图 1-30 所示。

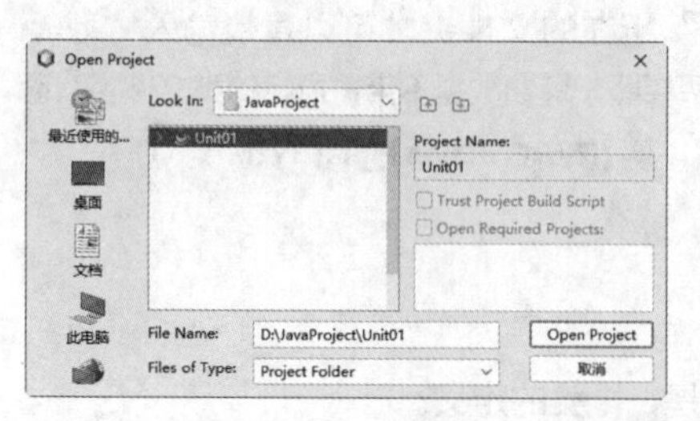

图 1-28　在【Open Project】对话框中选择项目文件“Unit01”

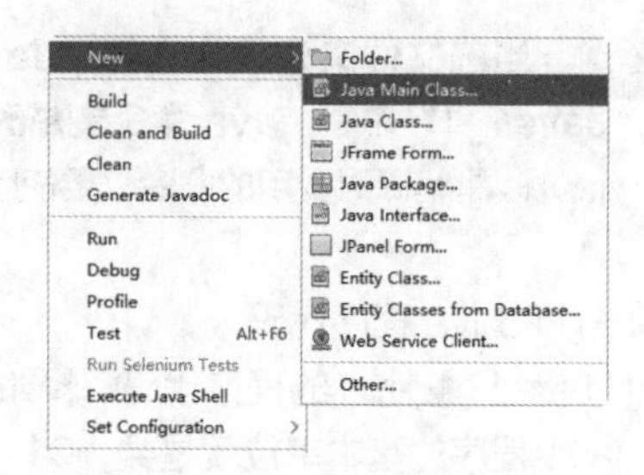

图 1-29　选择【New】→【Java Main Class】命令

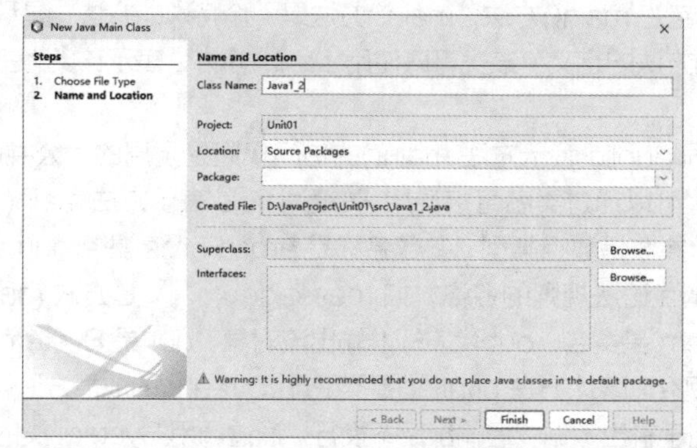

图 1-30　在“Class Name”文本框中输入类名称“Java1_2”

在【New Java Main Class】对话框中单击【Finish】按钮，完成 Java 主类 Java1_2 的创建。

（3）在创建的 Java 主类 Java1_2 中编写代码

打开【Source】窗口，显示 Java1_2.java 初始代码，然后在 Java1_2 类的 main()方法中输入输出文本信息的代码。

```
System.out.println("你好，请登录！");
```

在 Java1_2 类的 main()方法中输入所需的代码后，Java1_2 类中完整的代码如图 1-31 所示。

```
Java1_2.java ×
Source  History
1   /*
2    * Click nbfs://nbhost/SystemFileSystem/Templates/Licenses/license-defau
3    * Click nbfs://nbhost/SystemFileSystem/Templates/Classes/Main.java to e
4    */
5
6   /**
7    *
8    * @author admin
9    */
10  public class Java1_2 {
11
12      /**
13       * @param args the command line arguments
14       */
15      public static void main(String[] args) {
16          // TODO code application logic here
17          System.out.println(x: "你好，请登录！");
18      }
19  }
20
Java1_2 > main >
```

图 1-31　Java1_2 类中完整的代码

单击工具栏中的【Save All】按钮，保存 Java 主类 Java1_2 的代码。

（4）运行 Java1_2.java

在 Apache NetBeans IDE 主窗口左侧的【Projects】窗口中右击已创建的 Java 程序文件

"Java1_2.java"，在弹出的快捷菜单中选择【Run File】命令，开始运行 Java1_2 程序，运行结果如下。

```
你好，请登录!
BUILD SUCCESSFUL (total time: 0 seconds)
```

【问题探究】

【问题 1-1】在 Apache NetBeans IDE 控制台中输出中文文本时出现乱码的解决方法

在 Apache NetBeans IDE 主窗口菜单栏中选择【File】→【Project Properties(JavaApplication 01)】命令，如图 1-32 所示。

弹出【Project Properties-JavaApplication 01】对话框，在该对话框左侧的"Categories"列表框中选择"Sources"选项，在右下方的"Encoding"下拉列表框中选择一种支持中文文字输出的属性值，这里选择"GB2312"选项，如图 1-33 所示。单击【OK】按钮，完成"Encoding"属性值的设置。

图 1-32　选择【File】→【Project Properties(JavaApplication 01)】命令

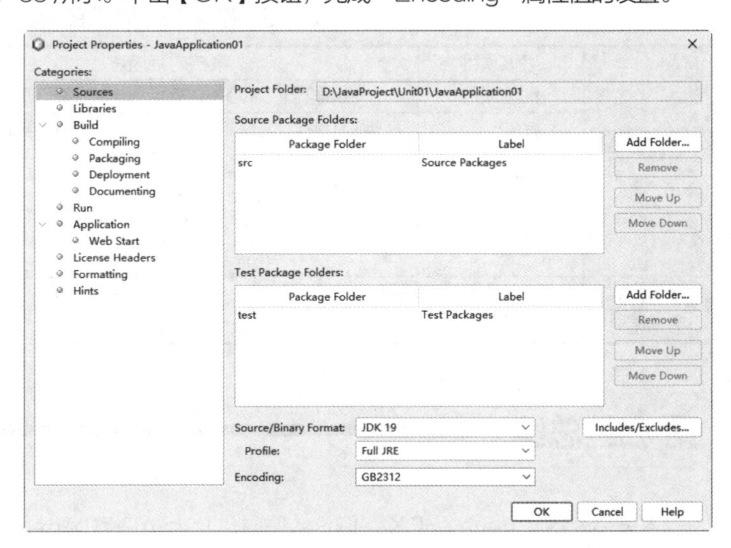

图 1-33　在【Project Properties-JavaApplication 01】对话框中设置"Encoding"属性值

编程拓展

【任务 1-5】编写 Java 程序并在屏幕中输出银行账户金额

【任务描述】

（1）使用 Apache NetBeans IDE 编写 Java 程序 Java1_3.java 并在屏幕中输出银行账户金额。

（2）运行 Java 程序 Java1_3.java。

【任务实现】

（1）在 Java 标准项目 Unit01 的 unit01 包中创建一个 Java 主类 Java1_3。

（2）在 Java1_3 类的 main()方法中输入以下输出银行账户金额的代码。

```
System.out.println("账户金额：1500 元");
```

（3）运行 Java 程序 Java1_3.java。

【程序运行】

Java 程序 Java1_3.java 的输出结果如下。

```
账户金额：1500 元
```

考核评价

本模块的考核评价表如表 1-2 所示。

表 1-2　模块 1 的考核评价表

<table>
<tr><td rowspan="6">考核要点</td><td>考核项目</td><td colspan="2">考核内容描述</td><td>标准分</td><td>得分</td></tr>
<tr><td>创建项目</td><td colspan="2">正确创建 Java 标准项目，能正确打开项目</td><td>1</td><td></td></tr>
<tr><td>输入代码</td><td colspan="2">在类的 main()方法中正确输入程序代码，实现输出文本信息的功能</td><td>2</td><td></td></tr>
<tr><td>运行程序</td><td colspan="2">选择合适的方法，正确运行程序</td><td>1</td><td></td></tr>
<tr><td>运行结果</td><td colspan="2">程序运行结果符合预期要求</td><td>1</td><td></td></tr>
<tr><td colspan="3">小计</td><td>5</td><td></td></tr>
<tr><td>评价方式</td><td colspan="2">自我评价</td><td>相互评价</td><td colspan="2">教师评价</td></tr>
<tr><td>考核得分</td><td colspan="2"></td><td></td><td colspan="2"></td></tr>
</table>

归纳总结

本模块介绍了 Java、JDK、JRE、JVM、Java API 和 Apache NetBeans IDE 这几个基本概念，让读者对 Java 程序的运行机制、Java 程序的编译与运行有了初步了解；介绍了 JDK 和 Apache NetBeans IDE 的下载与安装、Windows 操作系统中 Java 运行环境的配置；介绍了 Apache NetBeans IDE 的使用，为读者学习 Java 编程奠定了基础。

模块习题

1. 选择题

扫描二维码，完成本模块的在线测试。

模块 1 在线测试

2. 编程题

编写程序，在屏幕中输出“good luck”。

模块 2
数据存储与运算程序设计

计算机程序的主要功能是数据运算与处理，计算机程序处理的数据有多种不同的表现形式，即数据类型不同。进行数据运算与处理时，原始数据、中间结果与最终结果都必须占用一定的内存空间，即需要为其分配一定的存储单元。计算机程序的功能主要通过各种类型的表达式实现，表达式由常量、变量、函数和运算符组成。Java 的运算符主要有算术运算符、比较运算符和逻辑运算符等类型，其构成的表达式有算术表达式、比较表达式和逻辑表达式等，这些表达式分别实现算术运算、比较运算和逻辑运算等功能。本模块主要探讨程序中数据的存储与运算。

教学导航

教学目标	（1）掌握 Java 常量与变量的定义及使用 （2）熟练掌握 Java 的数据类型及其转换方法 （3）熟练掌握 Java 的运算符与表达式 （4）熟练掌握 Java 数组的定义与使用
教学重点	（1）Java 的常量与变量 （2）Java 的数据类型及其转换方法 （3）Java 的运算符与表达式 （4）Java 数组的定义与使用

身临其境

“京东商城”购物车中选购商品清单样例如图 2-1 所示，选择的第 1 本图书的名称为“Java 程序设计案例教程（慕课版）”，单价为 43.10 元，购买数量为 2，金额小计为 86.20 元；选择的第 2 本图书的名称为“Python 程序设计案例教程（慕课版）”，单价为 55.10 元，购买数量为 3，金额小计为 165.30 元。共选择了两种图书，购买数量为 5，共计金额为 251.50 元。

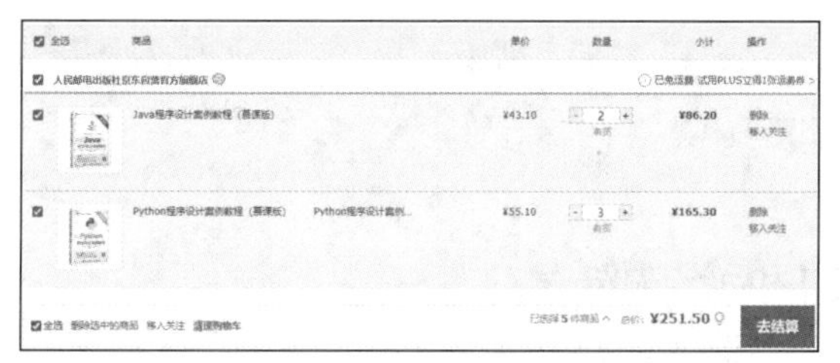

图 2-1 “京东商城”购物车中选购商品清单样例

因为运费为 0 元，所以应付总额也为 251.50 元，如图 2-2 所示。

在图 2-3 所示的“京东商城”高级搜索页面中能搜索同时满足 3 个条件的图书——书名为“网页设计与制作实战”，作者为“陈承欢”，出版社为“人民邮电出版社”。

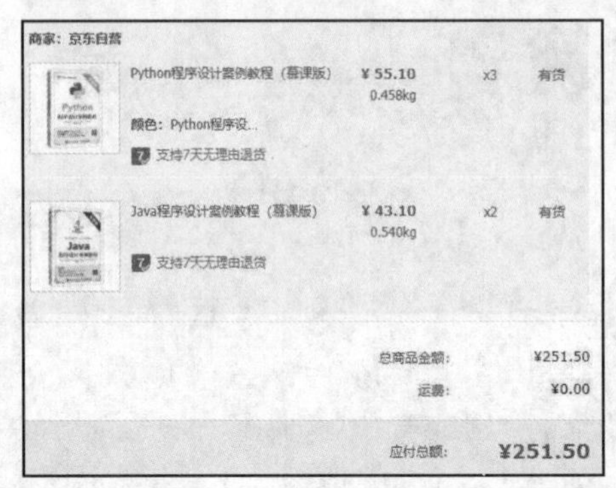

图 2-2 “京东商城”订单中的选购商品清单及相应费用

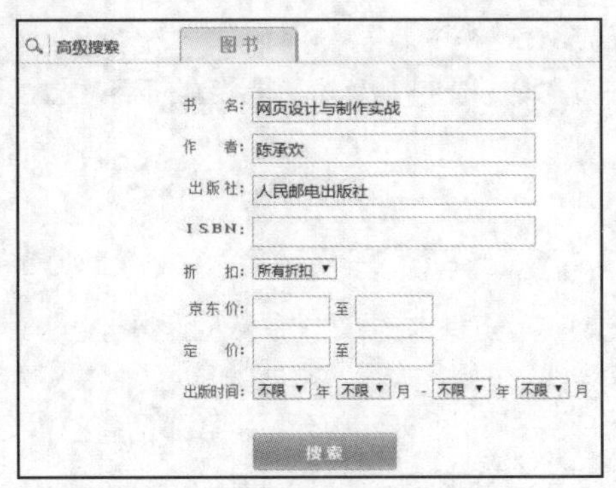

图 2-3 “京东商城”高级搜索页面

前导知识

Java 使用标识符（Identifier）作为变量、对象的名称，并提供一系列关键词来实现特殊的功能。

【知识 2-1】认知 Java 关键词

Java 将一些单词赋予特定的含义，用于专门用途，不允许将其当作普通的标识符使用。这些单词统称为关键词（Keyword），关键词也称为保留词（Reserved Word）。Java 的关键词如表 2-1 所示。

表 2-1 Java 的关键词

关键词类型	关键词						
基本数据类型关键词	byte	short	int	long	float	double	boolean
	char						
流程控制语句关键词	if	else	switch	case	default	break	return
	while	do	for	continue			
异常控制语句关键词	try	catch	throw	throws	finally		
类相关的关键词	class	abstract	final	extends	implements	this	super
	static	transient	volatile	native	synchronized	void	new
访问权限关键词	public	protected	private				
其他关键词	package	import	interface	enum	const	assert	strictfp
	instanceof						

> **注意**　Java 中所有的关键词都是小写；true、false、null 虽然不是关键词，但是有其特定含义，也不能作为标识符。

【知识 2-2】认知 Java 分隔符

在 Java 中，分号（;）、花括号（{}）、方括号（[]）、圆括号（()）、点（.）和空格都具有特殊的分隔作用，统称为分隔符。

（1）分号（;）

分号作为语句的结束标识，每条语句必须使用分号作为结尾。

（2）花括号（{}）

花括号用于定义一个代码块，一个代码块是指“{”和“}”所包含的一段代码，代码块在逻辑上是一个整体。类的定义、方法体必须放在花括号中。

（3）方括号（[]）

方括号用于定义数组元素，方括号通常紧跟数组变量名，而方括号中指定了要访问的数组元素的索引。

（4）圆括号（()）

圆括号是一个功能丰富的分隔符。例如，定义方法时必须使用圆括号，且包含形参说明；调用方法时必须使用圆括号来传入实参。

（5）点（.）

点用作类或对象与其成员（包括属性、方法和内部类）之间的分隔符，表明某个类或某个实例的指定成员。

（6）空格

空格用来分隔一条语句的不同部分。注意，不要使用空格把一个变量名分隔成两个，这将导致程序运行出错。

【知识 2-3】认知 Java 普通标识符

Java 普通标识符是 Java 程序中定义的变量、方法和类的名称，其命名规则如下。

（1）首字符为大写字母、小写字母、下画线（_）或美元符号（$）。

（2）除首字符之外的其他字符可以为大写字母、小写字母、下画线（_）、美元符号（$）及数字。

（3）字母要区分大小写。

（4）不能出现连字符（-）和空格等特殊字符，但可以使用下画线（_）。

（5）不能是 Java 关键词，但可以包含关键词。

> **注意**　**Java 的字符编码采用 16 位统一码（Unicode），而不是 8 位的 ASCII。所以普通标识符中可以使用中文、日文等字符。**

使用普通标识符命名时，要尽量做到见名知意，具有一定的规律性，便于记忆，以增强源代码的可读性。普通标识符命名的一般约定如下。

（1）类名或接口名

类名或接口名通常由名词组成，名称中每一个单词的第一个字母大写，其余字母小写。

（2）方法名

方法名通常第一个单词为动词，并且第一个单词小写，后续单词的第一个字母大写，其余字母小写。

（3）变量名

成员变量通常由名词组成，局部变量全部小写，但其他变量的第一个单词全部小写，后续单词的第一个字母大写，其余字母小写。

（4）常量名

常量名的字母一般为大写。

【知识 2-4】认知 Java 注释

在用 Java 编写程序时，添加注释（Comments）可以增强程序的可读性。

注释的作用主要体现在 3 个方面：① 说明某段代码的作用；② 说明某个类的用途；③说明某个方法的功能，以及该方法的参数返回值的数据类型和意义。

Java 提供了 3 种类型的注释：单行注释、多行注释和文档注释。

（1）单行注释

单行注释只有一行，表示从“//”开始到这一行结束的内容都为注释部分。

（2）多行注释

多行注释表示从“/*”开始到“*/”结束的多行内容为注释部分。

（3）文档注释

文档注释表示从“/**”开始到“*/”结束的所有内容都为注释部分。文档注释的作用体现在可以使用 Javadoc 工具将注释内容提取出来，并以 HTML 文档格式形成一个 Java 程序的 API 文档。

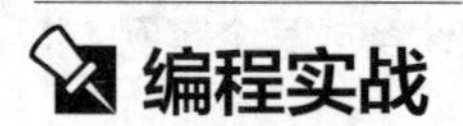

2.1 Java 的常量与变量

【任务 2-1】计算并输出多件商品数据

【任务 2-1-1】计算并输出单种商品金额

【任务描述】

（1）在 Apache NetBeans IDE 中创建项目 Unit02，在项目 Unit02 中创建主类 Java2_1。

（2）选购了 1 部定价为 6799.00 元的“华为 Mate 60”手机，在主类 Java2_1 的 main()方法中编写 Java 程序计算其金额，并在屏幕中输出。

【知识必备】

【知识 2-5】熟知 Java 常量及其类型

常量是程序执行过程中不变的量，Java 程序中的常量有 4 种，分别为整型常量、浮点型常量、字符型常量和布尔型常量。

（1）整型常量

整型常量是指不包含小数点的数值，通常使用十进制表示，也可以使用八进制或十六进制表示。八进制整数以 0 开头，并且后面的数字只能是 0～7；十六进制整数以 0x 或 0X 开头，后面可以为 0～9、A、B、C、D、E、F（小写字母 a、b、c、d、e、f 也可以）。

整型常量只有 int 和 long 两种类型，没有 byte 和 short 类型的常量，其默认类型为 int，如果使用长整型常量，则在整型常量后加“l”或“L”。

当给整型变量赋值时，整型常量值一定要在该整型变量的有效范围内，否则会出现编译错误，且长整型常量只能赋给长整型变量。

（2）浮点型常量

带有小数点的数值为浮点型常量，浮点型常量按类型可分为 float 和 double 类型。Java 程序中浮点型常量默认为 double 类型，如果要使用 float 类型的浮点型常量，则必须在数值后加“F”或“f”，将默认的 double 类型转变为 float 类型。

当给浮点型变量赋值时，默认的 double 类型常量只能赋给 double 类型变量，如果将 double 类型常量赋值给 float 类型变量，则会出现编译错误。

浮点型常量可以使用科学记数法表示，如 1234.5 可以表示为 1.2345e3 或者 1.2345E3。用科学记数法表示浮点型常量时，e 或 E 的前面一定要有数字，e 或 E 后面的数字一定要为整数。

（3）字符型常量

字符型常量有以下 5 种表示形式。

① 使用单撇号“'”引起来的单个字符，如'a'。

② 使用 0～65535 中的任何一个无符号整数，如 97。

③ 使用转义字符，其格式为'\x'，如'\n'表示换行。

④ 使用八进制数的转义序列，其格式为'\xxx'，其中“xxx”是 1～3 个八进制数，取值范围为 0～0377，如'\141'。

⑤ 使用十六进制的转义序列表示，其格式为'\uxxxx'，其中“xxxx”是 4 个十六进制数，取值范围为 0～0xFFFF，如'\u0061'。

常用的转义序列及其含义如表 2-2 所示。

表 2-2　常用的转义序列及其含义

转义序列	含义	十六进制字符	转义序列	含义	十六进制字符
\b	退格	\u0008	\r	回车	\u000d
\t	Tab 键	\u0009	\'	单引号	\u0022
\n	换行	\u000a	\"	双引号	\u0027
\f	换页	\u000c	\\	反斜杠	\u005c

（4）布尔型常量

布尔型常量只有 true 和 false 两种，整型数据与布尔型常量不能互换。

当利用常量来定义如 π 这样的数值时，也可以利用常量来定义程序中的界限，如数组的长度等。Java 中利用关键词 final 声明符号常量，表示这个量只能被赋值一次，一旦被赋值后，其值就不能再在程序的其他地方更改了。

【知识 2-6】熟知 Java 变量的定义、声明及赋值

1. 变量概述

变量是一个被命名的内存空间，变量中存储的数据在程序执行过程中可以被改变，程序员编写程序时通过变量识别内存中存储的数据。变量的主要作用是存储数据与传递数据，具有名称、数据类型、值、作用域、生存期等特性。

变量的命名直接关系到程序的可读性，变量的命名除了要遵守一般的命名规则之外，还要含义清楚，便于记忆和阅读。变量名严格区分大小写，如果两个变量只是字母的大小写不同，则也被视为两个不同的变量。

变量类型限定了变量中所存储数据的类型，包括占用内存空间的大小和数据存储方式两个方面。

变量值是指变量所存储的数据。变量名与变量值是两个不同的概念，变量名实际上是一个符号地址，在程序中，从变量中取值实际上是通过变量名找到相应的内存地址，从其内存单元中读取数据。如图 2-4 所示，地址值相当于会议室的编号，变量名相当于会议室的名称，变量值相当于参加会议的人。

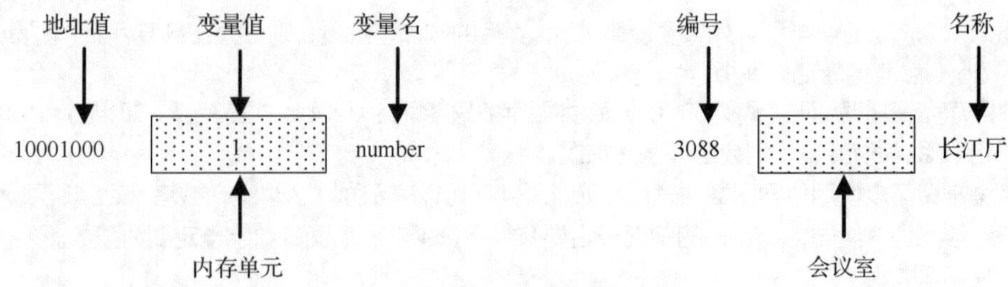

图 2-4　变量名、变量值与地址值

2. 变量的声明

程序执行过程中，通过变量读写内存中的数据，在使用变量之前必须先进行变量的声明。变量的声明是为变量与内存单元建立对应关系，即为变量分配内存单元。

声明变量的语法格式如下。

```
数据类型　变量名;
```

声明一个变量包括定义变量名和变量数据类型，通过定义变量名来区分变量并获得变量存储的数据，通过定义变量的数据类型规定存储在变量中的数据的类型。Java 是强类型语言，声明变量时必须指定数据类型。

① 用一条声明语句声明一个变量，示例代码如下。

```
int number;                // 声明一个名为 number 的整型变量
```

② 用一条声明语句声明多个变量，变量名之间用半角逗号“,”分隔，示例代码如下。

```
double price, amount;      // 声明两个数据类型相同的双精度浮点型变量
```

虽然 Java 允许一条声明语句声明多个变量，但为了提高程序的可读性，减少错误，建议一条声明语句只声明一个变量。

3. 变量的赋值

变量的实质是内存中用于存储数据的存储单元，变量声明后将数据存储到系统为变量所分配的内存单元中，也就是通常所说的“变量赋值”。

Java 的赋值符号为“=”，变量赋值的语法格式如下。

```
变量名=表达式;
```

其中，表达式是由常量、变量和运算符组成的一个算式，类似数学中的公式。注意，单个常数或变量也可以构成表达式。

变量赋值的过程是先计算赋值符号“=”右边的表达式的值，然后将这个值赋给赋值符号“=”左边的变量。

对变量进行赋值时，表达式值的数据类型必须与变量的数据类型相同，如果数据类型不同，则按 Java 的默认数据转换规则进行隐式转换。对于数值类型的赋值，如果表达式值的数据类型能表示的数值范围正好落在变量的数据类型表示的数值范围之内，则允许这样赋值。例如，可以将 3600 赋给一个 double 型变量 amount，这是由于 double 类型能表示的范围覆盖了 int 类型能表示的范围，反之则不允许。如果系统无法自动转换，则会出现错误。

变量赋值的要点如下。

① 变量必须先声明后使用。

② 变量定义时根据需要赋初值，这是好的编程习惯。

③ Java 要求所有变量在使用之前根据需要进行合理赋值。

④ 程序中可以给一个变量多次赋值，变量的当前值等于最近一次赋给变量的值。

⑤ 对变量的赋值过程是“覆盖”过程。所谓“覆盖”就是在变量地址单元中用新值去替换旧值。

⑥ 读出变量的值后，该变量中存储的原值保持不变，相当于从中复制一份。

⑦ 参与表达式运算的所有变量都保持原来的值不变。

声明变量的同时，给变量赋初值的过程称为变量初始化。Java 进行变量初始化的语法格式和示例如下。

```
数据类型　变量名=表达式;
int number=1;
```

初始化变量时，“=”两边的数据类型必须匹配，否则会出现编译错误。

声明变量时给变量赋初值，提供的初值并不能使变量的值保持不变，它仍是一个变量，变量的值可在任何时候改变。变量初始化的声明语句“int number=1;”实质上相当于两条语句，分别是“int number ;”和“number=1;”，即先声明一个变量，然后给该变量赋值。

【任务实现】

（1）在 Apache NetBeans IDE 中创建标准项目 Unit02，在标准项目 Unit02 中创建主类 Java2_1_1。

（2）在文件 Java2_1_1.java 中输入表 2-3 所示的程序代码及注释。

表 2-3　文件 Java2_1_1.java 的程序代码及注释

序号	程序代码
01	/**
02	* 程序名：Java2_1_1.java
03	* 功 能：计算商品金额
04	*/
05	public class Java2_1_1 {
06	public static void main(String[ ] args) {
07	int number;　　　　　　// 声明整型变量
08	double price, amount;　　// 声明双精度浮点型变量
09	number = 1;　　　　　　// 给整型变量赋值
10	price = 6799.00;　　　　// 给双精度浮点型变量赋值
11	amount = number * price;　// 先计算表达式的值，后赋值
12	System.out.println("商品金额为：" + amount);　//输出商品金额
13	}
14	}

（3）代码输入完成后，保存该程序。

【程序运行】

在 Apache NetBeans IDE 中选择标准项目 Unit02 中的文件“Java2_1_1.java”，然后单击工具栏中的【运行项目】按钮，系统开始运行该程序。

Java 程序的运行结果出现在【Output】窗口中，程序 Java2_1_1.java 的运行结果如下。

```
商品金额为：6799.0
```

提示　在 Apache NetBeans IDE 的【Projects】窗口中右击 Java 源程序文件“Java2_1_1.java”，在弹出的快捷菜单中选择【运行文件】命令，也可以运行该程序。

【代码解读】

（1）01～04 行使用了文档注释，07～12 行使用了单行注释。

（2）07 行声明了一个整型变量，08 行声明了两个双精度浮点型变量。

（3）09 行给整型变量赋值，10 行给双精度浮点型变量赋值。

（4）11 行先计算表达式的值，即计算商品金额，然后将其赋给变量 amount。

（5）12 行在屏幕中输出商品金额。

2.2 Java 的数据类型及其转换

Java 的数据类型分为基本数据类型和引用数据类型两种。

【任务 2-1-2】输出商品数据

【任务描述】

在标准项目 Unit02 中创建主类 Java2_1_2，在该类的 main()方法中编写程序实现以下功能：在屏幕中分行输出商品“华为 Mate 60”的商品编码、商品名称、价格和金额。（详细数据参考配套资源——商品基本信息表.xlsx。）

【知识必备】

【知识 2-7】熟知 Java 基本数据类型

Java 属于强类型语言，变量在使用之前必须定义数据类型。Java 把数据类型分为基本数据类型（Primitive Type）和引用数据类型（Reference Type），基本数据类型的内存空间存储的是数值，而引用数据类型的内存空间存储的是对象的地址。

Java 中定义了 8 种基本数据类型，分别是 byte、short、int、long、float、double、char、boolean。Java 中的 8 种基本数据类型在内存中所占的字节数是固定的，不随操作系统的改变而改变，实现了平台无关性。

在数据处理和科学计算过程中，经常会对以下数据进行处理或计算：课时数、学生人数、教材本数、机器台数、人口普查中人的数量、商品单价、物品质量、物体体积、圆周率、地球卫星的运行速度、地球与月球的距离、大写英文字母、小字英文字母、汉字、俄文字母、开与关、通与断、是与非、已婚和未婚等，可以根据其字面特征进行分类。

① 根据字面是否为数字分为数字类型和非数字类型。

数字类型的数据根据其字面是否包含小数可以分为整数和浮点数。如课时数、学生人数、教材本数、机器台数、人口普查中人的数量属于整数；商品单价、物品质量、物体体积、圆周率、地球卫星的运行速度、地球与月球的距离属于浮点数。

非数字类型的数据又可以分为字符类型和布尔类型。如大写英文字母、小字英文字母、汉字、俄文字母属于字符类型；开与关、通与断、是与非、已婚和未婚等数据都具有两种状态，其取值只能为 true 和 false，属于布尔类型。

② 根据数值的大小划分为不同类型。

由于不同大小的数值占用不同的内存空间，为了有效利用内存，对于较小的数据分配较小的内存空间，对于较大的数据分配较大的内存空间。如果较小的数据占用较大的内存空间，则会浪费宝贵的内存空间；但如果较大的数据占用较小的内存空间，则可能会出现数据溢出的问题。所以整数类型分为 4 种，分别为 byte、short、int、long，在内存中占用的字节数分别为 1、2、4、8；浮点数类型分为 2 种，分别为 float 和 double，在内存中占用的字节数分别为 4、8。

下面对整数类型、浮点数类型、字符类型和布尔类型分别进行介绍。

（1）整数类型

整数类型的数据其字面为整数，在内存中是以二进制补码的形式存储的，都是有符号的整数，最高位为符号位，其他位为数值位，区别在于它们在内存中占用字节数的多少。整数类型在内存中占用的字节数及表示数的范围如表 2-4 所示。

表 2-4 整数类型在内存中占用的字节数及表示数的范围

类型	字节数	最小值	最大值
byte	1	-2^{7}	$2^{7}-1$
short	2	-2^{15}	$2^{15}-1$
int	4	-2^{31}	$2^{31}-1$
long	8	-2^{63}	$2^{63}-1$

（2）浮点数类型

浮点数用来表示带有小数点的数，浮点数是有符号数，它在内存中的表示方式与整数不同，有 float 和 double 两种类型。float 称为单精度浮点数，在内存中占 4 个字节；double 称为双精度浮点数，在内存中占 8 个字节。

（3）字符类型

Java 中的字符编码采用 Unicode，而不是 ASCII。在 Unicode 编码方式中，每个字符在内存中分配 2 个字节，这样 Unicode 向下兼容 ASCII，但是字符的表示范围要远远大于 ASCII。字符类型是无符号的 2 个字节的 Unicode，可以表示的字符编码范围为 0～65535，共 65536 个字符。

字符类型用来表示单个字符时，字符类型的类型标识符是 char，也称为 char 类型。由单引号引起来的一个字符（如'a'）就表示一个字符，单引号内的有效字符数量必须有且只有一个，并且不能是单引号或反斜杠（\）。如果要表示单引号和反斜杠（\）等特殊字符，则可使用转义字符。

（4）布尔类型

布尔类型用来表示具有两种状态的逻辑值，也称为 boolean 类型，其取值只能为 true 或 false，不能为整数类型，并且布尔类型不能与整数类型互换。

【知识 2-8】认知 Java 基本数据类型的相互转换

Java 中 8 种基本数据类型占用的内存空间、表示形式、取值范围各不相同，这就要求在对不同的数据类型变量进行赋值及运算时进行数据类型的转换，以保证数据类型的一致性。但是，boolean 类型变量的取值只能是 true 或 false，所以基本数据类型值的转换只能包括 byte、short、int、long、float、double 和 char 类型。基本数据类型的转换分为自动转换和强制转换两种类型。

（1）自动转换

自动转换是指当把级别低的数据赋给级别高的变量时，由系统自动完成数据类型的转换。Java 中，byte、short、int、long、float、double 和 char 这 7 种基本数据类型的高低转换规则如下。

```
byte→short→int→long→float→double
             ↑
            char
```

（2）强制转换

把类型级别高的数据赋给类型级别低的变量时，必须进行强制转换。因为把级别高的数据赋给低级别的变量时，数据值的大小或精度可能发生变化，所以这种转换要明确指出，即进行强制转换。

强制转换的语法格式如下。

```
(类型名称)常量值或表达式
```

强制转换时不能超出变量的取值范围，否则会出现编译错误。

【知识 2-9】熟知 Java 运算符与表达式

Java 中，字符串是被双引号引起来的一串字符，如"华为 Mate 60"。String 类型是专门用于处理字符串的引用类型，用 String 关键词声明一个对象变量后，可以存储 Unicode 编码的字符串，并可以实现字符串之间的运算。String 不是基本的数据类型，而是一个封装类。

定义字符串的方式很多，归纳起来有以下 3 种。

（1）直接指定

字符串变量声明的格式如下。

```
String 变量名
```

变量声明时可以赋初值，也可以先声明后赋值，示例代码如下。

```
String str1 = "abc";
```

或者

```
String str1;
str1 = "abc";
```

（2）使用 new 关键词声明字符串

可以使用 new 关键词声明字符串，示例代码如下。

```
String s2 = new String("abc");
```

（3）使用连接运算符生成新的字符串。

连接运算符“+”可以将两个字符串连接成一个新的字符串，示例代码如下。

```
String s3 = "ab" + "c";
```

如果连接运算中一个为字符串，另一个为其他数据类型，则先将其他数据类型隐式转换成字符串，再连接这两个字符串。

【任务实现】

在【Projects】窗口中选择“unit02”包并右击，在弹出的快捷菜单中选择【New File】命令，在弹出的【New File】对话框的“Categories”列表框中选择“Java”选项，在“File Types”列表框中选择“Java Main Class”选项，如图 2-5 所示。

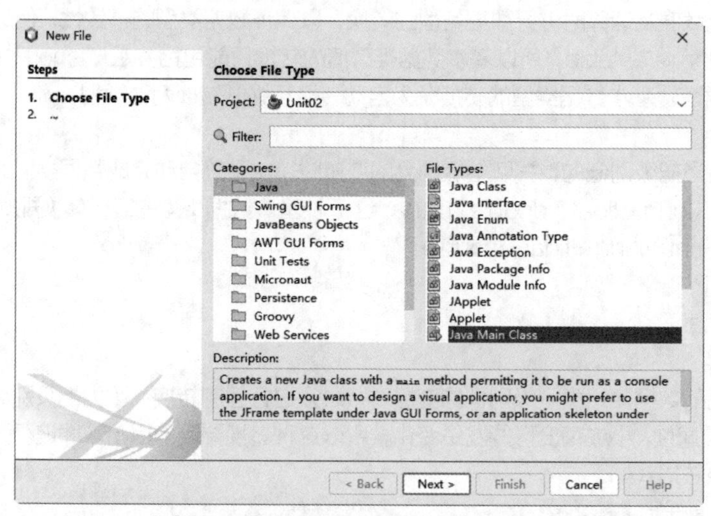

图 2-5　在【New File】对话框中选择“Java Main Class”选项

单击【Next】按钮，弹出【New Java Main Class】对话框，在该对话框的“Class Name”文本框中输入类名称“Java2_1_2”，在“Package”下拉列表框中选择“unit02”选项，如图 2-6 所示。

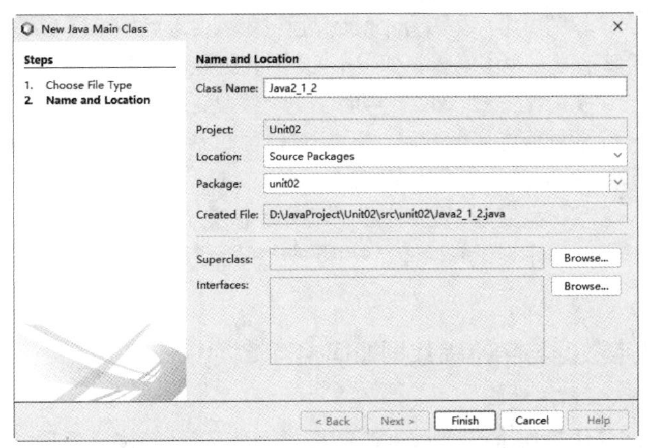

图 2-6 【New Java Main Class】对话框

单击【Finish】按钮即可创建主类 Java2_1_2，在该类的 main()方法中输入表 2-5 所示的程序代码。

表 2-5 文件 Java2_1_2.java 的程序代码

序号	程序代码
01	public class Java2_1_2 {
02	public static void main(String[ ] args) {
03	String productCode = "100068077972"; // 商品编码
04	String productName = "华为 Mate 60"; // 商品名称
05	float price = 6799.00f; // 商品价格
06	char unit = '¥'; // 货币单位
07	int number = 1; // 购买数量
08	double amount; // 商品金额
09	amount = number * price;
10	System.out.print("商品编码：" + productCode + "\n");
11	System.out.print("商品名称：" + productName + "\n");
12	char cTab = '\n';
13	System.out.print("商品价格：" + unit + price + cTab);
14	String strUnit = "元";
15	System.out.println("商品金额：" + amount + strUnit);
16	}
17	}

【程序运行】

在 Apache NetBeans IDE 的【Projects】窗口中右击 Java 源程序文件“Java2_1_2.java”，在弹出的快捷菜单中选择【运行文件】命令，系统开始运行程序，【Output】窗口中的程序运行结果如下。

```
商品编码：100068077972
商品名称：华为 Mate 60
商品价格：¥6799.00
商品金额：6799.00 元
```

【代码解读】

（1）03 行、04 行声明了两个字符串变量，并赋初值。

（2）05 行声明了一个单精度浮点型变量 price，且将单精度浮点型常量 6799.00f 赋给变量 price。这里常量值加“f”表示单精度浮点型常量，如果不加“f”，则默认为双精度浮点型常量。

（3）06 行声明了一个字符型变量，07 行声明了一个整型变量，且都赋初值。

（4）08 行声明了一个双精度浮点型变量，09 行先计算商品金额，再赋给变量 amount。

（5）10 行、11 行输出商品编码和商品名称。

（6）12 行声明了一个字符型变量，且将转义字符赋给该变量，13 行输出商品价格。

（7）14 行声明了一个字符串变量并赋值，15 行输出商品金额。

【问题探究】

【问题 2-1】数字数据与字符串数据如何相互转换

（1）数字数据转换为字符串数据

方法 1：使用方法“包装类.toString(基本数据类型)”进行转换，包括 Byte.toString(byte)、Short.toString(short)、Integer.toString(int)、Long.toString(long)、Float.toString(float) 和 Double.toString(double)，如 Integer.toString(123)。

说明：Byte、Short、Integer、Long、Float 和 Double 是包装类，包装类将在模块 5 中介绍。

方法 2：使用 String 类的 valueOf()方法进行转换，如 String.valueOf(22449.00)。

方法 3：使用空字符串与数字进行连接运算，将数字转换为字符串，如""+123。

（2）字符串数据转换为数字数据

方法 1：使用包装类的 valueOf()方法进行转换，如 Double.valueOf("22449.00")。

方法 2：使用包装类的静态方法 parseXxx()进行转换，包括 Byte.parseByte(string)、Short.parseShort(string)、Integer.parseInt(string)、Long.parseLong(string)、Float.parseFloat(string)和 Double.parseDouble(string)，如 Integer.parseInt("123")。

【实例验证】

假设商品“华为/HUAWEI P50 Pro”的编码为“1509660”，数据类型为字符串，编写 Java 程序确定后续 3 种商品的编码（说明：假设这 4 种商品的编码为连续编码）。

在项目 Unit02 中创建主类 Example2_1，在文件中输入表 2-6 所示的程序代码。

表 2-6　文件 Example2_1.java 的程序代码

序号	程序代码
01	public class Example2_1 {
02	public static void main(String[ ] args) {
03	String strStartCode = "1509660";
04	String strCode1,strCode2,strCode3;
05	int intCode1,intCode2,intCode3;
06	intCode1=Integer.valueOf(strStartCode);
07	intCode1=intCode1+1;
08	strCode1=intCode1+" ";
09	System.out.println("变量 strCode1 的数据类型为字符串："
10	+ (strCode1 instanceof String));
11	System.out.println("字符串 strCode1 的长度为："
12	+ strCode1.length());

续表

序号	程序代码
13	System.out.println("商品编号 1 为：" + strCode1.trim());
14	//注意删除多余空格，否则数据类型转换会出现异常
15	intCode2 = Integer.parseInt(strCode1.trim()) + 1;
16	strCode2 = Integer.toString(intCode2);
17	System.out.println("商品编号 2 为：" + strCode2);
18	intCode3 =intCode2+1;
19	strCode3 = String.valueOf(intCode3);
20	System.out.println("商品编号 3 为：" + strCode3);
21	}
22	}

程序 Example2_1.java 的运行结果如下。

```
变量 strCode1 的数据类型为字符串：true
字符串 strCode1 的长度为：8
商品编号 1 为：1509661
商品编号 2 为：1509662
商品编号 3 为：1509663
```

【代码解读】

（1）06 行调用 Integer 类的 valueOf()方法将字符串数据转换为整型数据。

（2）15 行调用 Integer 类的 parseInt()方法将字符串数据转换为整型数据，并使用 String 类的 trim()方法删除字符串的前导空格和尾部空格。

（3）16 行调用 Integer 类的 toString()方法将整型数据转换为字符串数据。

（4）19 行调用 String 类 valueOf()方法将整型数据转换为字符串数据。

2.3 Java 的运算符与表达式

Java 中，运算符（Operator）主要包括算术运算符、比较运算符、逻辑运算符、位运算符、赋值运算符、三元运算符。常量、变量、运算符可以组成不同类型的表达式，常见的表达式包括算术表达式、比较表达式、逻辑表达式、赋值表达式。

2.3.1 算术运算符与算术表达式

【任务 2-1-3】计算购买多件商品时的折扣金额

【任务描述】

商品“华为 Mate 60”的价格为 6799.00 元，购买数量为 1，折扣率为 8%；商品“华为 P40 Pro 5G 手机”的价格为 2259.00 元，购买数量为 2，折扣率为 8%。编写 Java 程序计算购买这两种商品时的折扣金额。

【知识必备】

【知识 2-9-1】熟知 Java 算术运算符与算术表达式

算术运算符用于完成整数类型和浮点类型数据的运算，包括加（+）、减（-）、乘（*）、除（/）、取余（%）、自加（++）、自减（--）、取正（+）和取负（-）运算。不同的基本数据类型在运算前要转换成相同的数据类型才能进行算术运算。对于级别低于 int 类型的整型数据，在运算前至少要先转换为 int 类型后才能进行算术运算。

Java 中加（+）、减（-）、乘（*）、除（/）运算符的用法与数学中的算术运算符的用法一样。

Java 对运算符“+”进行了重载，除可以进行加法运算外，还可以用于连接两个字符串，当“+”运算符两侧的操作数有一个是字符串类型的数据时，先将另一个操作数转换为字符串类型，再将两个操作数连接成一个字符串。在输出语句中使用“+”连接两个字符串，例如，System.out.println("商品金额为：" + amount);（amount=6799.00），输出的结果为字符串“商品金额为：6799.00”。

在除法（/）运算符构成的算术表达式中，如果操作数全为整型，则表达式的结果仍为整型，即两个整型数据相除结果为整型数据，例如，算术表达式 3/6 的结果为 0，而不是 0.5。如果操作数为浮点型，那么只要其中有一个操作数为 double 型，表达式结果就为 double 型；只有两个操作数全为 float 型或者其中一个为 float 型而另一个为整型时，表达式结果才为 float 型。

取余（%）运算符用来求两个操作数相除的余数，例如，7%4 的计算结果为 3，16%4 的计算结果为 0。两个整数和两个浮点数都可以进行取余运算，如 45.4%10 的计算结果为 5.4。当参与运算的量为负数时，结果的正负与被除数的正负一致。

自加（++）、自减（--）运算符可以放在变量的前面，也可以放在变量的后面，其作用都是使变量加 1 或减 1，但对于自加或自减表达式来说其含义是不同的，例如，当变量 x 所赋的值为 1 时，++x 和 x++运算后，变量 x 的值都为 2，但表达式++x 的值为 2，表达式 x++的值为 1。

【任务实现】

在项目 Unit02 中创建主类 Java2_1_3，在文件 Java2_1_3.java 中输入表 2-7 所示的程序代码。

表 2-7　文件 Java2_1_3.java 的程序代码

序号	程序代码
01	public class Java2_1_3 {
02	public static void main(String[ ] args) {
03	float price1=6799.00f;
04	int number1=1;
05	float price2=2259.00f;
06	int number2=2;
07	float rebate=0.08f;
08	float totalDiscountAmount;
09	totalDiscountAmount=price1*rebate*number1+price2*rebate*number2;
10	System.out.println("两种商品的折扣金额为：" + totalDiscountAmount);
11	}
12	}

【程序运行】

程序 Java2_1_3.java 的运行结果如下。

```
两种商品的折扣金额为：905.36
```

【代码解读】

（1）09 行为计算购买商品时因折扣产生的优惠金额，赋值运算符“=”右侧的算术表达式先进行乘法运算，后进行加法运算。

（2）10 行为输出提示信息字符串与 float 型数据连接而成的字符串数据。

2.3.2 比较运算符与比较表达式

【任务 2-1-4】判断商品的库存数量是否足够

【任务描述】

商品“Redmi 红米 K60”的订购数量为 10，目前的库存数量为 8，编写 Java 程序判断商品“Redmi 红米 K60”的库存数量是否足够。

【知识必备】

【知识 2-9-2】熟知 Java 比较运算符与比较表达式

比较运算符用来比较两个操作数的大小，包括大于（>）、大于或等于（>=）、小于（<）、小于或等于（<=）、等于（==）、不等于（!=）6 个运算符。比较运算符的结果是一个布尔值（true 或 false），它的两个操作数既可以是基本数据类型，又可以是引用类型。

（1）当操作数为整型数据和浮点型数据时，比较的是两个操作数值的大小。

（2）当操作数为布尔类型数据时，只能进行等于和不等于运算，不能进行其他的比较运算。

（3）当操作数为引用类型时，比较的是两个引用是否相同，即比较两个引用是否指向同一个对象，也只能进行等于和不等于运算。

> **注意** 参与比较运算的两个操作数或表达式可以是整型的，也可以是浮点型的，但是不能在浮点型数据之间进行“等于”的比较，因为浮点型数据存在精度问题，两个浮点型数据无法达到精确的相等，这种比较就失去了意义。

【任务实现】

在项目 Unit02 中创建主类 Java2_1_4，在文件 Java2_1_4.java 中输入表 2-8 所示的程序代码。

表 2-8 文件 Java2_1_4.java 的程序代码

序号	程序代码
01	public class Java2_1_4 {
02	public static void main(String[ ] args) {
03	int buyNum, stockNum;
04	buyNum = 10;
05	stockNum = 8;
06	boolean isSuffice;
07	isSuffice = (stockNum >= buyNum);
08	System.out.println("当前库存数量是否足够：" + isSuffice);
09	}
10	}

【程序运行】

程序 Java2_1_4.java 的运行结果如下。

```
当前库存数量是否足够：false
```

【代码解读】

07 行先计算赋值运算符“=”右侧括号内比较表达式的值，再将布尔型常量赋给布尔型变量 isSuffice。因为比较运算符“>=”的优先级高于赋值运算符“=”，所以赋值运算符“=”右侧的括号可以去掉，且计算顺序不会改变。这里的“>=”运算符也可以更换为其他比较运算符，如>、<、<=、==、!=，只是其含义及实现的功能有所区别。

【问题探究】

【问题 2-2】探究算术运算符、比较运算符和赋值运算符的优先级

如果一条 Java 语句中包含算术运算符、比较运算符和赋值运算符等多个运算符，则其正确的运算顺序如下：算术运算符→比较运算符→赋值运算符。

【实例验证】

输出商品数据时要求每输出 5 种商品的数据就换行，编写 Java 程序判断输出商品数据时是否需要换行。

在项目 Unit02 中创建主类 Example2_2，在文件 Example2_2.java 中输入表 2-9 所示的程序代码。

表 2-9　文件 Example2_2.java 的程序代码

序号	程序代码
01	public class Example2_2 {
02	public static void main(String[ ] args) {
03	int number1 = 5;
04	int number2 = 10;
05	int number3 = 14;
06	boolean b1, b2, b3;
07	b1 = (number1 % 5 == 0);
08	b2 = (number2 % 5 == 0);
09	b3 = (number3 % 5 == 0);
10	System.out.println("b1 的值为：" + b1);
11	System.out.println("b2 的值为：" + b2);
12	System.out.println("b3 的值为：" + b3);
13	}
14	}

程序 Example2_2.java 的运行结果如下。

```
b1 的值为：true
b2 的值为：true
b3 的值为：false
```

【代码解读】

（1）06 行在同一条语句中声明 3 个数据类型相同的变量。

（2）07～09 行的语句包含多个运算符，其正确的运算顺序如下：求余运算符→等于运算符→赋值运算符。

2.3.3　逻辑运算符与逻辑表达式

【任务 2-1-5】判断折扣率是否需要调整

【任务描述】

每年的 5 月 17 日为“世界电信日”，这一天销售手机的最低折扣率拟定为 10%，编写 Java 程序判断手机的折扣率是否需要调整。

【知识必备】

【知识 2-9-3】熟知 Java 逻辑运算符与逻辑表达式

逻辑运算包括逻辑与（&&、&）、逻辑或（||、|）、逻辑非（!）、逻辑异或（^），逻辑运算的操作数均为布尔值（true 或 false），其运算结果也为布尔值。

逻辑运算的运算规则如表 2-10 所示。

表 2-10　逻辑运算的运算规则

操作数 1	操作数 2	逻辑与	逻辑或	操作数 1 的逻辑非	逻辑异或
true	true	true	true	false	false
true	false	false	true	false	true
false	true	false	true	true	true
false	false	false	false	true	false

对于形式为“操作数 1　逻辑运算符　操作数 2”的逻辑运算，逻辑与、逻辑或的运算规则如表 2-11 所示。

表 2-11　逻辑与、逻辑或的运算规则

<table>
<tr><th rowspan="2">逻辑运算符</th><th rowspan="2">操作数 1</th><th rowspan="2">运算结果</th><th colspan="2">是否参与运算</th></tr>
<tr><th>操作数 1</th><th>操作数 2</th></tr>
<tr><td rowspan="2">&&
（短路与）</td><td>true</td><td>操作数 2 为 true 时，运算结果为 true，否则运算结果为 false</td><td>参与运算</td><td>参与运算</td></tr>
<tr><td>false</td><td>false</td><td>参与运算</td><td>不参与运算</td></tr>
<tr><td rowspan="2">&
（非短路与）</td><td>true</td><td>操作数 2 为 true 时，运算结果为 true，否则运算结果为 false</td><td>参与运算</td><td>参与运算</td></tr>
<tr><td>false</td><td>false</td><td>参与运算</td><td>参与运算</td></tr>
<tr><td rowspan="2">||
（短路或）</td><td>true</td><td>true</td><td>参与运算</td><td>不参与运算</td></tr>
<tr><td>false</td><td>操作数 2 为 true 时，运算结果为 true，否则运算结果为 false</td><td>参与运算</td><td>参与运算</td></tr>
<tr><td rowspan="2">|
（非短路或）</td><td>true</td><td>true</td><td>参与运算</td><td>参与运算</td></tr>
<tr><td>false</td><td>操作数 2 为 true 时，运算结果为 true，否则运算结果为 false</td><td>参与运算</td><td>参与运算</td></tr>
</table>

【知识 2-9-4】认知 Java 位运算符

位运算是指对每一个二进制位进行的操作，包括位逻辑运算和移位运算。位运算的操作数只能是基本数据类型中的整型和字符型。位逻辑运算包括按位与（&）、按位或（|）、按位取反（~）、按位异或（^）。操作数在进行位运算时，是指对操作数在内存中的二进制补码按位进行操作。

（1）位逻辑运算

① 按位与：如果两个操作数的二进制位同时为 1，则按位与的结果为 1；否则按位与的结果为 0。

② 按位或：如果两个操作数的二进制位同时为 0，则按位或的结果为 0；否则按位或的结果为 1。

③ 按位取反：如果操作数的二进制位为 1，则按位取反的结果为 0；否则按位取反的结果为 1。

④ 按位异或：如果两个操作数的二进制位相同，则按位异或的结果为 0；否则按位异或的结果为 1。

（2）移位运算

移位运算是指将整型数据或字符型数据向左或向右移动指定的位数，移位运算包括左移（<<）、右移（>>）和无符号位右移（>>>）。

① 左移：将整型数据在内存中的二进制补码向左移出指定的位数，向左移出的二进制位丢弃，右侧添 0 补位。

② 右移：将整型数据在内存中的二进制补码向右移出指定的位数，向右移出的二进制位丢弃，左侧进行符号位扩展，即如果操作数为正数则添 0 补位，否则添 1 补位。

③ 无符号位右移：将整型数据在内存中的二进制补码向右移出指定的位数，向右移出的二进制位丢弃，左侧添 0 补位。

说明 **在进行移位运算之前，级别低于 int 类型的整型数据要先转换成 int 类型。移位运算会产生新的数据，而参与移位运算的数据不会发生变化。移位前要先将移动的位数与 32 或 64 进行取余运算，余数才是真正要移动的位数。**

【任务实现】

在项目 Unit02 中创建主类 Java2_1_5，在文件 Java2_1_5.java 中输入表 2-12 所示的程序代码。

表 2-12　文件 Java2_1_5.java 的程序代码

序号	程序代码
01	import java.util.Calendar;
02	public class Java2_1_5 {
03	public static void main(String[ ] args) {
04	Calendar currentDate = Calendar.getInstance(); //获得一个日历
05	int month = currentDate.get(Calendar.MONTH)+1; //获取当前日历的月份
06	int day = currentDate.get(Calendar.DAY_OF_MONTH); //获取当前日历的天
07	double rebate=0.08;
08	boolean b=(month==5 && day==17 && rebate<0.1);
09	System.out.println("当前日期为：" + month + "月" + day + "日");
10	System.out.println("手机的折扣率是否改变：" + b);
11	}
12	}

【程序运行】

程序 Java2_1_5.java 的运行结果如下。

```
当前日期为：10 月 11 日
手机的折扣率是否改变：false
```

【代码解读】

（1）04 行声明了一个 Calendar 类的对象，且调用该类的 getInstance()方法获得一个日历，返回的 Calendar 为当前时间。

（2）05 行调用 Calendar 类的 get()方法获得当前日历的月份，Calendar 类中使用静态属性的 Calendar.MONTH 表示月份，并且月份的起始值为 0。所以月份的返回值加上 1 与当前月份一致。

（3）06 行调用 Calendar 类的 get()方法获得当前日历的天，Calendar 类中使用静态属性的 Calendar.DAY_OF_MONTH 表示天。

（4）08 行使用逻辑表达式“month==5 && day==17 && rebate<0.1”作为判断折扣率是否改变的条件。只有当这 3 个比较表达式的值均为 true 时，该逻辑表达式的值才为 true，即折扣率应改变；对于其他情况，该逻辑表达式的值为 false，即折扣率不改变。

【任务 2-1-6】确定是否符合打折条件

【任务描述】

价格高于 2000 元的手机和价格不低于 2000 元的电视机有打折促销。编写 Java 程序判断所购的手机和电视机是否符合打折条件。

【任务实现】

在项目 Unit02 中创建主类 Java2_1_6，在文件 Java2_1_6.java 中输入表 2-13 所示的程序代码。

表 2-13　文件 Java2_1_6.java 的程序代码

序号	程序代码
01	public class Java2_1_6 {
02	public static void main(String[ ] args) {
03	String productCategory1 = "手机";　　　// 商品类别为手机
04	double price1 = 6799.00;
05	String productCategory2 = "电视机";　// 商品类别为电视机
06	double price2 = 1499.00;
07	boolean isRebate;
08	isRebate = (productCategory1.equals("手机") && price1 > 2000
09	|| productCategory2.equals("电视机")　&& !(price2 < 2000));
10	System.out.println("是否符合打折条件：" + isRebate);
11	}
12	}

【程序运行】

程序 Java2_1_6.java 的运行结果如下。

```
是否符合打折条件：true
```

【代码解读】

08 行和 09 行是一条语句，赋值运算符“=”右侧的括号中是一个较复杂的逻辑表达式，包含 4 个比较表达式，使用了“&&”“||”“!”3 种逻辑运算符。当商品类别为手机且价格高于 2000 元，或者当商品类别为电视机且价格不低于 2000 元时，该逻辑表达式的值才为 true。

2.3.4　赋值运算符与三元运算符

【任务 2-1-7】判断并输出商品是否有货

【任务描述】

商品“Redmi 红米 K60”的订购数量为 10，但目前的库存数量仅为 8，编写 Java 程序在屏幕中输出商品“Redmi 红米 K60”的库存情况，即“有货”还是“缺货”。

【知识必备】

【知识 2-9-5】熟知 Java 赋值运算符

赋值运算是指将一个值写到变量的内存空间中，因此赋值的对象一定是变量而不能是常量，在给变量赋值时，要注意赋值运算符两边数据类型的一致性。

Java 中，赋值运算符分为简单赋值运算符和复合赋值运算符。简单赋值运算符为“=”，即把右侧表达式的值赋值给左侧变量，变量的值为赋值表达式的值。

复合赋值运算符是指在简单赋值运算符前加上其他运算符。复合赋值运算符包括+=、-=、*=、/=、%=、&=、|=、^=、>>=、<<=、>>>=。

【知识 2-9-6】认知 Java 三元运算符

三元运算符的语法格式如下。

```
布尔表达式 ？ 表达式 1：表达式 2
```

三元运算符的运算规则如下：计算布尔表达式的值，如果布尔表达式的值为 true，则将表达式 1 的值作为整个表达式的结果；如果布尔表达式的值为 false，则将表达式 2 的值作为整个表达式的结果。

【任务实现】

在项目 Unit02 中创建主类 Java2_1_7，在文件 Java2_1_7.java 中输入表 2-14 所示的程序代码。

表 2-14 文件 Java2_1_7.java 的程序代码

序号	程序代码
01	public class Java2_1_7 {
02	public static void main(String[ ] args) {
03	String goodsName = "Redmi 红米 K60";
04	int buyNum, stockNum;
05	buyNum = 10;
06	stockNum = 8;
07	String strFlag = (stockNum >= buyNum ? "有货" : "缺货");
08	System.out.println("商品\"" + goodsName + "\"： " + strFlag);
09	}
10	}

【程序运行】

程序 Java2_1_7.java 的运行结果如下。

```
商品"Redmi 红米 K60"：缺货
```

【代码解读】

（1）07 行中赋值运算符“=”右侧括号中使用了三元运算符，当比较表达式的值为 true 时，结果为“有货”，否则为“缺货”。

（2）08 行因为输出的信息中包含双引号“""”，所以使用“\"”表示双引号。

【任务 2-1-8】实时更新商品的库存数量

【任务描述】

商品“华为 Mate 60”的库存数量为 5，总价值为 33995.00 元，编写 Java 程序计算其单价。依次进货 1 件和 8 件，然后分别售出 1 件和 6 件，编写 Java 程序在屏幕中输出库存数量，并计算剩余商品的总价值。

【知识必备】

【知识 2-9-7】认知运算符“++”或“--”的位置相关性

运算符“++”或“--”的位置相关性分析如下。

x++与++x 都是合法的增量运算表达式，相当于 x=x+1，即使变量 x 加 1。如果将增量运算表达式作为其他表达式的操作数使用，如 y=x++和 y=++x，则二者的区别如下：执行 x++后，该表达式的值为 x（即 y 的值为 x），而运算后 x 的值变为 x+1；执行++x 后，该表达式的值（即 y 的值）和 x 的值都变为 x+1。

同理，x--与--x 都是合法的减量运算表达式，相当于 x=x-1，即使变量 x 减 1。如果将减量运算表达式作为其他表达式的操作数使用，如 y=x--和 y=--x，则二者的区别如下：执行 x--后，该表达式的值为 x（即 y 的值为 x），而运算后 x 的值变为 x-1；执行--x 后，该表达式的值（即 y 的值）和 x 的值都变为 x-1。

【任务实现】

在项目 Unit02 中创建主类 Java2_1_8，在文件 Java2_1_8.java 中输入表 2-15 所示的程序代码。

表 2-15　文件 Java2_1_8.java 的程序代码

序号	程序代码
01	public class Java2_1_8 {
02	public static void main(String[ ] args) {
03	int number;
04	double amount;
05	String goodsName = "华为 Mate 60";
06	amount = 33995.00;
07	System.out.println("商品名称：" + goodsName);
08	number = 5;
09	amount /= number;
10	System.out.println("商品价格：" + amount);
11	System.out.println("库存数量：" + number);
12	number++;
13	System.out.println("库存数量：" + number);
14	number += 8;
15	System.out.println("库存数量：" + number);
16	number--;
17	System.out.println("库存数量：" + number);
18	number -= 6;
19	System.out.println("库存数量：" + number);
20	amount *= number;
21	System.out.println("商品金额：" + amount);
22	}
23	}

【程序运行】

程序 Java2_1_8.java 的运行结果如下。

```
商品名称：华为 Mate 60
商品价格：6799.0
库存数量：5
库存数量：6
库存数量：14
库存数量：13
库存数量：7
商品金额：47593.0
```

【代码解读】

09 行、12 行、14 行、16 行、18 行、20 行分别使用了不同形式的复合赋值运算符。

【任务 2-1-9】计算单次购物的应付总额

【任务描述】

某顾客某次购物时购买了手机和电视机，手机“OPPO Find X6 Pro”的价格为 6999.00 元，购买数量为 4，折扣率为 5%；电视机“海信 75E3H”的价格为 3289.00 元，购买数量为 6，折扣率为 8%。编写 Java 程序计算购买商品的总金额。

【知识必备】

【知识 2-10】Java 运算符的优先级和结合性

如果一个表达式中包含多种运算符，则应先判断运算符的优先级和结合性，优先级高的运算符先执行，优先级低的运算符后执行，对于同一优先级的运算符，则按照其结合性依次计算。Java 运算符的优先级与结合性如表 2-16 所示。表 2-16 的“优先级”列中数字越小，表示优先级越高。

表 2-16　Java 运算符的优先级与结合性

<table>
<tr><th>优先级</th><th>运算符</th><th>结合性</th></tr>
<tr><td>1</td><td>[]　.　()（方法调用）</td><td>从左到右</td></tr>
<tr><td>2</td><td>new　()（强制类型转换）</td><td>从左到右</td></tr>
<tr><td>3</td><td>!　~　++ -- +（取正）　-（取负）</td><td>从右到左</td></tr>
<tr><td>4</td><td>*　/　%</td><td>从左到右</td></tr>
<tr><td>5</td><td>+　-</td><td>从左到右</td></tr>
<tr><td>6</td><td><<　>>　>>></td><td>从左到右</td></tr>
<tr><td>7</td><td>>　>=　<　<=</td><td>从左到右</td></tr>
<tr><td>8</td><td>==　!=</td><td>从左到右</td></tr>
<tr><td>9</td><td>&</td><td>从左到右</td></tr>
<tr><td>10</td><td>^</td><td>从左到右</td></tr>
<tr><td>11</td><td>|</td><td>从左到右</td></tr>
<tr><td>12</td><td>&&</td><td>从左到右</td></tr>
<tr><td>13</td><td>||</td><td>从左到右</td></tr>
<tr><td>14</td><td>?:</td><td>从右到左</td></tr>
<tr><td>15</td><td>=　+=　-=　*=　/=　%=　^=　|=　&=　<<=　>>=　>>>=</td><td>从右到左</td></tr>
</table>

【任务实现】

在项目 Unit02 中创建主类 Java2_1_9，在文件 Java2_1_9.java 中输入表 2-17 所示的程序代码。

表 2-17　文件 Java2_1_9.java 的程序代码

序号	程序代码
01	public class Java2_1_9 {
02	public static void main(String[ ] args) {
03	float price1=6999.00f;
04	int number1=4;
05	float rebate1=0.05f;
06	float price2=3289.00f;
07	int number2=6;
08	float rebate2=0.08f;
09	float preferentialPrice1,preferentialPrice2;
10	float totalPreferentialPrice;
11	preferentialPrice1=price1-price1*rebate1;
12	preferentialPrice2=price2-price2*rebate2;
13	totalPreferentialPrice=(preferentialPrice1*number1 +preferentialPrice2*number2);
14	System.out.println("两种商品的总金额为：" + totalPreferentialPrice);
15	}
16	}

【程序运行】

程序 Java2_1_9.java 的运行结果如下。

```
两种商品的总金额为：44751.477
```

2.4 数组的定义与使用

数组是相同数据类型的元素按顺序组成的集合，Java 中的数组是一种引用类型，组成数组的元素可以是基本数据类型、对象类型，也可以是数组类型。在 Java 程序中，使用数组可以更有效地处理数据，提高程序的可读性和可维护性。按数组的维数，数组分为一维数组和多维数组。一维数组的元素在内存中占据连续的内存空间，但多维数组的元素占用的内存空间不一定是连续的。

【任务 2-2】应用一维数组分行输出选购商品信息

【任务描述】

用户购买手机的名称分别如下：华为 Mate 60、华为 P40 Pro 5G 手机、华为 Mate X5 折叠屏手机、Redmi 红米 K60、OPPO Find X6 Pro。(详细数据参考配套资源——商品基本信息表.xlsx。)

分别定义 int 类型的一维数组、double 类型的一维数组、String 类型的一维数组，并为这些一维数组的元素赋值，分别用来存储所选购商品的购买数量、价格和商品名称，然后分行输出选购商品的信息。

【知识必备】

【知识 2-11】熟知 Java 一维数组的定义与使用

数组要经过声明、分配内存空间及赋值后才能使用，下面分别介绍一维数组的声明、创建与初始化方法。

1. 一维数组的声明

一维数组的声明包括两个组成部分：数组名和数组元素的数据类型。数组名必须是合法的 Java 标识符。声明一维数组的语法格式有以下两种形式，这两种形式完全等价。

形式一：

```
数据类型[ ] 数组名;
```

形式二：

```
数据类型 数组名[ ];
```

数据类型可以是 byte、short、int、long、float、double、char 等基本数据类型，也可以是对象类型。

注意 **声明一维数组时不能指定该数组的长度，因为声明一个数组类型变量时，只是在内存中为该数组的变量分配引用空间，并没有真正创建数组对象，更没有为数组中的每个元素分配存储空间。数组元素内存分配由 new 语句或静态初始化完成。**

声明一维数组的示例代码如下。

```
int[ ] number;          //声明了数据类型为 int，数组名为 number 的一维数组
double[ ] price;        //声明了数据类型为 double，数组名为 price 的一维数组
String strName[ ];      //声明了数据类型为 String，数组名为 strName 的一维数组
char[ ] ch1,ch2 ;       //声明了两个数据类型为 char，数组名分别为 ch1 和 ch2 的一维数组
```

如果需要同时声明多个一维数组，则可采用如下形式。

```
数据类型[ ] 数组名 1，数组名 2，…，数组名 n ;
```

2. 一维数组的创建

声明数组时只声明了数组类型的变量，程序运行时数组元素在内存空间中并不存在。为了使用数组元素存储的数据，必须使用 new 语句申请连续的内存空间存放数据，且必须指明数组的长度。

创建一维数组的语法格式如下。

```
数组名=数据类型[数组长度 ] ;
```

这里的数组长度是指数组中元素的个数。

对于创建的数组，其数组元素都有默认值，例如，int 型数组元素的默认值为 0，float 型数组元素的默认值为 0.0f，boolean 型数组元素的默认值为 false。

一维数组可以先声明，后创建，示例代码如下。

```
String strName[ ];
strName = new String[5];
```

一维数组的声明与创建可以在一条语句中完成，即在声明数组时直接创建数组，示例代码如下。

```
double[ ] price = new double[5];
```

数组创建之后，当它不被使用时，和其他对象一样，并不需要在程序中显式地释放，而是由 Java 的垃圾收集器自动地回收其所占用的内存空间。

注意 **使用静态初始化方法也可以创建数组。**

3. 一维数组的初始化

一维数组的初始化分为静态初始化和动态初始化两种。

（1）静态初始化

静态初始化是指在声明一维数组的同时对该数组中的每个元素直接进行赋值。这种方式可以通过一

条语句完成数组的声明、创建与初始化 3 项功能，示例代码如下。

```
int[ ] number = { 1, 2, 3, 4, 5 };
```

该语句声明并创建了一个长度为 5 的整型数组，并为每个数组元素赋初值。

> **注意** **静态初始化数组时不能事先指定数组元素的个数，系统会根据所赋初值的个数自动计算数组的长度，然后分配所需要的存储空间并赋值。如果在静态初始化数组时指定长度（如 int[5] number = { 1, 2, 3, 4, 5 };），则编译时会出错。**

（2）动态初始化

动态初始化是指在声明一维数组时，首先使用 new 语句为其分配所需的内存空间，然后使用赋值语句独立地对各个数组元素进行赋值。

动态初始化一维数组的示例代码如下。

```
int[ ] number;
number=new int[3];
number[0]=1 ;
number[1]=2 ;
number[2]=3 ;
```

一维数组 number 的声明、创建与动态初始化过程及内存状态如图 2-7 所示，整型一维数组的动态初始化要进行两次内存空间分配，各条语句的执行过程说明如下。

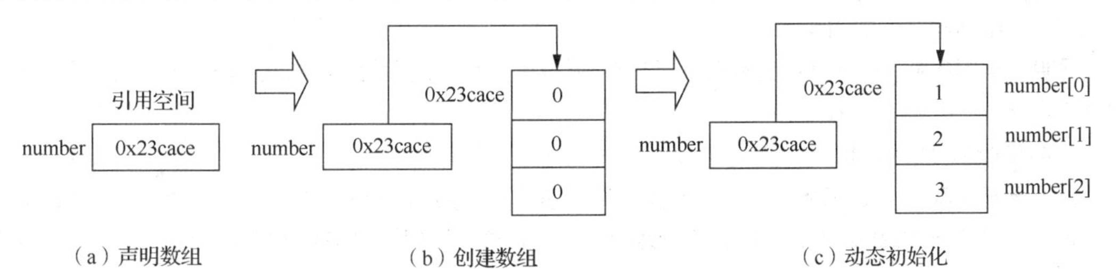

图 2-7　一维数组 number 的声明、创建与动态初始化过程及内存状态

首先执行“int[ ] number;”语句，此语句声明了一个数组类型变量 number，并为其分配定长的引用空间，其值为 null，如图 2-7（a）所示。

其次执行“number=new int[3];”语句，此语句创建一个含有 3 个元素的整型数组对象，为数组 number 分配 3 个整型数组空间，并根据默认的初始化规则将 3 个元素值初始化为 0，如图 2-7（b）所示。

最后执行 3 条赋值语句，这 3 条语句为各个数组元素显式地赋初值，如图 2-7（c）所示。

引用类型的一维数组动态初始化的示例代码如下。

```
//声明字符串类型的一维数组
String strName[ ];
//为一维数组中的每个元素分配定长的引用空间
strName = new String[3];
//为第 1 个数组元素存储的数据分配存储空间
strName[0] = new String("华为 Mate 60");
//为第 2 个数组元素存储的数据分配存储空间
```

```
strName[1] = new String("华为 P40 Pro 5G 手机");
//为第 3 个数组元素存储的数据分配存储空间
strName[2] = new String("华为 Mate X5  折叠屏手机 ");
```

引用类型一维数组的动态初始化要进行 3 次内存空间分配，首先为数组类型变量 strName 分配定长的引用空间，因为每个数组元素又是一个引用类型的对象，所以接下来要为每个数组元素（strName[0]、strName[1]、strName[2]）分配定长的引用空间，最后为每个数组元素所引用的对象分配不定长的存储空间。

相应语句执行完毕后，数组 strName 的内存状态如图 2-8 所示。

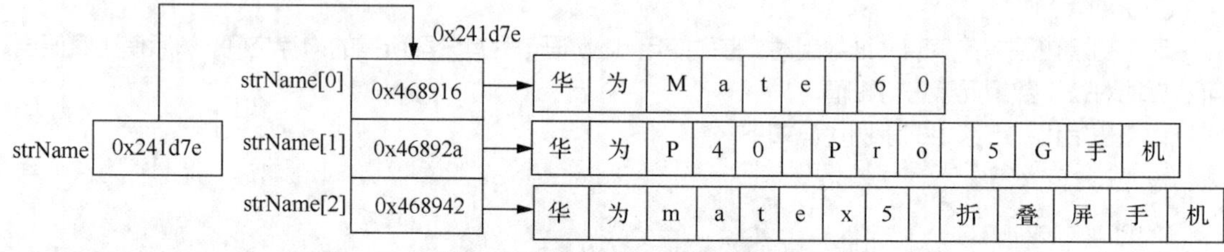

图 2-8　数组 strName 的内存状态

4. 一维数组的正确使用

（1）一维数组的长度

数组中元素的个数称为数组的长度。Java 为所有数组设置了一个表示数组长度的属性 length，使用“数组名.length”即可获取当前数组的长度。

（2）一维数组元素的引用

声明、创建数组，并对数组元素分配了内存空间后，才可以引用数组中的元素。一维数组元素的引用格式如下。

```
数组名[数组元素的索引]
```

数组元素的索引从 0 开始，可以是整型常量或表达式，如 number[0]、number[i]、number[i+1]等。长度为 n 的一维数组合法的索引取值范围为 0～n-1。如果程序中数组的索引越界，则会出现运行错误。

【任务实现】

在项目 Unit02 中创建主类 Java2_2，在文件 Java2_2.java 中输入表 2-18 所示的程序代码。

表 2-18　文件 Java2_2.java 的程序代码

序号	程序代码
01	public class Java2_2 {
02	public static void main(String[ ] args) {
03	int[ ] number = { 1, 2, 3, 10, 4 };
04	double[ ] price = new double[5];
05	String strName[ ];
06	strName = new String[5];
07	try {
08	price[0] = 6799.00;
09	price[1] = 2259.00;
10	price[2] = 22449.00;
11	price[3] = 3799.00;

续表

序号	程序代码
12	price[4] = 6999.00;
13	strName[0] = "华为 Mate 60";
14	strName[1] = "华为 P40 Pro 5G 手机";
15	strName[2] = "华为 Mate X5 折叠屏手机 ";
16	strName[3] = "Redmi 红米 K60";
17	strName[4] = "OPPO Find X6 Pro";
18	System.out.println("选购的商品信息如下：");
19	System.out.println("/*********************************/");
20	for (int i = 0; i < number.length; i++) {
21	System.out.println("商品名称：strName[" + i + "]：" + strName[i]);
22	System.out.println("商品价格：price[" + i + "]：" + price[i] + '元');
23	System.out.println("购买数量：number[" + i + "]：" + number[i]);
24	System.out.println("/*********************************/");
25	}
26	} catch (ArrayIndexOutOfBoundsException ex) {
27	System.out.println("数组索引越界引起的异常");
28	} finally {
29	System.out.println("程序运行结束");
30	}
31	}
32	}

【程序运行】

程序 Java2_2.java 的运行结果如下。

```
选购的商品信息如下：
/*********************************/
商品名称：strName[0]：华为 Mate 60
商品价格：price[0]：6799.0 元
购买数量：number[0]：1
/*********************************/
商品名称：strName[1]：华为 P40 Pro 5G 手机
商品价格：price[1]：2259.0 元
购买数量：number[1]：2
/*********************************/
商品名称：strName[2]：华为 Mate X5 折叠屏手机
商品价格：price[2]：22449.0 元
购买数量：number[2]：3
/*********************************/
商品名称：strName[3]：Redmi 红米 K60
商品价格：price[3]：3799.0 元
购买数量：number[3]：10
```

```
/**********************************/
商品名称：strName[4]：OPPO Find X6 Pro
商品价格：price[4]：6999.0 元
购买数量：number[4]：4
/**********************************/
程序运行结束
```

【代码解读】

（1）03 行创建了一个长度为 5 的整型一维数组，并进行了静态初始化。
（2）04 行创建了一个长度为 5 的 double 型一维数组。
（3）05 行声明了一个数据类型为 String，数组名为 strName 的一维数组。
（4）06 行创建了一个长度为 5 的 String 类型的一维数组，并通过 new 语句为其分配内存空间。
（5）08～12 行给一维数组 price 的元素赋值。
（6）13～17 行动态初始化一维数组 strName。
（7）20～25 行使用 for 语句分行输出 3 个一维数组各个元素的值，for 语句将在模块 3 中予以介绍。
（8）07～30 行使用了 try-catch-finally 语句，该语句的用法参见附录 B。

【任务 2-3】应用二维数组分行输出选购商品的价格和名称

【任务描述】

用户选购的电视机的名称分别如下：海信 75E3H、酷开创维 Max100、TCL115X11G Max、小米（MI）Redmi A43、长虹 50P6S；选购的洗衣机的名称分别如下：海尔 XQG100-HBD1426L、小天鹅 TG100V618T、美的 MD100V33WY；选购的冰箱的名称分别如下：美的（Midea）BCD-480、海尔（Haier）BCD-500。（详细数据参考配套资源——商品基本信息表.xlsx。）

分别定义 double 类型的二维数组和 String 类型的二维数组，并为这两个二维数组的元素赋初值，分别存储选购的电视机、洗衣机、冰箱的价格和名称，然后分行输出选购商品的价格和名称。

【知识必备】

【知识 2-12】熟知 Java 二维数组的定义与使用

1. 二维数组的声明

声明二维数组的语法格式与声明一维数组的类似，有以下两种形式，这两种形式完全等价。

形式一：

```
数据类型[ ][ ] 数组名 ;
```

形式二：

```
数据类型 数组名[ ][ ];
```

注意 **声明二维数组时，无论是第一维还是第二维都不能指定长度。**

声明二维数组的示例代码如下。

```
double price[ ][ ];
double[ ][ ] price ;
```

2. 二维数组的创建

（1）创建规则数组

使用 new 语句可创建指定行数，且每一行的列数都相同的规则数组。

二维规则数组可以先声明，后创建，示例代码如下。

```
double[ ][ ] price ;
price = new double[3][4] ;
```

这里先声明了一个 double 类型的二维数组 price，又创建了一个 3 行 4 列的二维规则数组。

二维规则数组的声明与创建可以在一条语句中完成，示例代码如下。

```
double[ ][ ] price = new double[3][4] ;
```

（2）创建不规则数组

创建二维不规则数组时，只指定第一维的长度，第二维的长度以创建一维数组的方式确定，示例代码如下。

```
double[ ][ ] price = new double[3][ ] ;
price[0]=new double[4] ;
price[1]=new double[2] ;
price[2]=new double[3] ;
```

创建二维不规则数组时，必须先为数组的高维分配引用空间，再依次为低维分配引用空间，反之则不可以，即分配引用空间必须按照维数从高到低的顺序进行。以下声明与创建二维数组的语句不合法，会出现错误。

```
double[ ][ ] price = new double[ ][4] ;    //不合法，必须先为高维分配引用空间
```

3. 二维数组的初始化

二维数组的初始化也分为静态初始化和动态初始化两种。

（1）静态初始化

静态初始化是指在声明二维数组的同时对该数组中的每个元素直接进行赋值。静态初始化的示例代码如下。

```
double price[ ][ ] = { { 3289.00, 11999.00, 79999.00, 2399.00, 1499.00 },
                      { 6099.00, 2799.00, 2169.00 }, { 3399.00, 3799.00 } };
```

可以把二维数组 price 看作一个特殊的一维数组，其中有 3 个数组元素——price[0]、price[1]、price[2]，这 3 个数组元素属于引用类型的对象，分配了定长的引用空间。每个元素又是一个 double 类型的一维数组，每个元素对应的一维数组的长度可以相同，也可以不同。

注意　**Java 中的二维数组是一个特殊的一维数组，每一个元素又是一个一维数组。创建二维数组 price 实际上是分配了 3 个 double 类型的数组的引用空间，它们分别指向 3 个能容纳 5 个 double 类型的数值的存储空间。二维数组中每维数组的长度可以不同，数组空间也不是连续分配的。二维数组内存空间的结构示例如图 2-9 所示。**

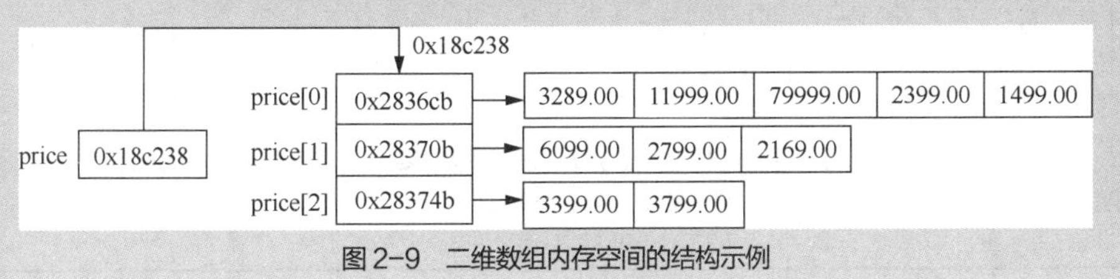

图 2-9　二维数组内存空间的结构示例

（2）动态初始化

动态初始化是指在声明二维数组时，首先使用 new 语句为其分配所需的内存空间，然后使用赋值语句独立地对各个数组元素进行赋值。

动态初始化二维数组的示例代码如下。

```
int number[ ][ ]=new int[2][2] ;
number[0][0]=1 ;
number[0][1]=2 ;
number[1][0]=3 ;
number[1][1]=4 ;
```

4．二维数组的正确使用

（1）二维数组的长度

二维数组中第一维的长度（即二维数级的行数）直接使用“数组名.length”获取，第 i 行的长度使用“数组名[i].length”获取。

（2）二维数组元素的引用

与一维数组类似，可以使用“数组名[第一维索引][第二维索引]”的形式引用二维数组的元素。例如，引用二维 double 类型的数组 price 的元素，可以使用 price[i][j]，其中 i 的取值范围为 0～price.length-1，j 的取值范围为 0～price[i].length-1。

（3）数组元素和数组名作为方法的参数时的正确使用

Java 中，一维数组和多维数组的数组元素和数组名都可以作为方法的参数。数组元素作为实参时，形参的数据传递是单向值传递；数组名作实参时，形参的数据传递是双向引用传递。

数组元素作为实参时，数组元素的值传递给形参，但实参和形参是两个不同的存储空间，形参变量的数据传递是单向值传递。如果形参被该方法修改，则当调用方法执行完毕时，形参的存储空间立即被释放，不会对实参产生任何影响。

使用数组名作为实参传递数据时，应注意以下事项。

① 在形参列表中，数组名后的中括号[ ]不能省略，中括号[ ]的个数和数组的维数要相同，但在中括号中可以不给出数组元素的个数。

② 在实参列表中，数组名后不需要中括号[ ]。

③ 数组名作为实参时，传递的是地址，而不是具体的数组元素值，即实参和形参具有相同的存储空间。当形参发生改变时，同步改变的就是实参存储空间的值，因此可以说形参的数据传递是双向引用传递。

【任务实现】

在项目 Unit02 中创建主类 Java2_3，在文件 Java2_3.java 中输入表 2-19 所示的程序代码。

表 2-19　文件 Java2_3.java 的程序代码

序号	程序代码
01	public class Java2_3 {
02	public static void main(String[ ] args) {
03	// 创建二维 double 类型的数组
04	try {
05	double price[ ][ ] = { { 3289.00, 11999.00, 79999.00, 2399.00, 1499.00 },
06	{ 6099.00, 2799.00, 2169.00 } ,
07	{ 3399.00, 3799.00 }　};

续表

序号	程序代码
08	// 创建二维 String 类型的数组
09	String goods[ ][ ] = new String[3][ ];
10	goods[0] = new String[ ] { "海信 75E3H", "酷开创维 Max100",
11	"TCL115X11G Max", "小米（MI）Redmi A43", "长虹 50P6S" };
12	goods[1] = new String[ ] { "海尔 XQG100-HBD1426L", "小天鹅 TG100V618T",
13	"美的 MD100V33WY" };
14	goods[2] = new String[ ] { "美的（Midea）BCD-480", "海尔（Haier）BCD-500" };
15	System.out.println("选购商品信息如下：");
16	System.out.println("/**********************************/");
17	for (int i = 0; i < goods.length; i++) {
18	for (int j = 0; j < goods[i].length; j++) {
19	System.out.print("price[" + i + "][" + j + "]=" + price[i][j] + " ");
20	System.out.println("goods[" + i + "][" + j + "]=" + goods[i][j]) ;
21	}
22	}
23	} catch (ArrayIndexOutOfBoundsException ex) {
24	System.out.println("数组索引越界引起的异常");
25	} finally {
26	System.out.println("程序运行结束");
27	}
28	}
29	}

【程序运行】

程序 Java2_3.java 的运行结果如下。

```
选购商品信息如下：
/**********************************/
price[0][0]=3289.0     goods[0][0]=海信 75E3H
price[0][1]=11999.0    goods[0][1]=酷开创维 Max100
price[0][2]=79999.0    goods[0][2]=TCL115X11G Max
price[0][3]=2399.0     goods[0][3]=小米（MI）Redmi A43
price[0][4]=1499.0     goods[0][4]=长虹 50P6S
price[1][0]=6099.0     goods[1][0]=海尔 XQG100-HBD1426L
price[1][1]=2799.0     goods[1][1]=小天鹅 TG100V618T
price[1][2]=2169.0     goods[1][2]=美的 MD100V33WY
price[2][0]=3399.0     goods[2][0]=美的（Midea）BCD-480
price[2][1]=3799.0     goods[2][1]=海尔（Haier）BCD-500
程序运行结束
```

【代码解读】

（1）05～07 行创建一个二维不规则 double 类型的数组 price，并进行静态初始化，二维数组 price 可以看作一个特殊的一维数组，并且 3 个一维数组的长度不相同，分别为 5、3、2。

（2）09 行创建了一个高维维数为 3 的二维 String 类型的数组，使用 new 语句为数组元素分配存储空间。

（3）10～14 行动态初始化二维数组，并且从最高维起分别为每一维分配存储空间。

（4）17～22 行通过 for 语句嵌套输出两个二维数组各个元素的值，其中变量 i 代表二维数组的行，变量 j 代表二维数组的列。for 语句将在模块 3 中介绍。

（5）04～27 行使用了 try-catch-finally 语句，该语句的用法参见附录 B。

编程拓展

【任务 2-4】计算银行存款利息

【任务描述】

采用逐笔计息法计算存款利息，当计息期有整年（月）又有零头天数时，计息公式如下：利息=本金×年（月）数×年（月）利率+本金×零头天数×日利率。

左平同学在银行存款 1500 元，存期为定期 6 个月，当时 6 个月定期储蓄存款的年利率为 1.55%，6 个月到期后过了 8 天才从银行支取，编写程序计算本利和，要求输出账号、存期和利息等数据。

利息的计算方法：1500×6×(1.55%÷12)+1500×8×(1.55%÷360)。

【任务实现】

在项目 Unit02 中创建主类 Java2_4，在文件 Java2_4.java 中输入表 2-20 所示的程序代码。

表 2-20 文件 Java2_4.java 的程序代码

序号	程序代码
01	package unit02;
02	public class CalculateInterest {
03	public static void main(String[ ] args) {
04	String accountCode; //账号
05	double amount; //存款本金
06	double rate; //年利率
07	int term; //存期
08	int months;
09	int days;
10	double interest;
11	accountCode = "6216617501001332319";
12	amount=1500.00;
13	rate=1.55/100;
14	term=6;
15	months=6;
16	days=8;
17	interest=amount*months*(rate/12)+amount*days*(rate/360);
18	System.out.println("账号为："+accountCode);
19	System.out.println("存期为："+term);
20	System.out.println("利息为："+interest);
21	}
22	}

【程序运行】

程序 Java2_4.java 的运行结果如下。

```
账号为：6216617501001332319
存期为：6
利息为：12.141666666666666
```

考核评价

本模块的考核评价表如表 2-21 所示。

表 2-21　模块 2 的考核评价表

考核要点	考核项目	考核内容描述	标准分	得分
	编程思路	编程思路合理，恰当地声明了变量	1	
	程序代码	程序逻辑合理，程序代码编译成功	2	
	运行结果	程序运行正确，运行结果符合要求	1	
	编程规范	命名规范、语句规范、注释规范，代码可读性较强	1	
	小计		5	
评价方式	自我评价	相互评价	教师评价	
考核得分				

归纳总结

Java 的语法知识是 Java 程序设计的基础，必须熟练掌握这些语法知识。本模块主要介绍了 Java 的关键词与标识符、常量与变量、基本数据类型及其相互转换、运算符与表达式、数组的定义与使用等基本语法知识。

模块习题

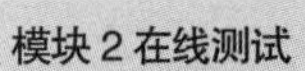

1．选择题

扫描二维码，完成本模块的在线测试。

2．编程题

（1）编写程序，将变量 x 的初始值设置为 123，然后把变量的每位数字都提取出来并输出，要求输出结果如下。

```
x=123
x 的各位数字分别为 1、2、3
```

提 示　**使用除法运算和取余运算将整数的每位数字提取出来。**

（2）编写程序，利用三元运算符“?:”求出给定的两个整型数据中的最小值，并输出该最小值。

（3）编写程序，对各种数据类型各声明一个变量，初始化并输出各变量的值。

（4）编写程序，使用字符串变量存放一个短语“good luck”，并输出该短语。

（5）已知整数数组 a 有 5 个元素，分别为 85、88、91、92、79，在类中定义一个方法 aver()，计算数组所有元素的平均值，然后在类的 main()方法中使用数组名作为方法的参数调用方法 aver()，并输出平均值。

（6）定义一个存有 6 个整型数（10、20、30、40、50、60）的数组，编程计算数组中元素的最大值，如果数组越界，则抛出 ArrayIndexOutOfBoundsException 异常。

模块 3 控制运行流程程序设计

Java 程序的流程控制结构分为顺序结构、选择结构和循环结构 3 种。其中，顺序结构是按照语句的书写顺序逐一执行代码；选择结构是根据条件选择性地执行某段代码；循环结构则是根据循环条件重复执行某段代码。

教学导航

<table>
<tr><td rowspan="1">教学目标</td><td>（1）熟练使用 Java 的顺序结构编写程序
（2）熟练使用 Java 的 if 语句、if-else 语句、if-else if 语句和 switch 语句编写程序
（3）熟练使用 Java 的 while 语句、do-while 语句和 for 语句编写程序
（4）熟练使用各种形式的嵌套结构编写 Java 程序
（5）掌握 continue 语句与 break 语句的功能及使用方法
（6）了解 for-each 语句的功能与使用方法</td></tr>
<tr><td>教学重点</td><td>（1）if-else 语句、if-else if 语句和 switch 语句
（2）while 语句、do-while 语句和 for 语句
（3）各种形式的嵌套结构</td></tr>
</table>

身临其境

“京东商城”的某次商品打折促销与优惠信息如图 3-1 所示，促销有两种方式：“满减”和“多买优惠”，根据实际需要任选其一。“满减”促销有一种方式：满 1 件，总价打 9 折。“多买优惠”促销有一种方式：满 200 元减 30 元。根据条件的满足情况选择对应优惠方式。

“白条分期”有 5 种类型：不分期、11.65×3 期、5.92×6 期、3.11×12 期、1.58×24 期。客户可根据需要进行选择。

“京东商城”客户与商户相关选项如图 3-2 所示，“客户”与“商户”在页面中单独占一行，其他选项每行两个。

图 3-1 “京东商城”的某次商品打折促销与优惠信息

用户登录“京东商城”时，如果输入的账号名或密码有误，将弹出图 3-3 所示的“账号名与密码不匹配，请重新输入”的提示信息。

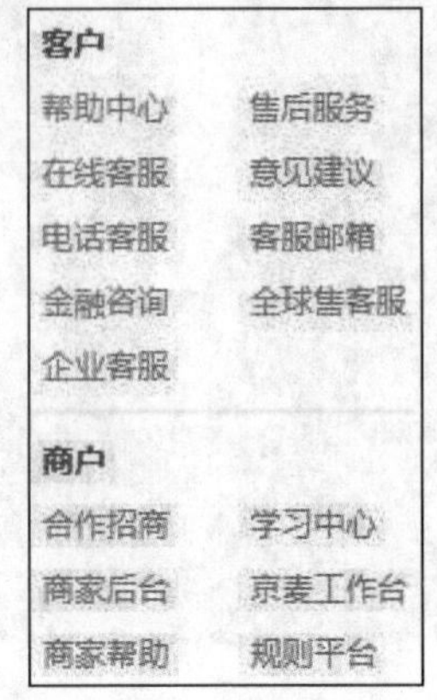

图 3-2 “京东商城”客户与商户相关选项

图 3-3 “京东商城”登录时的提示信息

前导知识

【知识 3-1】熟知 Java 的流程控制语句的类型

Java 的流程控制语句可分为条件、循环和跳转 3 种类型。条件语句可以根据变量或表达式的不同状态选择不同的执行路径，包括 if、if-else、if-else if、switch 语句；循环语句使程序可以重复执行一条或多条语句，包括 while、do-while、for 语句；跳转语句允许程序以非线性方式执行，包括 break、continue、return 语句。

编程实战

3.1 编写与运行包含顺序结构的 Java 程序

【任务 3-1】应用顺序结构判断 3 次输入的密码是否正确

【任务描述】

编写 Java 程序，通过键盘先后 3 次输入密码，判断密码是否正确并输出判断结果。

【知识必备】

【知识 3-2】认知 Java 程序的顺序结构

顺序结构是计算机程序最基本的结构，它表示由上至下、按语句出现的先后顺序执行，语句的执行顺序与语句书写顺序一致。顺序结构简单易懂，符合人们的编写和阅读习惯。模块 1、模块 2 中编写的程序都属于顺序结构。

从【任务 2-1-1】中文件 Java2_1_1.java 的 main()方法可以看出，顺序结构中语句执行的基本顺序如下：变量声明→变量赋值→数据处理→数据输出。

程序中有些语句的书写顺序是不能改变的，例如，程序 Java2_1_1.java 的 main()方法中必须先声明变量，后给变量赋值，也就是说 07、08 行两条变量声明语句必须写在 09、10 行两条赋值语句之前。有些语句的书写顺序是可以更改的，如程序 Java2_1_1.java 的 main()方法中 07、08 行两条变量声明语句，以及 09、10 行的赋值语句，它们没有严格的先后顺序要求，是可以更改书写顺序的。要注意的是，11 行的赋值语句必须写在 09、10 行之后，也就是先给变量赋初值，然后从变量对应的内存单元中取出初值进行运算，将运算结果暂时存入变量，最后才输出结果。

使用顺序结构编写程序只能解决简单的问题，不具备进行判断处理的能力。如何让程序具有判断能力，使其能够根据要求执行不同的操作呢？又如何让程序反复做一件事情直到输出结果为止呢？这就需要使用选择结构和循环结构。

【知识 3-3】认知 Java 的 Scanner 类

Java 5 添加了 java.util.Scanner 类，这是一个用于扫描输入文本的实用方法，Scanner 类用于接收键盘输入，但它不属于输入/输出（I/O）流。可以使用该类创建一个对象，示例代码如下。

```
Scanner input=new Scanner(System.in) ;
```

此后，使用 input 对象调用下列方法，读取用户在命令行输入的各种数据类型：nextByte()、nextDouble()、nextFloat()、nextInt()、nextLong()、nextShort()、nextLine()和 next()。需要注意的是，上述方法执行时都会造成堵塞，待用户在命令行输入数据并按【Enter】键确认后才会继续执行。

【任务实现】

在 Apache NetBeans IDE 中创建项目 Unit03，在项目 Unit03 中创建主类 Java3_1，在文件 Java3_1.java 中输入表 3-1 所示的程序代码。

表 3-1　文件 Java3_1.java 的程序代码

序号	程序代码
01	import java.util.Scanner;
02	public class Java3_1 {
03	public static void main(String[ ] args) {
04	String strInitPassword="123";
05	Scanner input;
06	String strPassword;
07	int n=0;
08	//**
09	System.out.print("请输入正确的密码，你还可以输入"+(3-n)+"次密码：");
10	n++;
11	input = new Scanner(System.in);
12	strPassword = input.next();
13	System.out.println("第"+n+"次输入的密码是否正确："
14	+strPassword.trim().equals(strInitPassword));
15	//**
16	System.out.print("请输入正确的密码，你还可以输入"+(3-n)+"次密码：");
17	n++;
18	input = new Scanner(System.in);

续表

序号	程序代码
19	strPassword = input.next();
20	System.out.println("第"+n+"次输入的密码是否正确："
21	+strPassword.trim().equals(strInitPassword));
22	//**
23	System.out.print("请输入正确的密码,你还可以输入"+(3-n)+"次密码：");
24	n++;
25	input = new Scanner(System.in);
26	strPassword = input.next();
27	System.out.println("第"+n+"次输入的密码是否正确："
28	+strPassword.trim().equals(strInitPassword));
29	System.out.print("程序运行结束");
30	}
31	}

【程序运行】

程序 Java3_1.java 的运行结果如下。

```
请输入正确的密码，你还可以输入 3 次密码：1
第 1 次输入的密码是否正确：false
请输入正确的密码，你还可以输入 2 次密码：12
第 2 次输入的密码是否正确：false
请输入正确的密码，你还可以输入 1 次密码：123
第 3 次输入的密码是否正确：true
程序运行结束
```

【代码解读】

（1）11 行、18 行和 25 行使用 Scanner 类创建一个对象，用于接收键盘输入。

（2）12 行、19 行和 26 行使用 Scanner 类的 next()方法等待用户输入文本并按【Enter】键，该方法可得到一个 String 类型的数据。

（3）14 行、21 行和 28 行使用 equals()方法比较用户输入的密码与初始密码是否一致。

3.2 编写与运行包含选择结构的 Java 程序

【知识 3-4】熟知 Java 程序的选择结构

使用顺序结构能编写一些简单的程序，可以进行简单运算。但是，人们对计算机运算的要求并不局限于一些简单的运算，经常会遇到需要进行逻辑判断的情况，即给出一个条件，让计算机判断是否满足该条件，并按不同的情况让计算机进行不同的处理。计算机按给定的条件进行分析、比较和判断，并按判断后的不同情况进行处理和运算，这就是选择结构。

选择结构是计算机程序中一种常用的基本结构。程序根据给定的选择条件是否为真，决定从各个分支中执行某一分支的对应操作。Java 提供了多种实现选择结构的语句，包括 if 语句、if-else 语句、if-else if 语句、switch 语句等。

【任务 3-2】应用选择语句计算商品数据和判断用户操作类型

【任务 3-2-1】应用 if 语句判断商品的库存数量是否足够

【任务描述】

商品“Redmi 红米 K60”的订购数量为 10，但库存数量为 8，编写 Java 程序，应用 if 语句判断“Redmi 红米 K60”的库存数量是否满足订购条件。

【知识必备】

【知识 3-4-1】熟知 if 语句

1. if 语句的语法格式

if 语句的语法格式如下。

```
if (条件表达式)
    语句块;
```

if 语句的流程如图 3-4 所示。

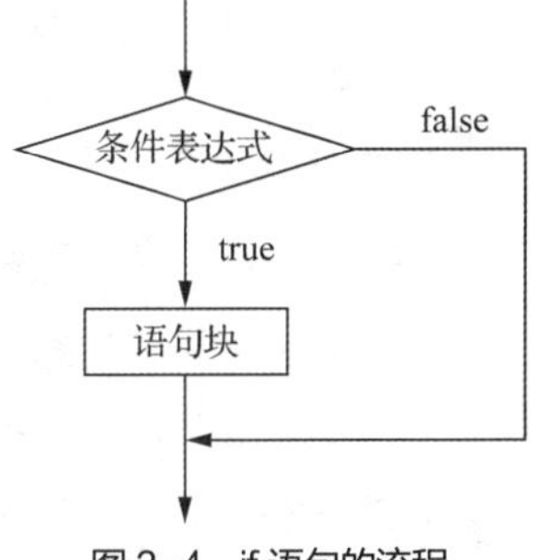

图 3-4 if 语句的流程

2. if 语句的使用说明

if 语句的条件表达式只能为逻辑表达式，如果条件表达式的值为 true，则先执行 if 语句的语句块，再按顺序执行 if 语句之后的语句；如果条件表达式的值为 false，则不执行 if 语句的语句块，直接执行 if 语句之后的语句，此时该 if 语句没有实质作用。

if 语句的语句块可以为单条语句，也可以为用{ }括起来的多条语句。

【任务实现】

在项目 Unit03 中创建主类 Java3_2_1，在文件 Java3_2_1.java 中输入表 3-2 所示的程序代码。

表 3-2 文件 Java3_2_1.java 中的程序代码

序号	程序代码
01	public class Java3_2_1 {
02	public static void main(String[ ] args) {
03	int stockNumber;
04	int saleNumber;
05	String productName="Redmi 红米 K60";
06	stockNumber = 8;
07	saleNumber = 10;
08	if (stockNumber<saleNumber) {
09	System.out.println("商品\""+productName
10	+"\"当前库存数量不够，请减少购买数量。");
11	}
12	}
13	}

【程序运行】

程序 Java3_2_1.java 的运行结果如下。

```
商品"Redmi 红米 K60"当前库存数量不够，请减少购买数量。
```

【代码解读】

08～11 行为 if 语句。08 行中使用比较表达式“stockNumber<saleNumber”作为 if 语句的条件表达式，09 行和 10 行是将同一条语句拆分为两行书写。

【任务 3-2-2】应用 if-else 语句计算不同类别商品的折扣率和优惠价格

【任务描述】

如果手机的折扣率为 8%，其他类别商品的折扣率为 6%，编写 Java 程序，应用 if-else 语句确定不同类别商品的折扣率和优惠价格。

【知识必备】

【知识 3-4-2】熟知 if-else 语句

1. if-else 语句的语法格式

if-else 语句的语法格式如下。

```
if (条件表达式)
    语句块 1;
else
    语句块 2;
```

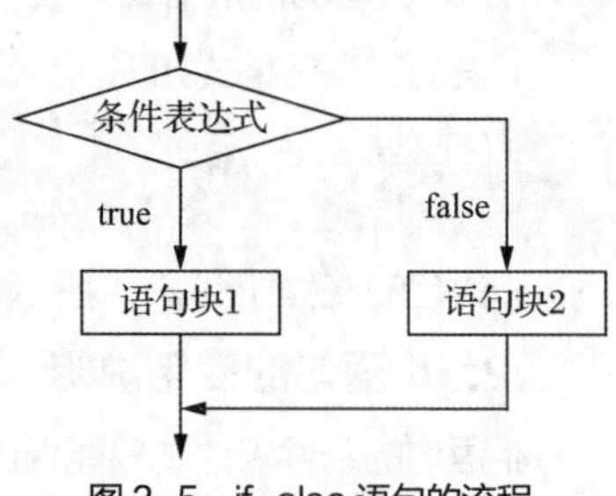

图 3-5　if-else 语句的流程

if-else 语句的流程如图 3-5 所示。

2. if-else 语句的使用说明

当 if 的条件表达式的值为 true 时，执行语句块 1，并按顺序执行 if-else 语句后面的语句；当条件表达式的值为 false 时，执行语句块 2，并按顺序执行 if-else 语句后面的语句。

语句块 1、语句块 2 可以为单条语句，也可以为用{ }括起来的多条语句。如果语句块中的语句多于一条，则必须使用{ }括起来。

当 if-else 语句出现嵌套时，else 总是与它前面且离它最近的 if 相匹配。

【任务实现】

在项目 Unit03 中创建主类 Java3_2_2，在文件 Java3_2_2.java 中输入表 3-3 所示的程序代码。

表 3-3　文件 Java3_2_2.java 的程序代码

序号	程序代码
01	public class Java3_2_2 {
02	public static void main(String[ ] args) {
03	String productName = "华为 Mate 60";
04	String productCategory = "手机";　　　// 商品类别为手机
05	double price = 6799.00;
06	// String productName="海信 75E3H ";
07	// String productCategory = "电视机";
08	// double price = 3289.00;
09	double preferentialPrice;
10	double rebate;
11	if (productCategory.equals("手机")) {　　// productCategory = "手机"
12	rebate = 0.08;

续表

序号	程序代码
13	}
14	else { // productCategory = "电视机"
15	rebate = 0.06;
16	}
17	preferentialPrice = Math.rint(price * (1 - rebate));
18	System.out.print("商品\"" + productName + "\"的折扣率为：" + rebate*100+"%");
19	System.out.println("，优惠价格为：" + preferentialPrice+"元");
20	}
21	}

【程序运行】

程序 Java3_2_2.java 的运行结果如下。

```
商品"华为 Mate 60"的折扣率为：8.0%，优惠价格为：6255.0 元
```

【代码解读】

（1）06～08 行的注释部分为备用的测试数据，用于测试 if-else 语句的不同执行情况。

（2）11～16 行为 if-else 语句。如果变量 productCategory 的值为“手机”，则条件表达式“productCategory.equals（"手机"）”的值为 true，接下来将执行 12 行的语句；如果变量 productCategory 的值为“电视机”，则条件表达式“productCategory.equals（"手机"）”的值为 false，接下来将执行 15 行的语句。

（3）17 行调用静态类 Math 的 rint()方法返回最接近整数的 double 类型的值。

【任务 3-2-3】应用 if-else if 语句计算不同价位商品的折扣率和优惠价格

【任务描述】

价格不高于 1500 元的商品的折扣率为 8%，价格高于 1500 元但不高于 8000 元的商品的折扣率为 6%，价格高于 8000 元的商品的折扣率为 5%。编写 Java 程序，应用 if-else if 语句确定不同价位商品的折扣率和优惠价格。

【知识必备】

【知识 3-4-3】熟知 if-else if 语句

1. if-else if 语句的语法格式

if-else if 语句的语法格式如下。

```
if (条件表达式 1)
   {
      语句块 1
   }
else if(条件表达式 2)
   {
      语句块 2
   }
   ......
```

```
else if(条件表达式 n-1)
    {
        语句块 n-1
    }
else
    {
        语句块 n
    }
```

if-else if 语句的流程如图 3-6 所示。

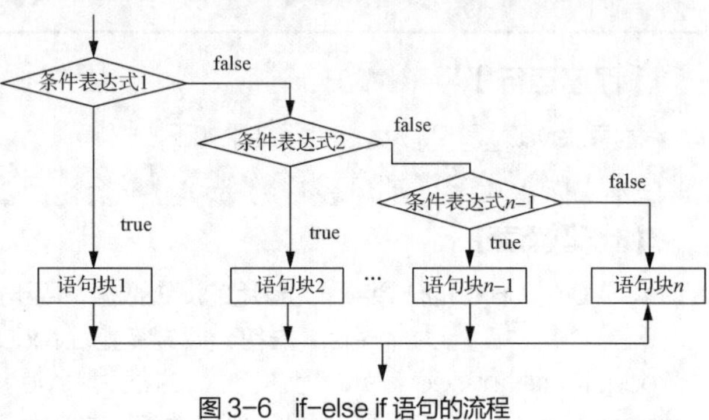

图 3-6 if-else if 语句的流程

2. if-else if 语句的使用说明

if-else if 语句的执行规律如下：当条件表达式 1 的值为 true 时，执行语句块 1，并跳过整个 if-else if 语句，执行程序中的下一条语句；当条件表达式 1 的值为 false 时，将跳过语句块 1 而去判断条件表达式 2。如果条件表达式 2 的值为 true，则执行语句块 2，并跳过整个 if-else if 语句，执行程序中的下一条语句；如果条件表达式 2 的值为 false，则跳过语句块 2 而去判断条件表达式 3，以此类推。当条件表达式 1、条件表达式 2……条件表达式 *n*-1 的值全为 false 时，将执行语句块 *n*，并执行程序中 if-else if 语句后面的语句。

【任务实现】

在项目 Unit03 中创建主类 Java3_2_3，在文件 Java3_2_3.java 中输入表 3-4 所示的程序代码。

表 3-4 文件 Java3_2_3.java 的程序代码

序号	程序代码
01	public class Java3_2_3 {
02	public static void main(String[ ] args) {
03	String productName = "长虹 50P6S ";
04	double price = 1499.00;
05	// String productName="华为 P40 Pro 5G 手机";
06	// double price = 2259.00;
07	// String productName="酷开创维 Max100";
08	// double price = 11999.00;
09	double preferentialPrice;
10	double rebate;
11	if (price <= 1500) { // price = 1499.00
12	rebate = 0.08;
13	}
14	else if(price<=8000) { // price = 2259.00
15	rebate = 0.06;
16	}
17	else{ // price = 11999.00
18	rebate = 0.05;

续表

序号	程序代码
19	}
20	preferentialPrice = Math.round(price * (1 - rebate));
21	System.out.print("商品\"" + productName + "\"的折扣率为：" + rebate*100+"%");
22	System.out.println("，优惠价格为：" + preferentialPrice+"元");
23	}
24	}

【程序运行】

程序 Java3_2_3.java 的运行结果如下。

```
商品"长虹 50P6S "的折扣率为：8.0%，优惠价格为：1379.0 元
```

【代码解读】

（1）05～08 行的注释部分为一些测试数据，用于测试程序中 if-else if 语句的不同执行情况。

（2）11～19 行为 if-else if 语句。当价格小于或等于 1500 元时，11 行的条件表达式“price <= 1500”的值为 true，将执行 12 行的语句；当价格大于 1500 元并且小于或等于 8000 元时，11 行的条件表达式的值为 false，14 行的条件表达式“price<=8000”的值为 true，将执行 15 行的语句；当价格大于 8000 元时，11 行和 14 行的条件表达式的值均为 false，将执行 18 行的语句。

（3）20 行调用静态类 Math 的 round ()方法对计算结果进行四舍五入。

【任务 3-2-4】应用 switch 语句判断用户操作的类型

【任务描述】

编写 Java 程序，应用 switch 语句判断用户操作的类型。

【知识必备】

【知识 3-4-4】熟知 switch 语句

1. switch 语句的语法格式

switch 语句的语法格式如下。

```
switch(表达式) {
    case 常量 1 : 语句块 1 ;
              break ;
    case 常量 2 : 语句块 2 ;
              break ;
……
    case 常量 n : 语句块 n ;
              break ;
    default :   语句块 n+1 ;
              break ;
}
```

switch 语句的流程如图 3-7 所示。

2. switch 语句的使用说明

（1）先计算 switch 表达式的值，并将该值依次与 case 后面的常量进行比较，与哪一个常量匹配，就执行这个 case 所对应的语句块，直至遇到 break，结束 switch 语句。如果表达式的值不能与任何一个常量匹配，则执行 default 后面的语句块。

（2）case 子句只起到标号的作用，用于程序查找匹配的入口执行相应语句。

（3）switch 语句表达式的类型可以为 byte、short、int、char，但不可以为 long、float、double、boolean。case 后面只能跟常量，并且所有 case 子句中的值是不同的。

（4）case 子句的后面可以有 break，也可以没有 break。当 case 子句后面有 break 时，执行到 break 就终止 switch 语句的执行；否则，将继续执行下一个 case 子句后面的语句块，直至遇到 break 或者 switch 语句执行结束。

（5）在一些特殊情况下，多个相邻的 case 子句会执行一组相同的操作，为了简化程序，相同的程序段只需出现一次，即出现在最后一个 case 子句中，这时为了保证这组 case 子句都能执行正确的操作，只需在这组 case 子句的最后一个子句后加 break 语句，组中其他 case 子句不再使用 break 语句。

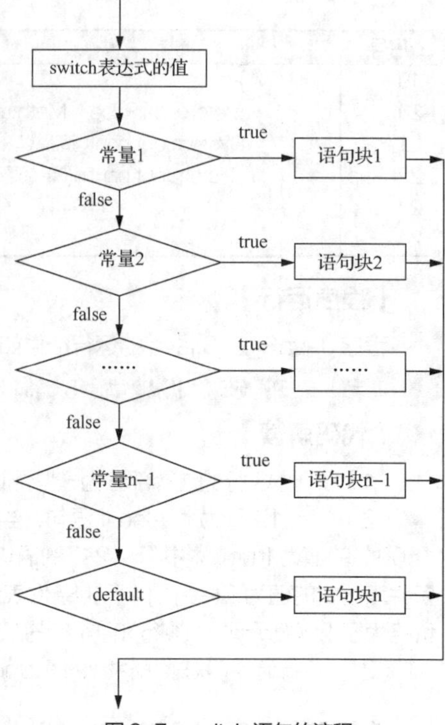

图 3-7 switch 语句的流程

（6）多个 case 及 default 之间没有顺序要求。

（7）default 为可选项。当有 default 时，如果表达式的值不能与任何一个 case 后面的常量匹配，则执行 default 后面的语句块；当没有 default 时，如果表达式的值不能与 case 后面的任何一个常量匹配，则执行 switch 语句后面的语句，此时该 switch 语句没有实质作用。

3. switch 表达式的增强

Java 17 中对 switch 表达式进行了增强，其中包括对 switch 表达式的模式匹配进行了优化。该功能最初在 JDK 17 中提出，随后在 JDK 18、JDK 19 和 JDK 20 中得到改进，在 JDK 21 中最终完成。与以前的 Java 表达式分析器（Java Expression Parser，JEP）相比，其主要的变化是删除了括号模式，还允许使用限定的枚举常量。这些改进可以让开发人员更方便地使用 switch 表达式进行条件判断和分支控制。

增强 switch 表达式的语法格式如下。

```
switch(表达式) {
    case 常量 1 -> 语句块 1;
    case 常量 2 -> 语句块 2;
    ......
    case 常量 n -> 语句块 n;
    default ->  <- 语句块 n+1;
}
```

如果语句组只有 1 条简单赋值语句，则增强 switch 表达式也可以写成以下形式。

```
变量名=switch(表达式) {
    case 常量 1 -> 常量值 1;
    case 常量 2 -> 常量值 2;
```

```
    ......
    case 常量n -> 常量值n ;
    default ->  <- 常量值n+1 ;
}
```

示例代码如下。

```
int dayOfWeek = 1;
String dayName = switch (dayOfWeek) {
    case 1 -> "Monday";
    case 2 -> "Tuesday";
    case 3 -> "Wednesday";
    case 4 -> "Thursday";
    case 5 -> "Friday";
    case 6 -> "Saturday";
    case 7 -> "Sunday";
    default -> throw new IllegalArgumentException("Invalid day of week: " + dayOfWeek);
}
```

【任务实现】

在项目 Unit03 中创建主类 Java3_2_4，在文件 Java3_2_4.java 中输入表 3-5 所示的程序代码。

表 3-5　文件 Java3_2_4.java 的程序代码

序号	程序代码
01	public class Java3_2_4 {
02	public static void main(String[ ] args) {
03	int operand;
04	String strPrompt;
05	operand = 4;
06	switch (operand) {
07	case 1:
08	strPrompt = "去结算";
09	break;
10	case 2:
11	strPrompt = "修改购买数量";
12	break;
13	case 3:
14	strPrompt = "删除选购的商品";
15	break;
16	default:
17	strPrompt = "继续购物";
18	}
19	System.out.println("用户当前的操作为：" + strPrompt);
20	}
21	}

【程序运行】

程序 Java3_2_4.java 的运行结果如下。

```
用户当前的操作为：继续购物
```

【代码解读】

06～18 行为 switch 语句。switch 语句中表达式的值为 4，该值不能与任何一个 case 后面的常量（1、2、3）匹配，所以执行 default 后面的语句。

应用增强的 switch 表达式可以将表 3-5 中 06～18 行的 switch 语句改写为以下形式。

```
strPrompt = switch (operand) {
    case 1 -> "去结算";
    case 2 -> "修改购买数量";
    case 3 -> "删除选购的商品";
    default -> "继续购物";
}
```

3.3 编写与运行包含循环结构的 Java 程序

循环是指在指定条件下，重复执行一组语句的结构。在进行程序设计时，当需要重复执行一组计算或操作时，可通过循环语句实现。

【任务 3-3】应用循环语句实现用户登录功能

【任务 3-3-1】应用 while 语句限制用户输入密码的次数

【任务描述】

编写 Java 程序，应用 while 语句限制用户输入密码的次数。

【知识必备】

【知识 3-5】熟知 Java 程序的循环结构

循环结构是程序设计中一种常用的结构，有利于简化程序，并能解决采用其他结构无法解决的问题。

循环结构可以在满足一定条件的情况下重复执行某段代码，这段被重复执行的代码称为循环体。在执行循环体时，需要将适当的循环条件的值设置为 false，从而结束循环。循环语句可以包含以下 4 个部分。

（1）初始化语句：可能包含一条或多条语句，用于完成初始化工作，初始化语句在循环开始之前被执行。

（2）循环条件：一个逻辑型表达式，能够决定是否执行循环体。

（3）循环体：循环的主体，如果循环条件的值为 true，则循环体将被重复执行。

（4）迭代语句：在一次循环体执行结束后，对循环条件求值前执行，通常用于控制循环条件中的变量，使得循环在合适的时机结束。

【知识 3-5-1】熟知 while 语句

1. while 语句的语法格式

while 语句的语法格式如下。

```
[初始化语句]
```

```
while (循环条件) {
    循环体
    [迭代语句]
}
```

while 语句的流程如图 3-8 所示。

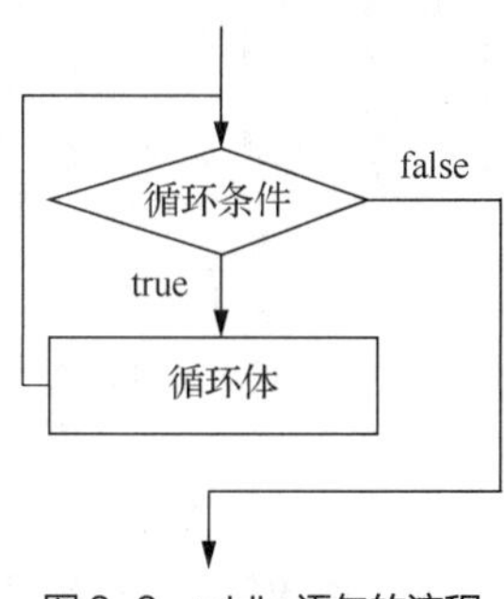

图 3-8 while 语句的流程

2. while 语句的执行过程

while 语句的执行过程如下。

（1）判断循环条件的值。

（2）如果循环条件的值为 true，则执行循环体。

（3）返回到 while 语句的开始处，再次判断循环条件的值是否为 true，只要循环条件的值一直为 true，就重复执行循环体。直到循环条件的值为 false，才退出循环，并执行 while 语句的下一条语句。

3. while 语句的使用说明

while 语句在每次执行循环体之前，先对循环条件求值，如果值为 true，则执行循环体；否则循环体一次都不会被执行。迭代语句总是位于循环体的最后，用于改变循环条件中的变量，使得循环在合适的时机结束。

【任务实现】

在项目 Unit03 中创建主类 Java3_3_1，在文件 Java3_3_1.java 中输入表 3-6 所示的程序代码。

表 3-6 文件 Java3_3_1.java 的程序代码

序号	程序代码
01	import java.util.Scanner;
02	public class Java3_3_1 {
03	public static void main(String[ ] args) {
04	int maxNum = 3;
05	String strInitPassword = "123";
06	String strPassword;
07	int i = 1;
08	System.out.println("请输入正确的密码并按 Enter 键，最多只能输入" + maxNum + "次");
09	Scanner input = new Scanner(System.in);
10	while (i <= maxNum) {
11	System.out.print("第" + i + "次输入密码：");
12	strPassword = input.next();
13	if (strPassword.trim().equals(strInitPassword)) {
14	System.out.println("你第" + i + "次输入的密码正确，欢迎你登录！");
15	break;
16	}
17	i++;
18	}
19	if (i > maxNum) {
20	System.out.println("你已经输入了" + maxNum
21	+ "次密码，都不正确，无法正常登录");
22	}
23	}
24	}

【程序运行】

程序 Java3_3_1.java 的运行结果如下。

```
请输入正确的密码并按 Enter 键，最多只能输入 3 次
第 1 次输入密码：1
第 2 次输入密码：12
第 3 次输入密码：123
你第 3 次输入的密码正确，欢迎你登录!
```

【代码解读】

（1）09 行使用 Scanner 类创建了一个对象，用于接收键盘输入。

（2）10～18 行为 while 语句。10 行中的比较表达式“i <= maxNum”为 while 语句的循环条件。由于变量 i 的初值为 1，变量 maxNum 的值为 3，当 i 的值为 1、2、3 时，该比较表达式的值为 true，即 while 语句可以循环 3 次；当 i 的值为 4 时，该比较表达式的值为 false，循环终止。

（3）12 行调用 Scanner 类的 next()方法等待用户输入文本并按【Enter】键，该方法可得到一个 String 类型的数据。

（4）13 行使用 equals()方法比较用户输入的密码与初始密码是否一致。

（5）15 行中的 break 语句用于终止循环语句，当用户输入的密码与初始密码一致时，该语句被执行一次。

（6）17 行的迭代语句“i++”用于改变循环变量的值。

（7）19 行中比较表达式“i > maxNum”为 if 语句的条件表达式，当用户输入了 3 次密码且都不正确时，i 的值为 4，该比较表达式的值为 true，输出相应的提示信息。

【任务 3-3-2】应用 do-while 语句获取由随机数组合的密码

【任务描述】

编写 Java 程序，应用 do-while 语句获取由随机数组合的 6 位密码。

【知识必备】

【知识 3-5-2】熟知 do-while 语句

1. do-while 语句的语法格式

do-while 语句的语法格式如下。

```
[初始化语句]
do {
    循环体
    [迭代语句]
} while (循环条件);
```

do-while 语句的流程如图 3-9 所示。

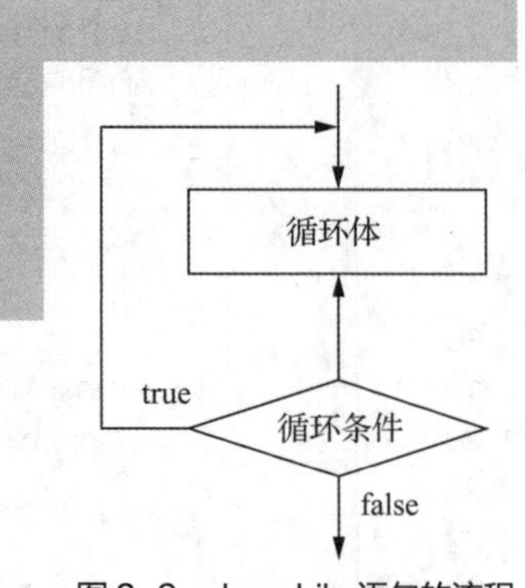

图 3-9　do-while 语句的流程

2. do-while 语句的执行过程

do-while 语句的执行过程如下。

（1）执行一次循环体。

（2）判断循环条件的值，决定是否继续执行循环。如果循环条件的值为

true，则返回到 do 位置并再次执行循环体；如果循环条件的值为 false，则终止循环。

3. do-while 语句与 while 语句的主要区别

do-while 语句与 while 语句的区别在于：while 语句先判断循环条件的值，值为 true 时才执行循环体；而 do-while 语句先执行循环体，再判断循环条件的值，值为 true 时执行下一次循环，否则终止循环。需要注意的是，do-while 语句的循环体至少被执行一次。

【任务实现】

在项目 Unit03 中创建主类 Java3_3_2，在文件 Java3_3_2.java 中输入表 3-7 所示的程序代码。

表 3-7　文件 Java3_3_2.java 的程序代码

序号	程序代码
01	import java.util.*;
02	public class Java3_3_2 {
03	public static void main(String[ ] args) {
04	String strPassword=" ";
05	int i=1;
06	int seed=100;
07	Random r;
08	do{
09	r=new Random(seed);
10	strPassword+=r.nextInt(9);
11	i++;
12	seed+=50*i;
13	}while(i<7);
14	System.out.println("由随机数组合的密码为：" + strPassword.trim());
15	}
16	}

【程序运行】

程序 Java3_3_2.java 的运行结果如下。

```
由随机数组合的密码为：725027
```

【代码解读】

（1）06 行设置随机数种子 seed 的值为 100。

（2）07 行声明一个 Random 类的对象，Random 类是 java.util 包中的一个工具类，其作用是产生伪随机数。

（3）10 行首先调用 Random 类的 nextInt()方法获取下一个类型为 int 的随机数，随机数范围设置为 0～9，然后将获取的随机数与前面得到的随机数字符串连接成一个新的随机数字符串。

（4）12 行改变 seed 值，新的 seed 值为旧的 seed 值+(50*i)。

（5）08～13 行为 do-while 语句。13 行中的比较表达式“i<7”为 do-while 语句的循环条件，即 do-while 语句只能循环 6 次，第 6 次循环结束时 i 的值变成 7，do-while 语句的循环条件的值为 false，循环结束。

（6）14 行使用 String 类的 trim()方法删除字符串的前导空格和尾部空格。

【任务 3-4】应用循环语句实现购物车中的商品数据输出

【任务 3-4-1】应用 for 语句删除商品名称中多余的空格

【任务描述】

编写 Java 程序，应用 for 语句删除商品名称字符串中多余的空格。

【知识必备】

【知识 3-5-3】熟知 for 语句

1. for 语句的语法格式

for 语句通常用于执行次数确定的循环，也可以根据循环结束条件实现循环次数不确定的循环。for 语句的语法格式如下。

```
for ( [ 表达式 1 ] ; [ 表达式 2 ] ; [ 表达式 3 ] ) {
    循环体
}
```

for 语句的流程如图 3-10 所示，表达式 1 通常是初始化语句，表达式 2 通常是循环条件，表达式 3 通常是迭代语句。

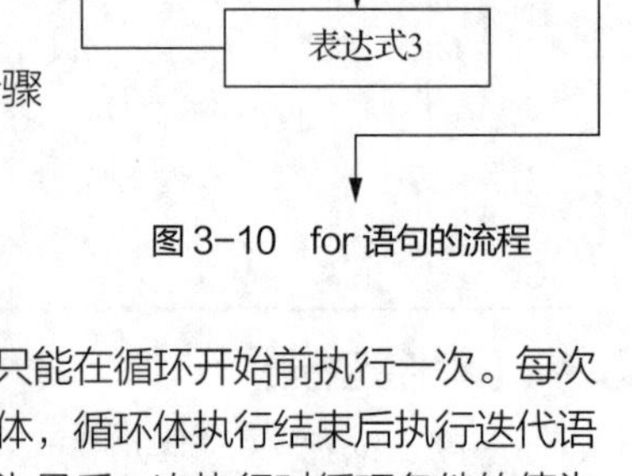

图 3-10　for 语句的流程

2. for 语句的执行过程

for 语句的执行过程如下。

（1）计算表达式 1 的值。

（2）判断表达式 2 的值，如果表达式 2 的值为 false，则执行步骤（3）；如果表达式 2 的值为 true，则执行循环体。

（3）计算表达式 3 的值，并转回步骤（2）。

3. for 语句的使用说明

（1）在执行 for 语句时，先执行循环的初始化语句，初始化语句只能在循环开始前执行一次。每次执行循环体之前，先计算循环条件的值，如果值为 true，则执行循环体，循环体执行结束后执行迭代语句。因此，对于 for 语句而言，循环条件总比循环体多执行一次，因为最后一次执行时循环条件的值为 false，将不再执行循环体。

（2）初始化语句、循环条件、迭代语句这 3 个部分都可以省略，但三者之间的分号不可以省略。当循环条件被省略时，默认循环条件的值为 true。

（3）初始化语句、迭代语句这两个部分可以为多条语句，各语句之间用半角逗号分隔。

（4）在初始化语句中定义的变量，其有效范围仅限于 for 语句内部。

【任务实现】

在项目 Unit03 中创建主类 Java3_4_1，在文件 Java3_4_1.java 中输入表 3-8 所示的程序代码。

表 3-8　文件 Java3_4_1.java 的程序代码

序号	程序代码
01	public class Java3_4_1 {
02	public static void main(String[ ] args) {
03	String productName = " 华　为　Mate6 0 ";

续表

序号	程序代码
04	System.out.println("商品的原名称为：" + productName);
05	productName = productName.trim();
06	int nameLen = productName.length();
07	String namePart1, namePart2;
08	String newName = "";
09	namePart2 = productName;
10	for (int i = 0; i < nameLen; i++) {
11	namePart1 = namePart2.substring(0, 1);
12	System.out.println("第" + (i + 1) + "次截出的字符为：\'" + namePart1 + "\'");
13	namePart2 = namePart2.substring(1);
14	if (namePart1.trim().length() != 0) {
15	newName += namePart1;
16	}
17	}
18	System.out.println("商品的新名称为：" + newName);
19	}
20	}

【程序运行】

程序 Java3_4_1.java 的运行结果如下。

```
商品的原名称为： 华  为  Mate6 0
第 1 次截出的字符为：'华'
第 2 次截出的字符为：' '
第 3 次截出的字符为：' '
第 4 次截出的字符为：'为'
第 5 次截出的字符为：' '
第 6 次截出的字符为：' '
第 7 次截出的字符为：'M'
第 8 次截出的字符为：'a'
第 9 次截出的字符为：'t'
第 10 次截出的字符为：'e'
第 11 次截出的字符为：'6'
第 12 次截出的字符为：' '
第 13 次截出的字符为：'0'
商品的新名称为：华为 Mate60
```

【代码解读】

（1）05 行使用 String 类的 trim()方法删除字符串的前导空格和尾部空格。

（2）06 行使用 String 类的 length()方法获取字符串的长度。

（3）10～17 行为 for 语句，14～16 行为 if 语句。10 行中 for 语句的初始化语句为“int i = 0”，即整型变量 i 的初值为 0；循环条件为“i < nameLen”；迭代语句为“i++”。

（4）11 行使用 String 类的 substring()方法从原字符串中获取第 1 个字符。

（5）12 行为了在屏幕中显示空格字符，特意使用了单引号，其表示方法为“\'”。

（6）13 行使用 String 类的 substring()方法从原字符串中获取除第 1 个字符之外的字符串。

（7）14 行 if 语句的条件表达式为“namePart1.trim().length() != 0”，如果为非空格字符，则该表达式的值为 true，并执行相应的字符串连接语句；如果为空格字符，则跳过该语句，执行 for 语句的迭代语句。此后判断 for 语句循环条件的值是否为 true，如果为 true，则继续执行 for 循环体；否则，跳过 for 语句，执行 18 行对应的输出语句。

【任务 3-4-2】应用 for-each 语句计算选购商品的总数量

【任务描述】

编写 Java 程序，应用 for-each 语句计算购物车中选购商品的总数量。

【知识必备】

【知识 3-5-4】认知 for-each 语句

for-each 语句是一种简洁的 for 语句结构，使用这种结构可以自动遍历数组或集合中的每个元素。其语法格式如下。

```
for (变量声明 : 数组名或集合名 )
    {
       循环体
    }
```

其中，声明变量的数据类型与正在访问的数组或集合中元素的数据类型兼容，该变量在 for-each 循环体中可用，其值等于数组或集合中当前元素的值。

【任务实现】

在项目 Unit03 中创建主类 Java3_4_2，在文件 Java3_4_2.java 中输入表 3-9 所示的程序代码。

表 3-9　文件 Java3_4_2.java 的程序代码

序号	程序代码
01	public class Java3_4_2 {
02	public static void main(String[ ] args) {
03	int[ ] number = { 1, 2, 3, 10, 4 };
04	System.out.println("购物车中选购商品的数量如下：");
05	int numTotal = 0;
06	for (int n : number) {
07	System.out.print(n + "\t");
08	numTotal += n;
09	}
10	System.out.println();
11	System.out.println("数组中的元素共有：" + number.length + "个");
12	System.out.println("购物车中选购商品的总数量为：" + numTotal);
13	}
14	}

【程序运行】

程序 Java3_4_2.java 的运行结果如下。

```
购物车中选购商品的数量如下:
1	2	3	10	4
数组中的元素共有：5 个
购物车中选购商品的总数量为：20
```

【代码解读】

（1）03 行声明了一个一维整型数组，该一维数组有 5 个元素，分别为 1、2、3、10、4。关于数组的知识已经在模块 2 中介绍。

（2）06～09 行为 for-each 语句，06 行声明了一个整型变量 n，number 为一维数组名称，循环体语句为先在屏幕中输出数组元素，再累计一维数组元素之和。

3.4 编写与运行包含嵌套结构的 Java 程序

【任务 3-5】应用嵌套结构编写 Java 程序

【任务 3-5-1】应用 for 语句与 if-else 的嵌套结构分行输出 15 种商品的价格

【任务描述】

编写 Java 程序，应用 for 语句与 if-else 的嵌套结构分行输出 15 种商品的价格，要求每行输出 5 种。

【知识必备】

【知识 3-6】熟知 Java 程序嵌套结构

嵌套结构是指在一个流程控制语句中包含另一个流程控制语句。嵌套结构的常见形式有分支嵌套结构、循环嵌套结构和混合嵌套结构。

（1）分支嵌套结构

在选择结构的分支中嵌套另一个选择结构，称为分支嵌套。因为 if 语句、if-else 语句属于选择结构，所以它们内部的语句块中包含 if 语句或 if-else 语句时，便形成了分支嵌套结构。if 语句和 if-else 语句也可以与 switch 语句嵌套。

（2）循环嵌套结构

一个循环结构的循环体内包含另一个完整的循环结构，称为循环嵌套。对于 Java，循环嵌套主要由 while、do-while 和 for 语句自身嵌套或相互嵌套构成。循环嵌套的运行规律如下：外循环每执行一次，内循环要反复执行 m 次，如果外循环要执行 n 次，那么内循环共执行 n×m 次。

（3）混合嵌套结构

选择结构和循环结构的相互嵌套称为混合嵌套结构，即在循环结构的循环体内包含选择结构，或者在选择结构内部包含循环结构。

注意

① 嵌套结构只能包含，不能交叉，即循环嵌套结构的外循环“完全包含”内循环。
② 嵌套结构应使用缩进格式，以增强程序的可读性。
③ 内循环与外循环的变量一般不同名，以免造成混乱。

【任务实现】

在项目 Unit03 中创建主类 Java3_5_1，在文件 Java3_5_1.java 中输入表 3-10 所示的程序代码。

表 3-10　文件 Java3_5_1.java 的程序代码

序号	程序代码
01	public class Java3_5_1 {
02	public static void main(String[ ] args) {
03	double[ ] amount = { 6799.00, 2259.00, 22449.00, 3799.00, 6999.00,
04	3289.00, 11999.00 ,79999.00, 2399.00, 1499.00,
05	6099.00, 2799.00, 2169.00, 3399.00, 3799.00 };
06	System.out.println("分行输出 15 种商品的价格：");
07	for (int i = 0; i < 15; i++) {
08	System.out.print(amount[i]);
09	if ((i+1) % 5 == 0)
10	System.out.println();
11	else
12	System.out.print("　　");
13	}
14	}
15	}

【程序运行】

程序 Java3_5_1.java 的运行结果如下。

```
分行输出 15 种商品的价格:
6799.0    2259.0    22449.0    3799.0    6999.0
3289.0    11999.0    79999.0    2399.0    1499.0
6099.0    2799.0    2169.0    3399.0    3799.0
```

【代码解读】

07～13 行为 for 语句，其中嵌套了 if-else 语句，09～12 行为 if-else 语句。

【任务 3-5-2】应用多种嵌套结构有序输出导航栏选项

【任务描述】

编写 Java 程序，应用 for 语句、if 语句、if-else if 语句形成的多种嵌套结构分行输出导航栏选项，要求每行至多输出 3 个选项，各选项纵向左对齐。

电子活页 3-1

【任务实现】

扫描二维码，浏览电子活页 3-1，熟悉本任务的实现过程。

【程序运行】

程序 Java3_5_2.java 的运行结果如下。

```
我的京东：
-----------------------------------------
待处理订单    我的问答    降价商品
返修退换货    我的关注
-----------------------------------------
我的京豆      我的优惠券  我的白条
我的理财
-----------------------------------------
帮助中心      售后服务    在线客服
意见建议      电话客服    客服邮箱
金融咨询      全球售客服  企业客服
-----------------------------------------
程序运行结束
```

【代码解读】

电子活页 3-1 中的程序代码解读如下。

（1）30～32 行用于控制输出的选项纵向左对齐，选项内容的文字数量不足 8 个的添加空格。

（2）34～36 行用于控制最后一行的选项输出后不重复换行。

【任务 3-5-3】应用 continue 语句和 break 语句判断用户输入的密码是否正确

【任务描述】

编写 Java 程序，应用 continue 语句和 break 语句在限制用户输入密码次数的前提下判断输入的密码是否正确。

【知识必备】

【知识 3-7】熟知 continue 语句与 break 语句

Java 没有使用 goto 语句控制程序的跳转，从而提高了程序流程控制的可读性，但降低了灵活性。Java 提供了 continue 和 break 语句来控制循环结构。

1. continue 语句

continue 语句可被应用在 while 语句、do-while 语句和 for 语句中，其作用是结束本次循环，跳过循环体中尚未执行的语句，进入当前循环的下一次循环，返回循环结构的开始处执行迭代语句，而不是终止循环。当然，在下一次循环开始前，首先要进行循环条件的判断，以决定是否继续循环。对于 for 语句，在进行循环条件的判断前，还需要执行步长迭代语句。

带标签的 continue 语句能结束当前循环，跳到标签所在循环并进入下一次循环。

带标签的 continue 语句的语法格式如下。

```
continue label ;
```

2. break 语句

break 语句可被应用在 switch 语句、while 语句、do-while 语句和 for 语句中，其作用根据位置不同有两种：一种是在 switch 语句中终止一个语句序列；另一种是在循环结构中退出循环。

当 break 语句出现在循环体中时，其功能是从当前循环中跳出来，结束本层循环，但对外层循环没有影响。break 语句还可以根据条件结束循环。

带标签的 break 语句不仅能够跳出本层循环，还能够跳出多层循环，而标签可以指定要跳出的是哪一层循环。

带标签的 break 语句的语法格式如下。

```
break label ;
```

其注意事项如下。

① label是一个标识符，应该符合Java中标识符的命名规则。

② label应当定义在循环语句的前面。

③ 在有多层循环的嵌套结构中，可以定义多个label，但它们不能重名。

【任务实现】

在项目Unit03中创建主类Java3_5_3，在文件Java3_5_3.java中输入表3-11所示的程序代码。

表3-11 文件Java3_5_3.java的程序代码

序号	程序代码
01	import java.util.Scanner;
02	public class Java3_5_3 {
03	public static void main(String[ ] args) {
04	int maxNum = 3;
05	String strInitPassword = "123";
06	String strPassword;
07	int i = 1;
08	System.out.println("请输入正确的密码并按Enter键，最多只能输入" + maxNum + "次");
09	Scanner input = new Scanner(System.in);
10	while (true) {
11	if(i <= maxNum){
12	System.out.print("第" + i + "次输入密码：");
13	strPassword = input.next();
14	if (strPassword.trim().equals(strInitPassword)) {
15	System.out.println("你第" + i + "次输入的密码正确，欢迎你登录！");
16	break;
17	}
18	System.out.print("第" + i + "次输入的密码有误！\n");
19	i++;
20	continue;
21	}
22	System.out.println("你已经输入了" + maxNum + "
23	次密码，都不正确，无法正常登录！");
24	break;
25	}
26	}
27	}

【程序运行】

程序Java3_5_3.java的运行结果如下。

```
请输入正确的密码并按Enter键，最多只能输入3次
第1次输入密码：1
第1次输入的密码有误！
第2次输入密码：12
第2次输入的密码有误！
第3次输入密码：123
你第3次输入的密码正确，欢迎你登录！
```

【代码解读】

10～25 行为 while 语句，14～17 行为 if 语句。10 行的 while 语句的循环条件为 true，表示该循环是永真循环。16 行和 24 行的 break 语句用于跳出 while 语句的循环体，20 行的 continue 语句用于跳过循环体中尚未执行的 22～24 行语句，返回循环结构的开始处执行语句。

编程拓展

【任务 3-6】编写 Java 程序实现 ATM 的取款界面和取款功能

【任务 3-6-1】编写 Java 程序实现 ATM 的取款界面

【任务描述】

设计如下所示的取款界面，能多次选择取款金额并输出所选择的金额。

```
取款金额:
1-100     4-1000
2-200     5-2000
3-500     6-2500
7-返回    0-退卡
请选择取款金额 [ 0~7 ]:
```

提 示　**建议使用 do-while 语句实现程序功能，使用 switch 语句输出取款金额。这里假设选择“0”和“7”时为退出循环结构，结束取款。**

【任务实现】

电子活页 3-2

扫描二维码，浏览电子活页 3-2，熟悉本任务的实现过程。

【程序运行】

程序 Java3_6_1.java 的运行结果示例如下。

```
取款金额:
1-100     4-1000
2-200     5-2000
3-500     6-2500
7-返回     0-退卡
请选择取款金额 [ 0~7 ]: 5
选择的金额为: 2000
请选择取款金额 [ 0~7 ]: 8
选择的金额有误，无法取款
```

```
请选择取款金额［0~7］：0
返回
```

【代码解读】

应用增强 switch 表达式可以将电子活页 3-2 中 19～42 行的 switch 语句改写为如下形式。

```
switch (count) {
    case 1 -> money = 100;
    case 2 -> money = 200;
    case 3 -> money = 500;
    case 4 -> money = 1000;
    case 5 -> money = 2000;
    case 6 -> money = 2500;
    case 7 -> {
        }
    case 0 -> {
        }
}
```

【任务 3-6-2】编写 Java 程序实现 ATM 的取款功能

【任务描述】

从卡号为“6216617501001332319”的银行卡（账户名称为夏天，原有金额为 500 元，密码为 888）中取款 100 元，请编写 Java 程序实现取款功能，要求如下。

（1）输出该银行卡的相关信息，包括卡号、账户名称、原有金额和取款金额。

（2）用键盘输入用户密码，如果输入的密码正确，则计算并输出新的余额。

（3）当取款金额超出银行卡中原有金额时，输出“您的账户余额不足，请减少取款金额！”的提示信息。

电子活页 3-3

【任务实现】

扫描二维码，浏览电子活页 3-3，熟悉本任务的实现过程。

【程序运行】

程序第 1 次输出的结果如下。

```
请输入正确的密码：888
您的卡号：6216617501001332319
账户名称：夏天
原有金额：500.0 元
取款金额：100.0 元
新的余额：400.0 元
```

程序第 2 次输出的结果如下。

```
请输入正确的密码：123
您的卡号：6216617501001332319
```

账户名称：夏天
原有金额：500.0 元
取款金额：100.0 元

考核评价

本模块的考核评价表如表 3-12 所示。

表 3-12　模块 3 的考核评价表

	考核项目	考核内容描述		标准分	得分
考核要点	编程思路	编程思路合理，恰当地声明了变量，选用了合理的语句		2	
	程序代码	程序逻辑合理，程序代码编译成功，实现了规定功能		5	
	运行结果	程序运行正确，运行结果符合要求		2	
	编程规范	命名规范、语句规范、注释规范，代码可读性较强		1	
	小计			10	
评价方式	自我评价		相互评价	教师评价	
考核得分					

归纳总结

本模块通过多个 Java 程序系统地介绍了 Java 的流程控制结构，带领读者对程序控制语句有了比较全面、完整的认识。流程控制语句是程序设计中的基本语句，其重要性不言而喻，若不能灵活地运用流程控制语句，则无法编写出高质量的程序。

模块习题

模块 3 在线测试

1. 选择题

扫描二维码，完成本模块的在线测试。

2. 编程题

（1）编写程序，任意给定 2 个整型数值，并将其按照由小到大的顺序输出。

（2）编写程序，计算 sum=1+2+3+4+5+6+7+8+9+10，要求用 3 种循环结构分别实现。

（3）编写程序，计算 s=1!+2!+3!+…+10!。

（4）编写程序，计算 s = 1 − 1/2+1/3 − …+1/99 − 1/100。

（5）编写程序，找出 0～50 中的所有素数。

模块 4 面向对象初级程序设计

Java 是一种面向对象的程序设计语言，Java 中的类是一种自定义的数据类型，使用类定义的变量都是引用类型的变量，Java 程序使用类的构造方法创建实例对象。Java 支持封装、继承和多态这 3 个面向对象程序设计的主要特性，通过 private、protected、public 这 3 个访问控制修饰符实现封装，通过 extends 关键词实现子类对父类的继承。

教学导航

教学目标	（1）认识类的完整定义结构，掌握类的定义方法 （2）学会定义类的成员变量、成员方法和构造方法 （3）理解类的继承，掌握类及成员的访问权限，能熟练创建父类和子类 （4）熟悉方法的重载与重写，了解类的多态，包括编译时多态和运行时多态 （5）掌握 Java 标准类与基本数据类型包装类的正确使用 （6）理解静态成员变量与静态代码块，理解 final 类型的实例变量与静态变量 （7）能正确区分成员变量和局部变量的有效范围
教学重点	（1）定义类的成员变量、成员方法和构造方法 （2）类的继承、类及成员的访问权限 （3）方法的重载与重写

身临其境

“京东商城”中多种华为手机商品信息如图 4-1 所示，多种图书商品信息如图 4-2 所示。手机和图书虽然商品类别不同，但都拥有一般商品的通用参数，如商品名称、价格、商品外观图片等，也各自拥有一些特别的参数，如手机有颜色、内存容量、频率等参数；图书有出版社、作者等参数。

图 4-1 “京东商城”中多种华为手机商品信息

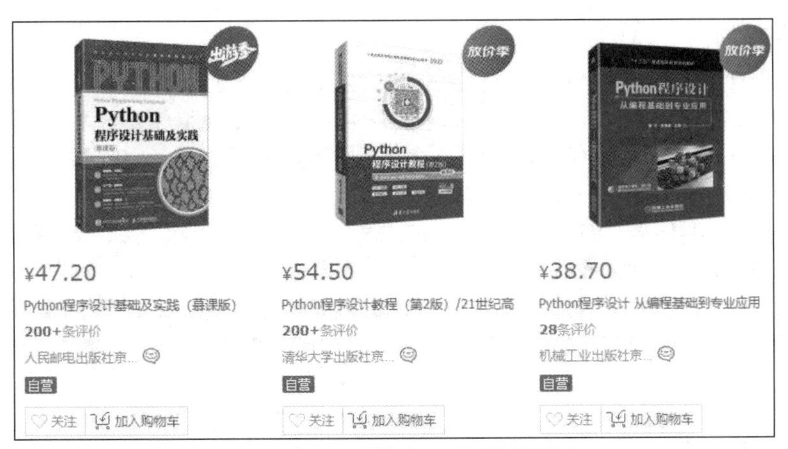

图 4-2 “京东商城”中多种图书商品信息

前导知识

【知识 4-1】认知 Java 类的特性

Java 程序由一个或多个类组成，类是 Java 程序的基本组成单位，设计 Java 程序的主要任务就是定义类，然后根据定义的类创建对象。类由成员变量和成员方法两部分组成。成员变量用于存储对象的状态信息；成员方法用于处理类的数据。

类描述了同一类事物都具有的数据和行为，在 Java 程序中，类的属性通过成员变量描述，类的行为通过成员方法实现。

1. 类的封装性

类的封装性是指将对象的数据和操作数据的方法相结合，通过方法将对象的数据与其实现细节保护起来，只保留一些对外接口（对象名和参数），以便与外部发生联系。系统的其他部分只能通过被授权的操作方法来访问对象。类的封装性实现了对象的数据隐藏，用户无须知道对象内部方法的实现细节，但可以根据对象提供的对外接口访问对象。类的封装性可以保护类的变量和方法，保证对象数据的一致性，使程序易于维护。

类的封装性具有以下特征。

（1）在类的定义中设置成员变量和成员方法的权限，限制类对象的使用范围。

（2）提供对外接口来描述其他对象对本对象的使用方法，其他对象不能直接修改本对象所拥有的变量和方法。

2. 类的继承性

继承性是面向对象程序设计语言的基本特性之一，也是实现代码重用的重要手段。通过继承可以更有效地组织程序、扩展父类、明确类之间的关系，并充分利用已有类来创建新的类，以便完成更复杂的程序设计。

在 Java 中，类的继承是以已存在的类为基础建立新类的技术。新类的定义可以增加新的数据或功能，也可以使用父类的功能，但不能选择性地继承父类内容。这种技术使得代码重用变得非常容易，能够大大缩短开发周期，降低开发成本。例如，可以先定义一个车类，车类有以下属性：车体大小、颜色、方向盘、轮胎。之后，可以由车类派生出轿车和卡车两个子类，为轿车类添加小后备箱属性，为卡车类添加大货箱属性。

3. 类的多态性

多态性是面向对象程序设计的重要特性之一。多态是指在一个 Java 程序中，相同名称的成员变量和方法可以有不同的实现方法。Java 中的多态性主要体现在方法重载和方法重写（覆盖）这 2 个方面。

（1）方法重载：指在一个类中可以定义多个名称相同而实现不同（参数的个数、参数的类型和参数顺序有区别）的成员方法，它是一种静态多态。

（2）方法重写：如果子类的成员方法与父类的成员方法同名，且参数个数、类型和顺序也相同，那么子类的成员方法将覆盖父类的成员方法，它是一种动态多态。

多态可以统一多个相关类的对外接口，并在运行时根据不同的情况执行不同的操作，提高类的抽象性、灵活性和简洁性。从静态与动态的角度可以将多态分为编译时多态（静态多态）和运行时多态（动态多态）。

（1）编译时多态：指编译器在编译阶段根据实参的不同，静态地判定具体调用的方法，Java 中的方法重载属于编译时多态。

（2）运行时多态：指 Java 程序运行时系统能够根据对象的不同状态，调用相应的成员方法，即动态绑定，Java 中的方法重写属于运行时多态。

4.1 创建类与对象

【任务 4-1】创建商品数据类与对象

【任务 4-1-1】定义商品信息类的完整结构

【任务描述】

分析 Java 程序，认识商品信息类的完整定义结构，认识类声明部分的开始与结束标识，区分类的成员变量、成员方法、构造方法的定义，认识类的对象的创建、类的成员方法的调用。

【知识必备】

【知识 4-2】熟知 Java 类的定义

【知识 4-2-1】初识 Java 类的基本结构

一个 Java 类从结构上可以分为类的声明和类体两部分。

1. 类的声明

类的声明部分用于描述类的名称、类的访问权限以及与其他类的关系等属性。

声明类的语法格式如下。

```
[ 修饰符 ] class 类名 [extends 父类名] [implements 接口名] {
  // 成员变量定义
  // 方法定义
}
```

其中，class 是 Java 的关键词，表明这是一个类的定义。类名必须是合法的 Java 标识符。

（1）修饰符

修饰符一般包括访问控制修饰符 public、private、protected，以及特殊修饰符 abstract（抽象类）、final（终态类）。声明类时，如果需要显式指定类的访问权限，可以在关键词 class 的左侧添加指定类的访问控制修饰符。

如果一个类被声明为 public，则表明该类可以被不同包的其他类访问和引用。如果一个 Java 源文件中有多个类的定义，有且只有一个类必须使用 public 声明为公有类，则公有类名与 Java 源文件名相同。

如果类声明中没有显式地指定修饰符，则默认的访问级别是 friendly，表示与该类定义在同一个包中的类才可以访问这个类。在 Java 中，一个类也可以定义在另一个类的内部，称为内部类，内部类可以有 private、protected 的访问权限。

abstract 表示声明的类为抽象类，不能实例化为对象；final 表示声明的类为终态类，不允许有子类，声明格式如下。

```
[abstract | final] class 类名
```

（2）指定父类

声明类时可指定所定义的类继承于哪一个父类，格式如下。

```
class 类名 extends 父类名
```

（3）指定接口

声明类时可指定该类实现哪些接口，格式如下。

```
class 类名 implements 接口名
```

2. 类体

类体指的是出现在类声明后面花括号（{}）中的内容。类体提供了类的对象在生命周期中需要的所有代码：初始化新对象的构造方法、表示类及其对象状态的变量、实现类及其对象的方法、进行对象清除的 finalize( )方法等。

【任务实现】

在 Apache NetBeans IDE 中创建项目 Unit04，在项目 Unit04 的 unit04 包中创建类 Java4_1_1，在文件 Java4_1_1.java 中输入表 4-1 所示的程序代码，其中给出了类的定义结构。

表 4-1 文件 Java4_1_1.java 的程序代码及其类的定义结构

说明	序号	代码
类声明部分的开始	01	public class Java4_1_1 {
定义类的成员变量	02	private int goodsNumber; //商品数量
	03	private double goodsPrice; //商品价格
定义类的构造方法	04	//定义构造方法
	05	public Java4_1_1() {
	06	goodsNumber = 3;
	07	goodsPrice = 22449.00;
	08	}
定义类的成员方法	09	//设置商品数量
	10	public void setGoodsNumber(int number) {
	11	this.goodsNumber = number;
	12	}
	13	//获取商品数量

续表

说明	序号	代码
定义类的成员方法	14	public int getGoodsNumber() {
	15	return goodsNumber;
	16	}
	17	//设置商品价格
	18	public void setGoodsPrice(double price) {
	19	this.goodsPrice = price;
	20	}
	21	//获取商品价格
	22	public double getGoodsPrice() {
	23	return goodsPrice;
	24	}
	25	//计算商品总金额
	26	public double calAmount() {
	27	double amount;
	28	amount = goodsPrice * goodsNumber;
	29	return amount;
	30	}
定义 main()方法	31	public static void main(String[ ] args) {
	32	Java4_1_1 objGoods = new Java4_1_1(); //创建类的对象
	33	System.out.println("商品总金额为：¥" + objGoods.calAmount());
	34	}
类声明部分的结束	35	}

【程序运行】

程序 Java4_1_1.java 的运行结果如下。

```
商品总金额为：¥67347.0
```

【代码解读】

（1）01 行表示类声明部分的开始，类名为 Java4_1_1。

（2）02 行、03 行定义了类的成员变量，变量的访问权限为 private，成员变量的数据类型分别为 int 和 double，成员变量的名称分别为 goodsNumber 和 goodsPrice。

（3）04～08 行定义了类的构造方法，构造方法名称与类名相同，均为 Java4_1_1。

（4）09～30 行定义了类的成员方法，31～34 行定义了 main()方法。

（5）35 行表示类声明部分的结束。

【任务 4-1-2】定义商品信息类的成员变量

【任务描述】

编写 Java 程序，定义商品信息类的成员变量，包括商品编码、商品名称、商品类别、商品库存数量、商品价格、货币单位、是否有存货，并输出其默认的初值。

【知识必备】

【知识 4-2-2】定义 Java 类的成员变量

1. 成员变量的声明

当一个变量的声明出现在类体中，并且不属于任何一个方法时，该变量被称为类的成员变量。在方法体中声明的变量以及方法的参数统称为方法的局部变量。

声明成员变量的语法格式如下。

```
[ 访问控制修饰符 ] [ 其他修饰符 ] 变量的数据类型 成员变量名
```

① 指定变量访问权限的修饰符包括 public、protected、private。

② 变量的数据类型可以是任意一种 Java 数据类型，包括 int、double、char、boolean 等。

③ 成员变量名必须是合法的 Java 标识符。

声明成员变量时的其他修饰符及其作用如表 4-2 所示。

表 4-2 声明成员变量时的其他修饰符及其作用

修饰符	修饰符的作用	使用说明
static	声明静态变量	修饰符 static 用于指定成员变量为静态变量（Java 程序运行时 JVM 只为静态变量分配一次内存，并在加载类的过程中完成其内存分配）。静态变量的特点是可以通过类名直接访问。通常的成员变量为实例变量（Instance Variable），必须通过类的对象访问
final	声明常量	指定成员变量为常量，在声明变量时即赋值，并且其值不能改变，必须通过类的对象才能访问
transient	声明暂时性变量	使用修饰符 transient 声明的成员变量为暂时性变量，transient 告知 JVM 该变量不属于对象的持久状态，从而不能被持久存储。默认情况下，没有使用关键词 transient 定义的变量在类中为持久状态，当对象被保存到外存时，这些变量必须同时被保存
volatile	提高线程并发执行效率	如果成员变量被多个并发线程共享，系统要采取优化的控制方法提高线程并发执行的效率，则声明变量时需使用修饰符 volatile。该修饰符使用机会较少

2. 静态变量与实例变量

类的成员变量可以分为静态变量和实例变量，静态变量使用 static 修饰符声明。

静态变量属于类，实例变量属于对象。类的所有对象共享静态变量空间，不同对象的实例变量有不同的存储空间。当 Java 程序执行时，源文件被加载到内存中，静态变量会被分配相应的存储空间，而实例变量只有在创建该类对象后才会被分配存储空间。静态变量依赖类，一个对象对静态变量的修改会影响其他对象。可以通过类访问静态变量，也可以通过类的对象访问静态变量，但通过类访问静态变量更加常见。

【任务实现】

在项目 Unit04 的 unit04 包中创建类 Java4_1_2，在文件 Java4_1_2.java 中输入表 4-3 所示的程序代码。

表 4-3 文件 Java4_1_2.java 的程序代码

序号	程序代码
01	public class Java4_1_2 {
02	private String goodsCode; //商品编码
03	private String goodsName; //商品名称
04	private String goodsCategory; //商品类别
05	private int stockNumber; //商品库存数量
06	private double goodsPrice; //商品价格
07	private char currencyUnit; //货币单位
08	private boolean isHave; //是否有货
09	public static void main(String[ ] args) {

续表

序号	程序代码
10	Java4_1_2 goods = new Java4_1_2();　　//创建类的对象
11	System.out.println("商品编码为：" + goods.goodsCode);
12	System.out.println("商品名称为：" + goods.goodsName);
13	System.out.println("商品类别为：" + goods.goodsCategory);
14	System.out.println("库存数量为：" + goods.stockNumber);
15	System.out.println("货币单位为：\'" + goods.currencyUnit+"\'");
16	System.out.println("商品价格为：" + goods.goodsPrice);
17	System.out.println("是否有货：" + goods.isHave);
18	}
19	}

【程序运行】

程序 Java4_1_2.java 的运行结果如下。

```
商品编码为：null
商品名称为：null
商品类别为：null
库存数量为：0
货币单位为：''
商品价格为：0.0
是否有货：false
```

【代码解读】

（1）成员变量定义时未赋初值，系统自动使用默认值进行初始化。int 型变量（如 05 行声明的变量 stockNumber）的初值为 0，float 型和 double 型变量（如 06 行声明的变量 goodsPrice）的初值为 0.0，字符型变量（如 07 行声明的变量 currencyUnit）的初值为空字符''，布尔型变量（如 08 行声明的变量 isHave）的初值为 false，引用型变量（如 02～04 行声明的字符串变量）的初值为 null。

（2）10 行创建了类 Java4_1_2 的对象 goods。

（3）11～17 行分别用于输出对象 goods 的成员变量值。

【任务 4-1-3】定义商品信息类的成员方法

【任务描述】

编写 Java 程序，定义设置商品数量、设置商品价格、设置货币单位、获取商品数量、获取商品价格、获取货币单位和计算商品总金额的成员方法，分别调用这些成员方法设置相应的数据并输出。

【知识必备】

【知识 4-2-3】定义 Java 类的成员方法

类的成员方法由方法声明和方法体两部分组成。

1. 方法声明

声明类的成员方法的语法格式如下。

```
[访问控制修饰符] [其他修饰符] 方法返回值的数据类型 成员方法名([参数列表])
[抛出异常]
{
  方法体代码
}
```

① 指定方法的访问权限的修饰符包括 public、protected、private。

② 方法返回值的数据类型可以是任意一种 Java 数据类型，包括 int、double、char、boolean 等。如果方法没有返回值，则必须使用 void 关键词。

③ 成员方法名必须是合法的 Java 标识符。

（1）声明成员方法的其他修饰符

声明成员方法的其他修饰符的作用及其使用说明如表 4-4 所示。

表 4-4 声明成员方法的其他修饰符的作用及其使用说明

修饰符	修饰符的作用	使用说明
static	声明静态方法	关键词 static 用于指定成员方法为静态方法，其特点是可以直接通过类名访问
final	声明终态方法	指明该成员方法为终态方法，不能被子类重写
abstract	声明抽象成员方法	指明该成员方法为抽象成员方法
native	声明本地成员方法	指明该方法是本地成员方法
synchronized	声明共享访问方法	控制多个并发线程对共享数据的访问

在类中使用关键词 static 声明的方法称为静态方法，而没有使用 static 声明的方法称为实例方法，静态方法依赖类而不依赖对象。静态方法只能访问静态变量，不能访问实例变量，而实例方法既可以访问静态变量，又可以访问实例变量。类的成员方法中的局部变量不能使用 static 声明。

（2）参数列表

成员方法分为带参数和无参数两种。对于无参数方法来说，即使方法体为空，方法后面的一对圆括号也不能省略；当有多个参数时，各参数之间使用半角逗号“,”分隔。参数列表的数据类型可以是基本数据类型（包括 int、double、char、boolean 等），也可以是引用数据类型。基本数据类型按值传递，引用数据类型按引用传递，引用传递传给方法的是数据在内存中的地址。

（3）抛出异常

使用 throws 关键词列出该方法将要抛出的一系列异常。

2. 方法体

方法体是方法的实现部分，包括局部变量的声明和所有合法的 Java 语句。方法体中可以没有代码，但一对花括号“{”和“}”不能省略。

如果方法有返回值，则通常将 return 语句放在方法体的最后，用于退出当前方法并返回一个值，并将控制权交给调用它的语句。return 语句中的返回值类型必须与方法声明中的返回值类型匹配。

【知识 4-2-4】定义局部变量

局部变量作为方法或语句块的成员，其声明位置可以在成员方法体内部、成员方法的参数列表中、“{”和“}”之间的复合代码块中。

（1）定义局部变量的语法格式

定义局部变量的语法格式如下。

```
[ 修饰符 ] 局部变量的数据类型 局部变量的名称
```

修饰符可以使用 final，以指定该局部变量为常量，但不能使用 public、protected、private 指定变量的访问权限。局部变量的数据类型可以是任意一种 Java 数据类型，局部变量的名称必须是合法的 Java 标识符。

（2）局部变量的使用

对于类中定义的所有成员变量，如果没有进行显式初始化，那么 Java 都会自动给它们赋一个值，即默认初值。而对于局部变量，在使用之前必须进行显式初始化，然后才能使用。

（3）成员变量和局部变量的有效范围和生命周期

变量的有效范围是指该变量在程序代码中的作用区域，在该区域外不能直接访问变量。变量的生命周期是指从声明一个变量并分配内存空间、使用变量开始，到释放该变量并清除其占用内存空间为止的这一过程。

变量的声明位置决定了变量的有效范围，成员变量在整个类中有效，在方法内声明的局部变量的有效范围为方法内部，当方法结束时，局部变量也不再存在；在方法的复合代码块内声明的局部变量只在当前复合代码块内有效。

如果局部变量的名称和所在类的成员变量的名称相同，则类的成员变量会被隐藏；如果要将成员变量显式地表现出来，则需要在成员变量前面加关键词 this。

【任务实现】

电子活页 4-1

在项目 Unit04 的 unit04 包中创建类 Java4_1_3。

扫描二维码，浏览电子活页 4-1，熟悉文件 Java4_1_3.java 中的程序代码。

【程序运行】

程序 Java4_1_3.java 的运行结果如下。

```
商品数量为：3
商品价格为：¥22449.0
商品总金额：¥67347.0
```

【代码解读】

电子活页 4-1 中的程序代码解读如下。

（1）06～08 行定义了方法 setGoodsNumber()，该方法将商品数量通过参数 number 赋给成员变量 goodsNumber。10～12 行定义了方法 getGoodsNumber()，该方法返回成员变量 goodsNumber 的值。这样便实现了数据封装。

（2）14～16 行定义了方法 setGoodsPrice()，该方法用于将商品价格通过参数 price 赋给成员变量 goodsPrice。18～20 行定义了方法 getGoodsPrice()，该方法用于返回成员变量 goodsPrice 的值。

（3）22～24 行定义了方法 setCurrencyUnit()，该方法用于将货币单位通过参数 unit 赋给成员变量 currencyUnit。26～28 行定义了方法 getCurrencyUnit()，该方法用于返回成员变量 currencyUnit 的值。

（4）30～36 行定义了方法 calAmount()，该方法通过成员变量 goodsPrice 和 goodsNumber 计算商品总金额。

（5）38 行创建了类 Java4_1_3 的对象 objGoods。

（6）39～41 行调用类的成员方法设置成员变量的值。

（7）43 行调用获取商品数量的方法 getGoodsNumber()。

（8）45 行、46 行调用获取货币单位的方法 getCurrencyUnit()和获取商品价格的方法 getGoodsPrice()。

（9）48 行、49 行调用获取货币单位的方法 getCurrencyUnit()和计算商品总金额的方法 calAmount()。

【任务 4-1-4】定义商品信息类的构造方法

【任务描述】

定义商品信息类的构造方法有以下 3 种形式。

（1）无参数的构造方法。

（2）包含 2 个参数的构造方法，参数分别为数量和价格。

（3）包含 3 个参数的构造方法，参数分别为数量、价格和单位。

分别使用这 3 种形式的构造方法创建类对象，并输出商品总金额。

【知识必备】

【知识 4-2-5】定义 Java 类的构造方法

Java 类都有构造方法，用来进行对象的初始化，如果类没有显式定义构造方法，则可以通过调用无参数的默认构造方法实现该类的实例化。也可以自定义构造方法，构造方法可以带参数，也可以不带参数。

Java 类的构造方法用来初始化类的实例对象。

1. 构造方法的定义

定义构造方法的语法格式如下。

```
访问控制修饰符  构造方法名称([ 参数列表 ])
{
    方法体代码
}
```

① 指定构造方法访问权限的修饰符包括 public、protected、private。

② 构造方法名称必须与对应类的名称相同。

③ 构造方法的方法体是方法的实现部分，包括局部变量的声明和所有合法的 Java 语句。方法体中可以没有代码，但一对花括号“{”和“}”不能省略。

在 Java 的类定义中可以不显式定义构造方法，因为 Java 自动为每个类提供一个特殊的构造方法，这个隐式构造方法不带参数且方法体为空，被称为类的默认构造方法。其声明形式如下。

```
public 构造方法名称() { }
```

使用类的默认构造方法初始化对象时，系统会使用默认值初始化对象的成员变量。一旦在类中显式定义了构造方法，系统将不再提供默认构造方法。此时，在程序中使用默认构造方法将出现编译错误。

2. 构造方法的特点

构造方法与普通成员方法相比具有如下特点。

（1）构造方法的名称必须和对应的类名称相同，并且构造方法不能有返回值，也不能包含关键词 void。

（2）每个类中可以有零个或多个构造方法，如果在类中没有构造方法，则编译器会自动添加默认的无参构造方法对类的成员变量进行初始化。当有多个构造方法时，系统会根据实例化对象时所带参数的不同而选择调用不同的构造方法。

（3）不能直接调用构造方法，必须通过关键词 new 进行调用。使用关键词 new 创建类的对象时，会自动调用该类的构造方法。

（4）构造方法可以重载，重载的目的是使类对象具有不同的初值，为对象的初始化提供方便。

（5）一个类的多个构造方法可以相互调用，当一个构造方法需要调用另一个构造方法时，可以使用关键词 this。同时，这一条调用语句必须是整个构造方法的第 1 条可执行语句。使用 this 调用同类的其他构造方法，可以最大限度地提高已有代码的利用率，减少程序维护的工作量。

【知识 4-2-6】认知 Java 类的静态代码块与非静态代码块

在 Java 中，可以使用 static 修饰符修饰类的代码块，这样的代码块称为静态代码块。静态代码块在类加载时执行且只执行一次，它可以完成静态变量的初始化。

在类中，除了可以有静态代码块之外，还可以有非静态代码块，非静态代码块在类中使用一对花括号“{”和“}”定义，并且代码块前无 static 修饰，它用于初始化实例变量。

注意

静态代码块与非静态代码块都在类中定义，而不是在成员方法中定义，在类中定义的顺序可以是任意的。

对象中实例变量初始化的先后顺序如下。

① 使用 new 关键词给实例变量分配空间时，系统的默认初始化。

② 类定义中的显式初始化。

③ 非静态代码块的初始化。

④ 执行构造方法时进行的初始化。

类中包含静态代码块的程序执行过程如下。

① 加载类。

② 为静态变量分配空间。

③ 默认初始化。

④ 执行静态代码块。

⑤ 执行 main( )方法。

【知识 4-2-7】正确使用修饰符 final

如果一个类没有必要再派生子类，或者出于安全考虑，其不应该再被继承，则通常使用 final 对其进行修饰，表明该类是一个终态类。

（1）用 final 修饰类

使用 final 修饰的类为终态类。终态类不能被继承，它的方法不能被重写，它的变量也不能被覆盖。JDK 类库中的一些类被定义为 final 类，如 Math、String、Integer 等，这样可以防止通过继承对这些类中的方法进行重写。

（2）用 final 修饰实例变量与静态变量

用 final 修饰的变量相当于常量。类中的一般成员变量即使没有赋初值也会有默认值，但是使用 final 修饰的成员变量一定要赋初值，否则会出现“终态字段尚未初始化”的编译错误。

对于 final 类型的实例变量，允许在以下 3 处进行初始化。

① 定义时显式初始化。

② 使用非静态代码块进行初始化。

③ 执行构造方法时进行初始化。

对于 final 类型的静态变量，允许在以下 2 处进行初始化。

① 定义时的显式初始化。

② 使用静态代码块进行初始化。

（3）用 final 修饰局部变量

使用 final 修饰的局部变量必须先赋值后使用，并且不能重新赋值。

（4）用 final 修饰方法

使用 final 修饰的方法不能在子类中重写。

注意　**使用 final 修饰的成员变量的值不能改变。如果 final 修饰的变量为基本类型，则该变量不能被重新赋值；如果 final 修饰的变量为引用类型，则该变量不能再指向其他对象，但指向对象的成员变量可以改变。**

【任务实现】

在项目 Unit04 的 unit04 包中创建类 Java4_1_4，在文件 Java4_1_4.java 中输入表 4-5 所示的程序代码。

表 4-5　文件 Java4_1_4.java 的程序代码

序号	程序代码
01	public class Java4_1_4 {
02	private int goodsNumber;　　// 商品数量
03	private double goodsPrice;　　// 商品价格
04	// 定义无参的构造方法
05	public Java4_1_4() {
06	this.goodsNumber = 3;
07	this.goodsPrice = 22449.00;
08	}
09	// 定义包含 2 个参数的构造方法
10	public Java4_1_4(int number, double price) {
11	this.goodsNumber = number;
12	this.goodsPrice = price;
13	}
14	// 定义包含 3 个参数的构造方法
15	public Java4_1_4(int number, double price, char unit) {
16	this(number, price);
17	System.out.println("商品总金额为：" + calAmount(price, number) + unit);
18	}
19	// 计算商品总金额
20	public double calAmount() {
21	double amount;
22	amount = goodsPrice * goodsNumber;
23	return amount;
24	}
25	public double calAmount(double price, int number) {
26	double amount;

续表

序号	程序代码
27	amount = price * number;
28	return amount;
29	}
30	public void display() {
31	System.out.println("商品总金额为：¥" + calAmount());
32	}
33	public static void main(String[ ] args) {
34	Java4_1_4 objGoods1 = new Java4_1_4(); // 使用无参的构造方法创建类的对象 objGoods1
35	objGoods1.display();
36	// 使用包含 2 个参数的构造方法创建类的对象 objGoods2
37	Java4_1_4 objGoods2 = new Java4_1_4(2, 2259.00);
38	objGoods2.display();
39	new Java4_1_4(1, 6799.00, '元'); // 使用包含 3 个参数的构造方法创建类的对象 objGoods3
40	}
41	}

【程序运行】

程序 Java4_1_4.java 的运行结果如下。

```
商品总金额为：¥67347.0
商品总金额为：¥4518.0
商品总金额为：6799.0 元
```

【代码解读】

（1）05～08 行定义了 1 个无参的构造方法，10～13 行定义了 1 个包含 2 个参数的构造方法，15～18 行定义了 1 个包含 3 个参数的构造方法。

（2）16 行使用关键词 this 调用同类的其他构造方法。

（3）在 main( )方法中，分别使用 3 个构造方法创建了 3 个对象，其中 objGoods1 的成员变量的值为 3 和 22449.00；objGoods2 的成员变量的值为传递的实参 2 和 2259.00，objGoods3 的成员变量的值为传递的实参 1、6799.00 和'元'。

【任务 4-1-5】创建并使用商品信息类的对象

【任务描述】

先定义商品信息类 Java4_1_5，再创建类的对象，并使用类对象调用类的成员方法和成员变量。

【知识必备】

【知识 4-3】创建与使用 Java 类的对象

在 Java 中，对象是通过类创建的，是类的动态实例。一个对象在程序运行期间的生命周期包括创建、使用和销毁 3 个阶段。

1. 对象的创建

在 Java 中，定义任何变量都要指定变量的数据类型，在创建对象之前，要先声明该对象。

（1）声明对象的语法格式

声明对象的语法格式如下。

```
类名　对象名
```

其中，类名必须是已定义的类，对象名必须是合法的 Java 标识符。声明对象时，只是声明了一个对象变量，在内存中为其分配一个引用空间，并设置初值为 null，表示不指向任何存储空间。系统没有调用任何构造方法，也没有生成对象。

（2）对象实例化的语法格式

对象实例化是指声明对象后，为对象分配存储空间的过程，对象实例化使用关键词 new 实现，其语法格式如下。

① 不带参数的格式如下。

```
对象名=new 类名()
```

② 带参数的格式如下。

```
对象名=new 类名([ 参数值 ])
```

使用关键词 new 执行对象的初始化，调用类的构造方法，为对象分配内存空间，并返回对象的引用。如果对象创建不成功，则返回 null。

（3）声明对象时直接实例化对象的语法格式

① 不带参数的格式如下。

```
类名　对象名=new 类名()
```

② 带参数的格式如下。

```
类名　对象名=new 类名([ 参数值 ])
```

示例代码如下。

```
JavaClass p = new JavaClass(5);
```

注意　**这里的对象名 p 也被称为“引用”或“引用变量”，使用 new JavaClass(5)创建的对象与对象名 p 占用不同的内存空间，利用对象名 p 可以访问对象。对象名与对象的关系如图 4-3 所示。**

图 4-3　对象名与对象的关系

如果声明一个引用变量，则系统自动为其赋值 null，可以将一个对象名赋给另一个对象名，即两个对象名指向同一个对象，存储相同的地址。

类作为同一类对象的模板，使用关键词 new 及其后面的构造方法的调用，可以生成多个不同的对象，这些对象将被分配不同的内存空间。因此，尽管这些对象的变量可能有相同的值，但它们的内存地址不同，是不同的对象。

2. 对象的使用

对象创建后，可以通过分隔符“.”实现对成员变量的访问和成员方法的调用。

（1）访问对象成员变量的语法格式

访问对象成员变量的语法格式如下。

```
对象名.成员变量名
```

（2）调用对象成员方法的语法格式

① 不带参数的格式如下。

```
对象名.成员方法名( )
```

② 带参数的格式如下。

```
对象名.成员方法名([ 参数值 ])
```

对象的方法也可以通过设置访问权限来允许或禁止其他对象访问。

3. 对象的销毁

在 Java 中，创建和使用需要的对象时可以不必关注对象的销毁，因为 Java 系统提供的垃圾回收机制可以自动判断对象是否还在使用，并能够自动销毁不再使用的对象，回收对象占用的资源。Object 类提供了 finalize( )方法，调用该方法可以释放对象占用的资源。

注意　一般不提倡通过对象对成员变量进行直接访问，规范的成员变量访问方式是通过对象提供的对外接口 setXxx 和 getXxx 对变量进行写和读的操作，以保证类的内部数据隐藏，实现数据封装。

【任务实现】

在项目 Unit04 的 unit04 包中创建类 Java4_1_5，在文件 Java4_1_5.java 中输入表 4-6 所示的程序代码。

表 4-6　文件 Java4_1_5.java 的程序代码

序号	程序代码
01	public class Java4_1_5 {
02	private int goodsNumber;　　// 商品数量
03	// 设置商品数量
04	public void setGoodsNumber(int number) {
05	this.goodsNumber = number;
06	}
07	// 获取商品数量
08	public int getGoodsNumber() {
09	return goodsNumber;
10	}
11	public static void main(String[ ] args) {
12	Java4_1_5 objGoods1;　　// 声明类的对象
13	objGoods1 = new Java4_1_5();　　// 对象初始化
14	objGoods1.goodsNumber = 5;　　// 给对象的成员变量赋值
15	System.out.println("商品数量之一为：" + objGoods1.getGoodsNumber());
16	Java4_1_5 objGoods2 = new Java4_1_5();　　// 声明并创建类的对象
17	objGoods2.setGoodsNumber(3);　　// 设置商品数量
18	System.out.println("商品数量之二为：" + objGoods2.goodsNumber);
19	}
20	}

【程序运行】

程序 Java4_1_5.java 的运行结果如下。

```
商品数量之一为：5
商品数量之二为：3
```

【代码解读】

（1）12 行声明了类 Java4_1_5 的对象 objGoods1。

（2）13 行创建了类的实例对象，执行关键字 new 后的构造方法 Java4_1_5()完成对象的初始化，为对象分配存储空间，并使对象变量 objGoods1 指向该存储空间，即对象变量 objGoods1 为存储空间的地址值。

（3）14 行通过实例对象 objGoods1 访问对象的成员变量，并赋值。

（4）15 行通过实例对象 objGoods1 访问对象的成员方法，输出商品数量。

（5）16 行在声明类对象 objGoods2 时，直接实例化该对象，即声明对象和对象实例化合二为一。

（6）17 行通过实例对象 objGoods2 调用对象的成员方法，设置商品数量。

（7）18 行通过实例对象 objGoods2 调用对象的成员方法，输出商品数量。

【问题探究】

【问题 4-1】探析对象创建与实例化的过程

【实例验证】

在项目 Unit04 的 unit04 包中创建类 Example4_1，在文件 Example4_1.java 中输入表 4-7 所示的程序代码，分析该程序的运行结果，描述对象创建与实例化的过程。

表 4-7　文件 Example4_1.java 的程序代码

序号	程序代码
01	public class Example4_1 {
02	private int x;
03	private int y = 2;
04	public Example4_1(int a) {
05	System.out.println("成员变量 x 的初值为：" + x);
06	x = y;
07	this.y = a;
08	}
09	public static void main(String[ ] args) {
10	example4_1　p;
11	p = new Example4_1(5);
12	System.out.println("成员变量 y 的初值为：" + p.x);
13	System.out.println("成员变量 y 的新值为：" + p.y);
14	}
15	}

程序 Example4_1.java 的运行结果如下。

```
成员变量 x 的初值为：0
成员变量 y 的初值为：2
成员变量 y 的新值为：5
```

【问题探析】

对象创建与实例化的过程如下。

（1）声明一个 Example4_1 类的对象 p，为其分配一个引用空间，其初值为 null。此时的引用空间未指向任何存储空间，即未分配存储地址。

（2）为对象 p 分配存储空间，对成员变量进行默认初始化，数值型变量的初值为 0。

（3）执行显式初始化，即在类成员变量声明时赋值。

（4）执行类的构造方法，进行对象的初始化。

（5）执行对象变量的赋值操作，将新创建对象存储空间的首地址赋给对象 p 的引用空间。

对象创建与实例化的过程如图 4-4 所示。

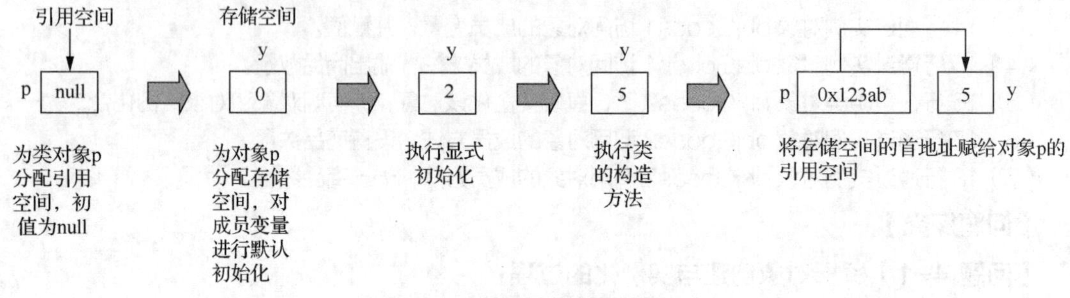

图 4-4　对象创建与实例化的过程

4.2　探析类的继承

【任务 4-2】创建商品数据父类与子类

【任务 4-2-1】定义一般父类——商品信息类

【任务描述】

（1）在 Apache NetBeans IDE 中创建 package4 包和 package4_1 包。

（2）在 package4 包中定义一般父类——商品信息类 GoodsParentClass，该类包括多个成员变量、构造方法和成员方法。

（3）在 package4 包中创建测试类 Test4_2_1，该测试类中分别使用类 GoodsParentClass 的不同的构造方法创建对象，并调用该类的成员方法输入商品的基本信息和总金额。

【知识必备】

【知识 4-4】Java 类的继承

在 Java 中，类和类之间可以定义继承关系，其中父类又称超类或基类，子类又称派生类。父类是子类的一般化，子类是父类的具体化。Java 不支持多继承，单继承使得 Java 的继承关系很简单。一个类只能有一个父类，易于管理，同时一个类可以实现多个接口，从而克服单继承的缺点。

在面向对象程序设计中运用继承原则，就是在每个由一般类和特殊类组成的“一般-特殊”结构中，把一般类的对象实例和所有特殊类的对象实例共同拥有的属性和方法一次性地在一般类中进行显式的定义，在特殊类中不再重复地定义一般类中已经定义的东西，但是在语义上，特殊类却自动地、隐含地拥有一般类（以及所有更上层的一般类）中定义的属性和方法。特殊类的对象拥有一般类的全部或部分属性与方法，称作特殊类对一般类的继承。

继承表达的是一种对象类之间的相交关系，它使得某类对象可以继承另外一类对象的数据成员和成员方法。若类 B 继承类 A，则属于类 B 的对象便拥有类 A 的全部或部分属性和方法，称被继承的类 A 为父类，而称类 B 为类 A 的子类。【任务 4-2-1】中定义的商品信息类 GoodsParentClass 为一般父类，【任务 4-2-2】中会定义商品信息类的子类 BooksClass。

【任务实现】

1. 在项目 Unit04 中创建两个包

在项目 Unit04 中创建两个包，分别命名为 package4 和 package4_1，【Projects】窗口中的包如图 4-5 所示。

Unit04
Source Packages
package4
package4_1
unit04
Libraries

图 4-5 【Projects】窗口中的包

2. 在 package4 包中创建类 GoodsParentClass

在【Projects】窗口中右击【package4】，在弹出的快捷菜单中选择【New】→【Java Class】命令新建类，如图 4-6 所示。

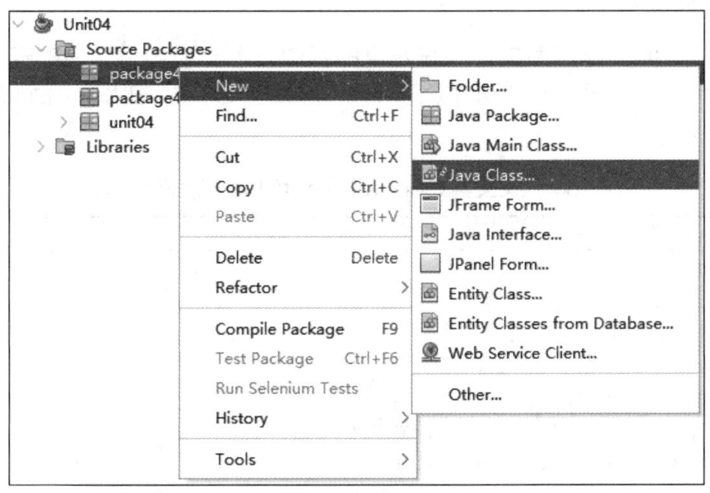

图 4-6 新建类

在弹出的【New Java Class】对话框的“Class Name”文本框中输入类名“GoodsParentClass”，其他参数保持默认，如图 4-7 所示，单击【Finish】按钮，创建一个名为 GoodsParentClass 的 Java 类。

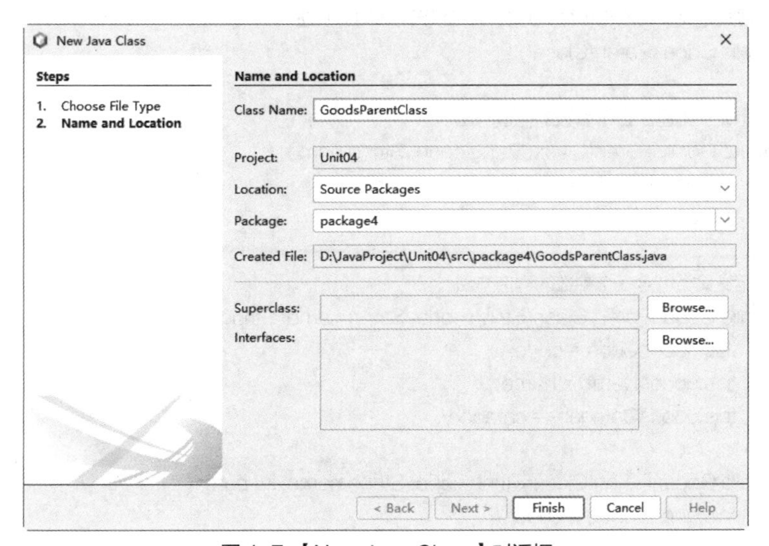

图 4-7 【New Java Class】对话框

在 package4 包中创建类 GoodsParentClass 时自动生成的代码如图 4-8 所示。

【Projects】窗口中新创建的 Java 源程序文件如图 4-9 所示。

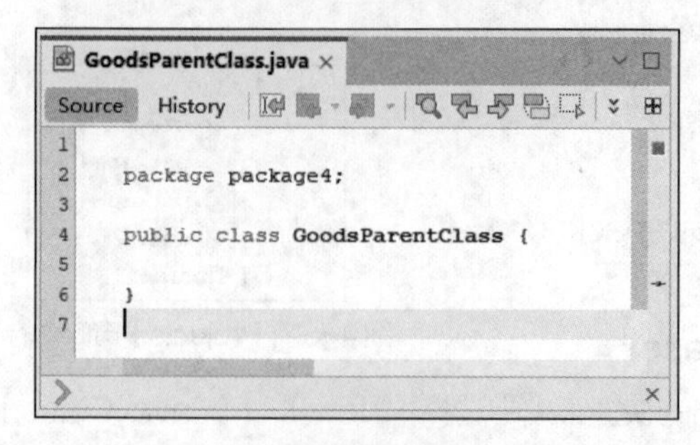

图 4-8　在 package4 包中创建类 GoodsParentClass 时自动生成的代码

图 4-9　【Projects】窗口中新创建的 Java 源程序文件

打开新创建的 Java 源程序文件，在对应的类中输入实现所需功能的代码即可。在父类 GoodsParentClass 中输入表 4-8 所示的程序代码，这里是父类完整的代码，后面各个模块将参照该类定义其他相关的类。

表 4-8　定义父类 GoodsParentClass 的程序代码

序号	程序代码
01	package package4;
02	import java.text.DecimalFormat;
03	// 定义父类 GoodsParentClass
04	public class GoodsParentClass {
05	private String goodsCode; // 商品编码
06	private String goodsName; // 商品名称
07	private String goodsCategory; // 商品类别
08	private int goodsNumber; // 商品数量
09	private double goodsPrice; // 商品价格
10	private char currencyUnit; // 货币单位
11	DecimalFormat precision = new DecimalFormat("0.00");
12	// 显式定义父类的无参构造方法，相当于默认构造方法
13	public GoodsParentClass() {
14	}
15	// 定义父类包含 2 个参数的构造方法
16	public GoodsParentClass(String code, String name) {
17	this.goodsCode = code;
18	this.goodsName = name;
19	}
20	// 定义父类包含 3 个参数的构造方法
21	public GoodsParentClass(String code, String name, String category) {
22	this.goodsCode = code;
23	this.goodsName = name;
24	this.goodsCategory = category;
25	}
26	public GoodsParentClass(String code, String name, int num) {
27	this.goodsCode = code;
28	this.goodsName = name;

续表

序号	程序代码
29	`        this.goodsNumber = num;`
30	`    }`
31	`    // 定义父类包含 6 个参数的构造方法`
32	`    public GoodsParentClass(String code, String name, String category,`
33	`                        double price, char unit, int num) {`
34	`        this.goodsCode = code;`
35	`        this.goodsName = name;`
36	`        this.goodsCategory = category;`
37	`        this.goodsNumber = num;`
38	`        this.goodsPrice = price;`
39	`        this.currencyUnit = unit;`
40	`    }`
41	`    // 设置商品编码`
42	`    public void setGoodsCode(String code) {`
43	`        this.goodsCode = code;`
44	`    }`
45	`    // 获取商品编码`
46	`    public String getGoodsCode() {`
47	`        return goodsCode;`
48	`    }`
49	`    // 设置商品名称`
50	`    public void setGoodsName(String name) {`
51	`        this.goodsName = name;`
52	`    }`
53	`    // 获取商品名称`
54	`    public String getGoodsName() {`
55	`        return goodsName;`
56	`    }`
57	`    // 设置商品类别`
58	`    public void setGoodsCategory(String category) {`
59	`        this.goodsCategory = category;`
60	`    }`
61	`    // 获取商品类别`
62	`    public String getGoodsCategory() {`
63	`        return goodsCategory;`
64	`    }`
65	`    // 设置商品数量`
66	`    public void setGoodsNumber(int number) {`
67	`        this.goodsNumber = number;`
68	`    }`
69	`    // 获取商品数量`
70	`    public int getGoodsNumber() {`
71	`        return goodsNumber;`
72	`    }`
73	`    // 设置商品价格`
74	`    public void setGoodsPrice(double price) {`
75	`        this.goodsPrice = price;`
76	`    }`

续表

序号	程序代码
77	// 获取商品价格
78	public double getGoodsPrice() {
79	return goodsPrice;
80	}
81	// 设置货币单位
82	public void setCurrencyUnit(char unit) {
83	this.currencyUnit = unit;
84	}
85	// 获取货币单位
86	public char getCurrencyUnit() {
87	return currencyUnit;
88	}
89	// 计算商品总金额
90	public double calAmount() {
91	double amount;
92	String strAmount;
93	amount = goodsPrice * goodsNumber;
94	strAmount = precision.format(amount);
95	return Double.parseDouble(strAmount);
96	}
97	// 输出商品的基本信息
98	public void displayBaseInfo() {
99	System.out.println("商品的基本信息如下：");
100	System.out.println("【商品编码】：" + goodsCode);
101	System.out.println("【商品名称】：" + goodsName);
102	System.out.println("【商品类别】：" + goodsCategory);
103	System.out.println("【商品价格】：" + goodsPrice + '元');
104	}
105	// 输出商品的部分信息
106	public static void displayBaseInfo(String code, String name) {
107	System.out.println("商品的部分信息如下：");
108	System.out.println("【商品编码】：" + code);
109	System.out.println("【商品名称】：" + name);
110	}
111	// 输出商品总金额
112	public void displayAmount() {
113	if (this.currencyUnit == '元')
114	System.out.println("商品总金额：" + this.calAmount() + this.currencyUnit);
115	else
116	System.out.println("商品总金额：" + this.currencyUnit + this.calAmount());
117	}
118	// 输出商品价格
119	public void displayPrice(double price) {
120	System.out.println("商品的价格为：" + price);
121	}
122	}

在 package4 包中创建测试类 Test4_2_1，在文件 Test4_2_1.java 中输入表 4-9 所示的程序代码。

表 4-9 文件 Test4_2_1.java 的程序代码

序号	程序代码
01	package package4;
02	public class Test4_2_1 {
03	public static void main(String[ ] args) {
04	// 使用显式定义的无参构造方法实例化对象
05	GoodsParentClass objGoods1 = new GoodsParentClass();
06	objGoods1.displayBaseInfo();
07	GoodsParentClass objGoods2; // 创建并使用父类对象
08	// 使用包含 3 个参数的构造方法实例化对象
09	objGoods2 = new GoodsParentClass("185038089998", "Redmi 红米 K60", "家电产品");
10	objGoods2.setGoodsPrice(3799.00);
11	objGoods2.setGoodsNumber(10);
12	objGoods2.setCurrencyUnit('¥');
13	objGoods2.displayBaseInfo();
14	objGoods2.displayAmount();
15	}
16	}

【程序运行】

程序 Test4_2_1.java 的运行结果如下。

```
商品的基本信息如下：
【商品编码】：null
【商品名称】：null
【商品类别】：null
【商品价格】：0.0 元
商品的基本信息如下：
【商品编码】：185038089998
【商品名称】：Redmi 红米 K60
【商品类别】：家电产品
【商品价格】：3799.0 元
商品总金额：¥37990.0
```

【代码解读】

表 4-8 中的程序代码解读如下。

（1）01 行使用关键词 package 创建了 package4 包。

（2）02 行使用关键词 import 导入 java.text 包中的 DecimalFormat 类。

（3）05～10 行声明了 6 个私有成员变量。

（4）11 行使用类 DecimalFormat 定义数字的显示格式。

（5）13 行、14 行显式定义了父类的无参构造方法，相当于默认构造方法。

（6）16～40 行定义了包含多个参数的构造方法。

（7）42～88 行定义了多个成员方法，通过这些成员方法可以对成员变量进行写和读操作，可以实现变量的正确性、完整性的约束检查。

（8）90～96 行定义的 calAmount()方法用于计算商品总金额。

（9）98～104 行定义的无参方法 displayBaseInfo()用于输出商品的基本信息。

（10）106～110 行重载方法 displayBaseInfo()用于输出商品的部分信息。

（11）112～117 行定义的 displayAmount()方法用于输出商品总金额。

（12）119～121 行定义的 displayPrice()方法用于输出商品的价格。

【任务 4-2-2】定义商品信息类的子类——图书类

【任务描述】

创建继承自类 GoodsParentClass 的子类 BooksClass，定义子类的多个成员变量（包括作者、出版社、ISBN、版次和货币单位），定义子类的无参构造方法，定义计算图书总金额和输出图书总金额的成员方法。

【知识必备】

【知识 4-5】定义与使用 Java 子类

类的继承是面向对象程序设计的一个重要特性。继承很好地实现了类的可重用性和可扩展性，当一个类自动拥有另一个类的属性和方法时，称这两个类具有继承关系。被继承的类称为父类，由继承得到的类称为子类。Java 中所有的类都是直接或间接地继承 Object 类得到的，一个类只能继承一个父类，即单继承，但一个父类可以派生出多个子类，每个子类又可以作为父类，再派生出多个子类，从而形成具有树形结构的类层次体系。

子类是父类的特例，子类不仅能够继承父类的属性和方法，还可以修改父类的属性或重写父类的方法，而且可以为自身添加新的属性和方法。

注意

子类并不能继承父类的所有属性和方法，对于父类中使用 private 修饰的属性和方法，子类不能继承。

商品通常包括商品名称、商品编码、商品类别、品牌、产地、厂家、价格等共有属性，也涉及购买、运输、使用等行为。商品又可以分为家电、数码产品、电脑、图书等类别，这些类别的商品除了拥有商品的共有属性和涉及的行为外，还可以有自身个性化的属性。例如，图书有作者、出版社、国际标准书号（International Standard Book Number，ISBN）、版次、开本、印次、页数、字数等属性；家电有电源功率、工作电压、规格尺寸、颜色、质量等属性；数码产品有型号、外观设计、颜色、网络制式、屏幕尺寸、分辨率、机身尺寸、机身质量等属性；电脑有中央处理器类型、内存容量、硬盘容量等属性。家电还可以细分为电视机、洗衣机、冰箱、空调等类别；数码产品还可以细分为手机、计算机、平板电脑等类别；电脑还可以细分为台式计算机、笔记本电脑、电脑配件、外设产品等类别。各种商品类别的层次关系如图 4-10 所示。

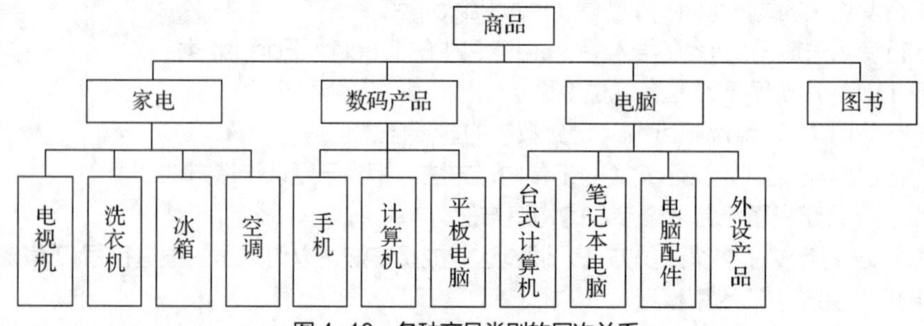

图 4-10　各种商品类别的层次关系

定义类时，如果不使用继承，则每个类都必须显式定义其所有属性和方法；利用继承，在定义一个新类时只需定义与其他类不同的属性和方法，与其他类相同的通用属性和方法可以从父类继承。

我们可以将“商品”定义为父类，命名为 GoodsParentClass，将“家电”“数码产品”“电脑”和“图书”定义为“商品”的子类，分别命名为 ElectricalProductsClass、DigitalProductsClass、ComputerProductsClass、BooksClass，类的继承关系如图 4-11 所示。

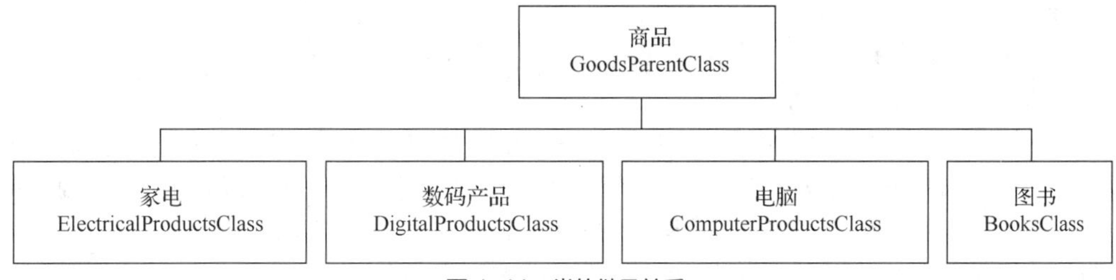

图 4-11　类的继承关系

【知识 4-5-1】声明 Java 子类

声明 Java 子类的基本语法格式如下。

```
[ 类的修饰符 ] class 子类名 extends 父类名 {
    成员变量的定义
    成员方法的定义
}
```

说明　① 类的修饰符包括 public、abstract 等。

② 子类名必须是合法的 Java 标识符。

③ 使用关键词 extends 可指明父类，因为 Java 不支持多继承，只支持单继承，所以关键词 extends 后面的类名只能有一个。

子类可以继承父类中的成员变量和成员方法，但不能继承父类的构造方法。此外，子类并不是对父类的所有成员变量和成员方法都具有访问权限，即子类声明的方法中不能访问父类中的所有成员变量和成员方法。

【知识 4-5-2】Java 子类访问父类成员

Java 中子类访问父类成员的规则如下。

① 子类对父类的 private 成员没有访问权限，既不能直接引用父类中的 private 成员变量，又不能直接调用父类中的 private 成员方法。如果需要访问父类的 private 成员，则可以通过父类中的非 private 成员方法来引用父类的 private 成员。

② 子类对父类的 public 成员和 protected 成员具有访问权限。

③ 子类对父类的默认权限成员的访问分为两种情况：对同一个包中父类的默认权限成员具有访问权限，对非同一个包中父类的默认权限成员没有访问权限。

【知识 4-5-3】在 Java 对象中正确使用 this

this 是 Java 的关键词，表示对当前对象本身的引用，可将其理解为对象的另一个名称，通过这个名称可以顺利地访问对象、修改对象的数据成员、调用对象的成员方法。

（1）访问对象的成员变量

定义类时，当成员方法的形参名与所在类的成员变量名相同时，或者成员方法的局部变量名与类的成员变量名相同时，在方法内可借助 this 来指明引用的是类的成员变量，而不是形参或局部变量，从而提高程序的可读性。

访问成员变量的基本语法格式如下。

```
this.成员变量名;
```

（2）访问对象的成员方法

访问对象的成员方法的基本语法格式如下。

```
this.方法名([参数列表])
```

（3）访问同类的其他构造方法

同一个类的多个构造方法之间可以相互调用，当一个构造方法需要调用另一个构造方法时，可以使用关键词 this。同时，该调用语句应该是整个构造方法的第 1 条可执行语句。使用关键词 this 调用同类的其他构造方法，可以最大限度地提高已有代码的利用率，减少程序维护的工作量。

重载构造方法时，访问同类的其他构造方法的基本语法格式如下。

```
this(参数列表)
```

在一个对象的方法被调用时，Java 会自动给对象的变量和方法都加上 this，并指向内存中的对象，所以有些情况下使用 this 关键词可能是不必要的。

【知识 4-5-4】在 Java 类中正确使用 super

子类可以继承父类中共有的成员变量和成员方法，但是在实际应用中要注意以下情形：如果子类的成员变量与父类的成员变量同名，那么父类的成员变量将被子类隐藏；如果子类的成员方法与父类的成员方法同名，且参数个数、类型和顺序也相同，那么子类的成员方法将覆盖父类的成员方法。此时，如果要在子类中调用父类中被子类隐藏的成员变量、被子类覆盖的成员方法和父类的构造方法，则需要使用关键词 super。

（1）调用父类的成员变量

调用父类的成员变量的基本语法格式如下。

```
super.成员变量名;
```

（2）调用父类的成员方法

调用父类的成员方法的基本语法格式如下。

```
super.成员方法名([参数列表]);
```

（3）调用父类的构造方法

在子类中可以使用 super 调用父类的构造方法，但必须在子类构造方法的方法体的第 1 行中使用 super 来调用。如果不使用 super 显式调用父类的构造方法，则将调用默认的父类构造方法（即无参构造方法）。此时，如果在父类中不存在无参构造方法，则会产生编译错误。

调用父类的构造方法的基本语法格式如下。

```
super ([参数列表]);
```

其中，参数列表用来指定父类构造方法的入口参数，如果父类定义的构造方法中包含参数，则该选项为必备选项。

【任务实现】

电子活页 4-2

（1）在项目 Unit04 的 package4 包中创建继承自类 GoodsParentClass 的子类 BooksClass，扫描二维码，浏览电子活页 4-2，熟悉子类 BooksClass 的程序代码。

（2）在 package4 包中创建测试类 Test4_2_2，在文件 Test4_2_2.java 中

输入表 4-10 所示的程序代码。

表 4-10　文件 Test4_2_2.java 的程序代码

序号	程序代码
01	package package4;
02	public class Test4_2_2 {
03	public static void main(String[ ] args) {
04	// 创建并使用子类 BooksClass 的第 1 个对象 objBooks1
05	BooksClass objBooks1;
06	objBooks1 = new BooksClass("占小忆", "人民邮电出版社", "9787115532428", 1);
07	objBooks1.displayMainInfo(); // 调用子类 BooksClass 的方法输出图书的主要参数
08	System.out.println("************************");
09	// 创建并使用子类 BooksClass 的第 2 个对象 objBooks2
10	BooksClass objBooks2;
11	objBooks2 = new BooksClass("12911504","Java 程序设计案例教程", "图书",
12	"占小忆", "人民邮电出版社", "9787115532428", 1);
13	objBooks2.setGoodsNumber(6);
14	objBooks2.setGoodsPrice(59.80);
15	objBooks2.setCurrencyUnit('￥');
16	objBooks2.displayBaseInfo(); // 调用子类 BooksClass 的方法输出图书的基本信息
17	System.out.println("************************");
18	objBooks2.displayAmount('元',objBooks2.calAmount(6,59.80,0.70));
19	}
20	}

【程序运行】

程序 Test4_2_2.java 的运行结果如下。

```
图书的主要参数如下:
【作　者】: 占小忆
【出版社】: 人民邮电出版社
【ISBN】: 9787115532428
【版　次】: 1
************************
商品的基本信息如下:
【商品编码】: 12911504
【商品名称】: Java 程序设计案例教程
【商品类别】: 图书
【商品价格】: 59.8 元
************************
图书总金额: 253.31 元
```

【代码解读】

电子活页 4-2 中的程序代码解读如下。

（1）01 行使用关键词 package 将定义的子类 BooksClass 放入 package4 包中。

（2）03 行表示子类 BooksClass 继承父类 GoodsParentClass。

（3）04～08 行定义了 5 个私有成员变量。

（4）10 行、11 行定义了子类的无参构造方法。

（5）45～51 行定义的 calAmount()方法用于计算图书总金额。

（6）53～58 行定义的 displayAmount()方法用于输出图书总金额。

【问题探究】

【问题 4-2】探析 Java 的 this 和 super 的正确使用

【实例验证】

在父类 GoodsParentClass 中添加一个临时全局变量 type，代码如下。

```
public String type="public";    // 用于子类调用
```

在项目 Unit04 的 package4 包中创建继承自类 GoodsParentClass 的子类 BooksClass1，定义子类的多个成员变量（包括作者、出版社、ISBN 和版次），定义输出父类中全局成员变量的权限类型的成员方法，定义输出图书的主要参数和输出图书的基本信息的成员方法。子类 BooksClass1 的相应程序代码如表 4-11 所示。

表 4-11　子类 BooksClass1 的相应程序代码

序号	程序代码
01	package package4;
02	public class BooksClass1 extends GoodsParentClass {
03	private final String author="占小忆";　　　　　　// 作者
04	private final String publisher="人民邮电出版社";　　// 出版社
05	private final String ISBN="9787115532428";　　// ISBN
06	private final int printTime=1;　　　　　　// 版次
07	
08	// 输出父类中全局成员变量的权限类型
09	@Override
10	public void displayBaseInfo() {
11	System.out.println("调用父类全局成员变量：");
12	System.out.println("父类全局成员变量的权限类型为：" + super.type);
13	}
14	
15	// 输出图书的主要参数
16	public void displayMainInfo() {
17	System.out.println("图书的主要参数如下：");
18	System.out.println("【作　者】：" + this.author);
19	System.out.println("【出版社】：" + this.publisher);
20	System.out.println("【ISBN】：" + this.ISBN);
21	System.out.println("【版　次】：" + this.printTime);
22	}
23	
24	// 输出图书的基本信息
25	public void displayInfo() {
26	super.displayBaseInfo();
27	this.displayBaseInfo();
28	displayMainInfo();
29	}
30	}

【代码解读】

（1）18～21 行分别使用 this 关键词访问当前对象的成员变量，27 行使用 this 关键词访问当前对象的成员方法。

（2）12 行使用 super 关键词调用父类的成员变量，26 行使用 super 关键词调用父类的成员方法。

在 package4 包中创建类 Example4_2，在文件 Example4_2.java 中输入表 4-12 所示的程序代码。

表 4-12　文件 Example4_2.java 的程序代码

序号	程序代码
01	package package4;
02	public class Example4_2 {
03	public static void main(String[ ] args) {
04	// TODO code application logic here
05	BooksClass1 objBooks1= new BooksClass1();
06	objBooks1.setGoodsCode("12911504");
07	objBooks1.setGoodsName("Java 程序设计案例教程");
08	objBooks1.setGoodsCategory("图书");
09	objBooks1.setGoodsPrice(59.80);
10	objBooks1.displayInfo();
11	}
12	}

程序 Example4_2.java 的运行结果如下。

```
商品的基本信息如下：
【商品编码】：12911504
【商品名称】：Java 程序设计案例教程
【商品类别】：图书
【商品价格】：59.8 元
调用父类全局成员变量：
父类全局成员变量的权限类型为：public
图书的主要参数如下：
【作　者】：占小忆
【出版社】：人民邮电出版社
【ISBN】：9787115532428
【版　次】：1
```

【问题探析】

在子类 BooksClass1 中可以使用关键词 this 访问当前对象中的成员变量和成员方法，可以使用关键词 super 引用父类中的成员变量和成员方法。但要特别注意，因为 goodsCode、goodsName、goodsCategory、goodsPrice、currencyUnit 等变量是父类 GoodsParentClass 的私有成员变量，所以子类没有访问权限，只有父类定义的临时全局变量 type 容许子类访问。

【任务 4-3】探究商品数据类及成员的访问权限

【任务描述】

在项目 Unit04 的 package4_1 包中创建类 GoodsParentClass2 及其子类 BooksClass2，类 GoodsParentClass2 的成员变量和成员方法的定义与 package4 包中的类 GoodsParentClass 基本相同，只是对表 4-8 所示的程序代码中成员变量的访问控制修饰符进行了修改，修改后的程序代码如表 4-13 所示。子类 BooksClass2 的成员变量和成员方法的定义与 package4 包中的子类 BooksClass 基本相同。

表 4-13　类 GoodsParentClass2 相对类 GoodsParentClass 进行修改后的程序代码

序号	程序代码
01	private String goodsCode;　　　　//商品编码
02	private String goodsName;　　　　//商品名称
03	String goodsCategory;　　　　//商品类别
04	protected double goodsPrice;　　　　//商品价格
05	public int goodsNumber;　　　　//商品数量
06	public char currencyUnit;　　　　//货币单位

【代码解读】

（1）01 行、02 行定义了两个私有成员变量。

（2）03 行定义的成员变量，其访问权限为默认值。

（3）04 行定义了一个保护成员变量。

（4）05 行和 06 行分别定义了两个公有成员变量。

创建一个测试类 Test4_3_1 探究类的公有成员变量、保护成员变量、默认访问权限变量、私有成员变量在类内和类外的可访问性。

【知识必备】

【知识 4-6】探究类及成员的访问权限

权限修饰符是一组限定类、接口、类的成员变量、类的成员方法和构造方法是否可以被其他类访问的修饰符。访问控制是通过在类的定义中使用权限修饰符实现的，以达到保护类的成员变量和方法的目的，Java 支持以下 4 种访问权限。

（1）私有的：使用关键词 private 设置访问权限。

（2）公有的：使用关键词 public 设置访问权限。

（3）保护的：使用关键词 protected 设置访问权限。

（4）默认的：不使用任何关键词设置访问权限，一般称为 default 或 friendly。

其中，类和接口的访问控制符只有 public 和默认值两种，类的成员变量和成员方法的访问控制符可以是 private、public、protected 和默认值 4 种。

Java 的访问控制符及其访问规则如表 4-14 所示。

表 4-14　Java 的访问控制符及其访问规则

访问控制符	同一类中	同一个包的子类中	同一个包的不同类中	不同包的子类中	不同包的非子类中
private	可访问	不可访问	不可访问	不可访问	不可访问
public	可访问	可访问	可访问	可访问	可访问
protected	可访问	可访问	可访问	可访问	不可访问
默认值	可访问	可访问	可访问	不可访问	不可访问

（1）private

类中带有 private 修饰符的成员只能在同一类的内部使用，在其他的类（包括其子类）中不允许直接访问。一般把那些不想让外界访问的数据和方法声明为私有的，这有利于保证数据的安全性和一致性，也符合程序设计的数据封装原则。

构造方法也可以限定为 private，如果一个类的构造方法声明为 private，则其他类不能通过该构造方法生成该类的实例对象。

表 4-13 中的成员变量 goodsCode 和 goodsName 为私有成员变量。

（2）public

类中带有 public 的成员变量和成员方法可以被所有的类访问，在所有类的方法中都可以使用 public 修饰的成员变量，以及调用 public 修饰的成员方法。对于构造方法，如果访问控制符为 public，则所有的类中都可以创建该类的实例对象。类中被设置为 public 的方法是该类的对外接口，程序的其他部分可以通过调用这些方法达到与当前类交换数据的目的，从而对该类的数据进行直接操作。

表 4-13 中的成员变量 goodsNumber 和 currencyUnit 为公有成员变量。

（3）protected

类中带有 protected 修饰符的类成员可以被同一类、同一个包中的其他类及其子类访问，也可以被其他包中的子类访问，但不能被其他包中的非子类访问。

表 4-13 中的成员变量 goodsPrice 为保护成员变量。

（4）默认值

如果一个类没有显式地设置成员的访问权限，则说明它具有默认的访问权限，允许类本身和同一个包中的其他类或子类访问这些成员，但不允许其他包中的类访问。

对于构造方法，如果没有显式声明访问权限，则该构造方法的访问权限为默认值，只允许在当前类和同一个包中的其他类或子类中生成该类的对象，在其他包的类中不能生成该类的对象。

表 4-13 中的成员变量 goodsCategory 为默认访问权限变量。

【任务实现】

在项目 Unit04 的 package4_1 包中创建类 GoodsParentClass2 及其子类 BooksClass2，类 GoodsParentClass2 和子类 BooksClass2 的成员变量及成员方法的定义如表 4-8 和电子活页 4-2 所示，类 GoodsParentClass2 中成员变量的访问权限修改后对应的代码如表 4-13 所示。

在项目 Unit04 的 package4_1 包中创建测试 Test4_3_1 类，在文件 Test4_3_1.java 中输入表 4-15 所示的程序代码。

表 4-15　文件 Test4_3_1.java 的程序代码

序号	程序代码
01	package package4;
02	public class Test4_3_1 {
03	public static void main(String[ ] args) {
04	// 创建并使用父类 GoodsParentClass2 的对象
05	GoodsParentClass2 objGoods;
06	objGoods = new GoodsParentClass2("100068077972", "华为 Mate 60");
07	// objGoods.goodsCode="100068077972";　// 非法的，私有成员变量在类外不能被访问
08	// objGoods.goodsName="华为 Mate 60";　　// 非法的，私有成员变量在类外不能被访问
09	objGoods.goodsCategory = "数码产品";　　// 默认访问权限的成员变量在类外可以被访问
10	objGoods.goodsNumber = 5;　　　　　　// 公有成员变量在类外可以被访问
11	objGoods.goodsPrice = 6799.00;　　　　// 保护成员变量在同一个包的不同类中可以被访问
12	objGoods.currencyUnit = '元';　　　　　// 公有成员变量在类外可以被访问

续表

序号	程序代码
13	objGoods.displayBaseInfo();　　　　// 调用父类的方法输出商品的基本信息
14	objGoods.displayAmount();　　　　// 调用父类的方法输出商品的总金额
15	}
16	}

【程序运行】

程序 Test4_3_1.java 的运行结果如下。

```
商品的基本信息如下:
【商品编码】: 100068077972
【商品名称】: 华为 Mate 60
【商品类别】: 数码产品
【商品价格】: 6799.0 元
商品总金额: 33995.0 元
```

【问题探究】

【问题 4-3】探析类成员的访问权限

【实例验证】

（1）在项目 Unit04 的 package4_1 包中创建 Example4_3_1 类，其程序代码如表 4-16 所示，测试同一个 package4_1 包的不同类中成员的访问权限，其访问特性说明详见表 4-16 中的注释。

表 4-16　类 Example4_3_1 的程序代码

序号	程序代码
01	package package4_1;
02	// 测试同一个包的不同类中成员的访问权限
03	public class Example4_3_1 {
04	public static void main(String[ ] args) {
05	// 创建并使用子类 BooksClass2 的对象
06	BooksClass2 objBooks = new BooksClass2();
07	// objBooks.goodsCode="12958005";　// 非法的，私有成员变量在类外不能被访问
08	// objBooks.goodsName="Python 程序设计基础及实践";
09	// 非法的，私有成员变量在类外不能被访问
10	objBooks.setGoodsCode("12958005");　// 父类公有成员方法在类外可以被访问
11	objBooks.setGoodsName("Python 程序设计基础及实践");
12	// 父类公有成员方法在类外可以被访问
13	objBooks.goodsCategory = "图书";　// 父类默认访问权限的成员变量在类外可以被访问
14	objBooks.goodsNumber = 8;　　　// 父类公有成员变量在类外可以被访问
15	objBooks.goodsPrice = 59.80;　　// 父类保护成员变量在同一个包的不同类中可以被访问
16	objBooks.currencyUnit = '¥';　　// 父类公有成员变量在类外可以被访问
17	objBooks.displayBaseInfo();　　// 调用子类的方法输出图书的基本信息
18	}
19	}

程序 Example4_3_1.java 的运行结果如下。

商品的基本信息如下:
【商品编码】: 12958005
【商品名称】: Python 程序设计基础及实践
【商品类别】: 图书
【商品价格】: 59.8 元

(2)在项目 Unit04 的 package4 包中创建 Example4_3_2 类，其程序代码如表 4-17 所示，测试不同包中类成员的访问权限，其访问特性说明详见表 4-17 中的注释。

表 4-17 类 Example4_3_2 的程序代码

序号	程序代码
01	package package4;
02	import package4_1.BooksClass2;
03	import package4_1.GoodsParentClass2;
04	// 测试不同包中类成员的访问权限
05	public class Example4_3_2 {
06	public static void main(String[ ] args) {
07	// 创建并使用父类 GoodsParentClass2 的对象
08	GoodsParentClass2 objGoods;
09	objGoods = new GoodsParentClass2("12958005", "Python 程序设计基础及实践");
10	// objGoods.goodsPrice=59.80; // 非法的，保护成员变量在包外不能被访问
11	objGoods.setGoodsPrice(59.80); // 父类公有成员方法在包外可以被访问
12	// objGoods.goodsCode="12958005"; // 非法的，私有成员变量在包外不能被访问
13	// objGoods.goodsName="Python 程序设计基础及实践"; // 非法的，私有成员变量在包外不能被访问
14	// objGoods.goodsCategory="图书"; // 非法的，默认访问权限的成员变量在包外不能被访问
15	objGoods.setGoodsCategory("图书"); // 父类公有成员方法在包外可以被访问
16	objGoods.goodsNumber = 5; // 父类公有成员变量在包外可以被访问
17	objGoods.currencyUnit = '¥'; // 父类公有成员变量在包外可以被访问
18	objGoods.displayBaseInfo(); // 调用父类的方法输出商品的基本信息
19	objGoods.displayAmount(); // 调用父类的方法输出商品总金额
20	System.out.println("************************");
21	// 创建并使用子类 BooksClass2 的对象
22	BooksClass2 objBooks = new BooksClass2();
23	objBooks.setGoodsCode("13744504"); // 公有成员方法在包外可以被访问
24	objBooks.setGoodsName("办公软件高级应用任务驱动教程"); // 公有成员方法在包外可以被访问
25	// objBooks.goodsCategory="图书"; // 非法的，保护成员变量在包外非子类中不能被访问
26	objBooks.setGoodsCategory("图书"); // 公有成员方法在包外可以被访问
27	objBooks.setGoodsPrice(55.00); // 公有成员方法在包外可以被访问
28	objBooks.goodsNumber = 2; // 公有成员变量在包外可以被访问
29	objBooks.currencyUnit = '元'; // 公有成员变量在包外可以被访问
30	objBooks.displayBaseInfo(); // 调用子类的方法输出图书的基本信息
31	objBooks.displayAmount(); // 调用父类的方法输出商品总金额
32	}
33	}
34	
35	
36	

程序 Example4_3_2.java 的运行结果如下。

```
商品的基本信息如下：
【商品编码】：12958005
【商品名称】：Python 程序设计基础及实践
【商品类别】：图书
【商品价格】：59.8 元
商品总金额：￥299.0
************************
商品的基本信息如下：
【商品编码】：13744504
【商品名称】：办公软件高级应用任务驱动教程
【商品类别】：图书
【商品价格】：55.0 元
商品总金额：110.0 元
```

4.3 探究类的多态

【任务 4-4】探究商品数据类方法的重载与重写

【任务描述】

创建继承自类 GoodsParentClass 的子类 DigitalProductsClass，定义子类的多个成员变量（包括型号、外观、颜色、质量、规格尺寸、分辨率、货币单位），定义子类的多个构造方法，定义输出数码产品的机身尺寸、输出数码产品的分辨率、输出数码产品的主体参数、输出数码产品的总金额、输出数码产品价格的成员方法。

【知识必备】

【知识 4-7】Java 类的多态性

【知识 4-7-1】认知 Java 类的多态性

多态性提供了类成员设计的灵活性和方法执行的多样性，是面向对象程序设计的核心特征之一。在程序设计语言中，多态性是指“一种定义，多种实现”。程序运行时，系统根据调用方法的参数或调用方法的对象自动选择一个方法执行。

在子类 BooksClass 中定义了两个名称相同（方法名称都为 displayAmount），但参数不同的成员方法，其代码如下。

```
public void displayAmount() {
    System.out.println("图书总金额：" +  super.currencyUnit + this.calAmount());
}
public void displayAmount(char unit,double amount) {
    System.out.println("图书总金额：" + unit + amount);
}
```

子类 BooksClass 中定义的这两个名称相同但参数不同的成员方法体现的是方法的重载。

另外，在父类 GoodsParentClass 中也定义了一个同名方法 displayAmount()，该方法与子类 BooksClass 的 displayAmount()方法在输出内容上有所不同，其代码如下。

```
public void displayAmount() {
    System.out.println("商品总金额：" + currencyUnit + calAmount());
}
```

子类 BooksClass 中定义的与父类 GoodsParentClass 同名的成员方法体现的是方法的重写。

【知识 4-7-2】探究 Java 类方法的重载

当在同一个类中定义了多个同名而内容不同的成员方法时，称这些方法是重载（Overloading）方法。重载方法主要通过参数列表中参数的个数、参数的类型和参数顺序的不同加以区分。在编译期间，Java 编译器要检查每个方法所用的参数个数和类型，并调用合适的方法，即实现 Java 编译时的多态性。

构造方法也可以重载，重载的目的是使类对象具有不同的初值，为对象的初始化提供方便。重载的构造方法应具有不同个数或不同类型的参数，编译器可以根据参数个数不同或类型不同判断使用 new 声明对象时，应该调用哪一个构造方法。

重载方法定义时应遵循的规则如下。

（1）方法的参数列表必须不同，包括参数的个数或类型，以此区分不同的方法。

（2）方法的返回值类型、修饰符可以相同，也可以不同。

（3）在实现方法重载时，方法返回值的类型不能作为区分重载方法的标志。

【知识 4-7-3】探究 Java 类方法的重写

类继承既可以是子类对父类的扩充，又可以是子类对父类进行改造。当子类对父类的扩充不能很好地满足功能需求时，就要在子类中对从父类继承的方法进行重新定义，这称为方法的重写，也称方法覆盖（Overriding）。若子类中的方法与父类中的某一个方法具有相同的方法名称、返回值类型和参数列表，则子类中的方法将覆盖父类中的同名方法，如果需要引用父类中原有的方法，则可以使用 super 关键词，该关键词用于引用当前类的父类。

重写方法定义时应遵循的规则如下。

（1）子类中重写的方法必须和父类中被重写的方法具有相同的方法名称、参数列表和返回值类型，但是方法体不同，即实现的功能不同。

（2）子类中重写的方法的访问权限不能降低。

（3）子类中重写的方法不能抛出新的异常。

【知识 4-7-4】探究 Java 的向上转型

类之间的继承关系使得子类具有父类的非私有变量和方法的访问权限，这意味着父类中定义的方法也可以在它派生的各级子类中使用。向上转型（Upcasting）指的是可以通过引用子类的实例来调用父类的方法，从而将一种类型（子类）对象转换成另一种类型（父类）对象的引用。Java 允许向上转型，使得父类对象变量可以指向子类对象，但通过该变量只能访问父类中定义的变量和方法，而不能访问子类特有的变量和方法。如果使用父类对象变量直接调用子类成员方法，则会出现编译异常，但可以先使用强制类型转换方法进行转换。

子类通常包含比父类更多的成员变量和成员方法，可以认为子类是父类的超集，所以向上转型是从一个特殊、具体的类型到一个通用、抽象的类型的转换，类型的安全性是有保证的。因此，Java 编译器不需要任何特殊的标注便允许向上转型。其也可以执行向下转型，即强制类型转换，将父类类型的引用转换为子类类型，但是强制类型转换不一定是安全的，需要进行类型检查。

例如，定义父类 GoodsParentClass，它派生了两个子类，分别为 BooksClass 类和

DigitalProductsClass 类，利用向上转型可以创建如下两个对象。

```
// 声明父类对象 objGoodsParent 1
GoodsParentClass objGoodsParent1 = new BooksClass();
// 声明父类对象 objGoodsParent 2
GoodsParentClass objGoodsParent2 = new DigitalProductsClass();
```

上述两个对象 objGoodsParent1 和 objGoodsParent2 虽然声明的都是父类类型，但指向的是子类对象。

【知识 4-7-5】探究 Java 的向下转型

向下转型（Downcasting）也称为对象的强制类型转换，是将父类对象变量强制（显式）地转换为子类类型。

指向子类对象的父类对象变量不能直接访问子类特有的变量和方法，只有将父类对象变量强制转换为具体的子类类型，才能通过该变量访问子类的特有成员。

对象的强制类型转换一般使用关键词 instanceof 进行测试，以确定对象的类型。对象类型测试的基本语法格式如下。

```
对象变量名  instanceof  类名
```

这是一个 boolean 型的表达式，当 instanceof 左侧的对象变量名引用对象的类是右侧给出的类或子类时，表达式的值为 true，否则为 false。

对象类型的强制转换的基本语法格式如下。

```
(子类名)父类对象名
```

其中，子类名是指试图强制转换成的数据类型，父类对象名是指被强制转换类型的对象。在进行对象类型的强制转换时，为了保证转换能够成功进行，可以先使用 instanceof 对对象的类型进行测试，当测试结果为 true 时再进行转换。

父类对象被强制转换为子类对象后，才能调用子类的变量和成员方法，如果直接调用，则会出现编译异常。

在执行强制类型转换时，无继承关系的引用类型之间的转换是不允许的，编译时会出错。对象变量转换的目标类型一定要是当前对象类型的子类，由编译器进行检查，如果不符合该规则，则程序执行中会抛出异常。

【知识 4-7-6】探究 Java 的运行时多态

向上转型使得一个对象的类型既可以是它自身，又可以是它的父类。这意味着父类的对象变量可以指向子类对象。一个父类对象变量发出的方法调用，可能执行的是该方法在父类中的实现，也可能执行的是该方法在某个子类中的实现，这只能在运行时根据该对象变量指向的具体对象类型确定，这就是运行时多态。

运行时多态实现的原理是动态联编技术。运行时执行的联编操作是在程序的运行过程中根据对象的具体类型进行的。

【任务实现】

电子活页 4-3

（1）在项目 Unit04 的 package4 包中创建一个数码产品子类 DigitalProductsClass，扫描二维码，浏览电子活页 4-3，熟悉子类 DigitalProductsClass 的程序代码。

（2）在项目 Unit04 的 package4 包中创建一个类 Test4_4_1，在文件 Test4_4_1.java 中输入表 4-18 所示的程序代码。

表 4-18 文件 Test4_4_1.java 的程序代码

序号	程序代码
01	package package4;
02	public class Test4_4_1 {
03	public static void main(String[ ] args) {
04	// 创建并使用子类 DigitalProductsClass 的第 1 个对象 objDigital1
05	DigitalProductsClass objDigital1;
06	objDigital1 = new DigitalProductsClass("S5830", "直板", "白色", 119);
07	DigitalProductsClass.digitalModel="100068077972";
08	DigitalProductsClass.digitalSurface="华为 Mate 60";
09	objDigital1.setSize(112.4, 59.9, 11.5); // 调用子类的方法设置机身尺寸
10	objDigital1.setResolution(1920, 1080); // 调用子类的方法设置分辨率
11	// 调用父类的静态方法输出数码产品的基本信息
12	GoodsParentClass.displayBaseInfo("100068077972", "华为 Mate 60");
13	objDigital1.displaySize(); // 调用子类的方法输出机身尺寸
14	objDigital1.displayResolution(); // 调用子类的方法输出分辨率
15	System.out.println("************************");
16	// 创建并使用子类 DigitalProductsClass 的第 2 个对象 objDigital2
17	DigitalProductsClass objDigital2;
18	objDigital2 = new DigitalProductsClass("181783549096", "华为 P40 Pro 5G 手机",
19	"A350", "翻盖", "尊贵灰", 138);
20	objDigital2.setGoodsCategory("数码产品");
21	objDigital2.setGoodsNumber(2);
22	objDigital2.setGoodsPrice(2259.00);
23	objDigital2.setCurrencyUnit('元');
24	objDigital2.displayBaseInfo("g"); // 调用子类的方法输出数码产品的主体参数
25	objDigital2.displayAmount("￥"); // 调用子类的方法输出数码产品的总金额
26	objDigital2.displayAmount(); // 调用子类的方法输出商品的总金额
27	}
28	}

【程序运行】

程序 Test4_4_1.java 的运行结果如下。

```
商品的部分信息如下:
【商品编码】: 100068077972
【商品名称】: 华为 Mate 60
机身尺寸(长宽厚): 112.4*59.9*11.5 (mm³)
分辨率: HVGA(1920*1080)
************************
数码产品的主体参数如下:
【产品型号】: A350
【产品外观】: 翻盖
【产品颜色】: 尊贵灰
【产品质量】: 138g
数码产品的总金额: ￥4518.0
```

商品总金额：4518.0 元

【代码解读】

电子活页 4-3 中的程序代码解读如下。

（1）12～29 行定义了子类 DigitalProductsClass 的 3 个重载构造方法，这些构造方法名称相同但参数个数或参数类型不同。

（2）95～97 行定义了子类 DigitalProductsClass 的重写成员方法 displayAmount( )。

（3）87～93 行定义了方法 displayBaseInfo( )，该方法是父类 GoodsParentClass 的成员方法 displayBaseInfo( )的重载方法，这两个方法的名称相同但参数个数不同。

（4）16 行、17 行、32 行、36 行、40 行、89 行、90 行使用的是静态成员变量，不能使用关键词 this。

（5）12 行、13 行子类 DigitalProductsClass 中显式定义了一个无参的构造方法，由于该类中显式定义了构造方法，系统将不再提供默认构造方法，如果仍在程序中使用默认构造方法，则会出现编译错误。

表 4-18 中的程序代码解读如下。

（1）06 行调用构造方法 DigitalProductsClass()，因为传递的实参是 4 个，所以此时类 DigitalProductsClass 的对象 objDigital1 调用的是电子活页 4-3 中 15～20 行定义的构造方法。

（2）18 行、19 行调用构造方法 DigitalProductsClass()，因为传递的实参是 6 个，所以此时类 DigitalProductsClass 的对象 objDigital2 调用的是电子活页 4-3 中 22～29 行定义的构造方法。

（3）07 行、08 行给子类 DigitalProductsClass 的静态变量赋值，12 行调用父类 GoodsParentClass 的静态重载方法 displayBaseInfo()，因为传递的实参是 2 个，所以此时调用的是电子活页 4-3 中 106～110 行父类 GoodsParentClass 中定义的成员方法 displayBaseInfo()。

（4）24 行调用子类 DigitalProductsClass 对象的成员方法 displayBaseInfo()，因为传递的实参是 1 个，所以此时调用的是电子活页 4-3 中 87～93 行子类中的重写成员方法，而不是父类的成员方法。

（5）26 行调用成员方法 displayAmount()，因为没有传递实参，所以此时调用的是子类的成员方法；25 行调用成员方法 displayAmount()，因为传递了一个实参，所以此时调用的是电子活页 4-3 中 95～97 行子类中的重写成员方法，而不是父类的成员方法。

4.4 应用 Java 标准类与基本数据类型的包装类编程

【任务 4-5】应用 Java 标准类定义并使用打折商品类

【任务描述】

创建继承自父类 GoodsParentClass 的子类 DiscountProductsClass，定义子类的多个成员变量（包括打折开始日期、打折结束日期和折扣率）和成员方法（计算商品折扣后价格）。注意，该子类中需要应用多个 Java 的标准类。

【知识必备】

【知识 4-8】Java 标准类定义与使用

Java 中，将一些常用的重复性操作封装成类，通过类中的方法实现所需功能，以达到代码重用的目的，如三角函数计算、对数函数计算、指数函数计算、获取随机数、取整计算、四舍五入计算、日期计算、查找与分割字符串等。由于本书篇幅的限制，本任务只对 Java 标准类进行简单介绍，这些标准类包含的主要方法及其用法，读者可参阅相关书籍或网络资源。

1. Math 类

Math 类是 java.lang 包中的一个数学工具类，Math 类中定义了许多用于数据计算的静态方法，能实现一些常用的数学计算，如三角函计算、对数函数计算、指数函数计算、绝对值计算、取整计算和四舍五入计算等。

Math 类是终态类，即不能从它派生子类。Math 类中的方法都是 static 类型的，可以通过类名直接调用。

2. Random 类

Random 类是 java.util 包中的一个工具类，其作用是产生伪随机数。

3. String 类和 StringBuffer 类

java.lang 包中的 String 类和 StringBuffer 类（字符串缓冲类）用于创建字符串对象，并提供一系列方法实现对字符串对象的操作。例如，length()方法用于获取字符串的长度；trim()方法用于去掉原字符串的前导空格和尾部空格，以获取一个新字符串。String 类的对象创建后其内容不可改变，称为字符串常量，在 Java 程序中对字符串常量的比较、查询等操作一般使用 String 类。StringBuffer 类的对象在创建之后允许进行更改，称为字符串变量，Java 程序中对字符串进行添加、插入、修改、替换等操作，一般使用 StringBuffer 类。

以下代码段将创建一个字符串对象。

```
String p1="ABC" ;
String p2="ABC" ;
```

Java 使用字符串缓冲池来管理字符串。Java 程序运行时，JVM 会在内存中创建一个字符串缓冲池。例如，使用语句“String p1="ABC";”创建字符串常量时，JVM 首先会判断字符串缓冲池中有没有值为"ABC"的对象，若字符串缓冲池中没有对应的对象，则在字符串缓冲池中构造一个值为"ABC"的对象，使 p1 引用该对象。当使用语句“String p2="ABC";”创建字符串常量时，JVM 在字符串缓冲池中找到值为"ABC"的对象，p2 引用 p1 所引用的字符串常量"ABC"，即两个引用指向同一个字符串常量。

以下代码段将创建两个对象。一个对象是通过字符串常量的形式在字符串缓冲池中创建的；另一个对象是通过关键词 new 在堆中创建的，新创建的字符串是该字符串的副本。

```
String p1="ABC" ;
String p2=new String(p1) ;
```

注意 **使用双引号引起来的字符串"ABC"是字符串常量，又称为无名字符串对象，由 Java 自动创建。获取字符串长度时，英文字符及中文字符都被认为是一个字符长度，即一个汉字只占一个字符长度。**

4. Date 类和 Calendar 类

Java 中，表示日期和时间的类主要有 Date 类和 Calendar 类。Date 类中的大多数方法已经不推荐使用；而 Calendar 类是 Date 类的增强版，Calendar 类位于 java.util 包中，该类提供了常规的日期修改功能，以及对日期在不同时区和语言环境中的国际化支持。Calendar 类是一个抽象类，不能直接实例化 Calendar 对象，必须通过静态方法 getInstance()来获取 Calendar 对象。Calendar 类中的年、月、日、小时、分、秒等时间字段，分别用类中的静态属性 Calendar.YEAR、Calendar.MONTH、Calendar.DATE、Calendar.HOUR_OF_DAY、Calendar.MINUTE、Calendar.SECOND 来表示。

Calendar.MONTH 的取值范围为 0～11，Calendar.HOUR_OF_DAY 的值采用 24 小时制。

【任务实现】

电子活页 4-4

在项目 Unit04 的 package4 包中创建子类 DiscountProductsClass，该类继承自父类 GoodsParentClass。

扫描二维码，浏览电子活页 4-4，熟悉子类 DiscountProductsClass 的程序代码。

【程序运行】

程序 DiscountProductsClass.java 的运行结果如下。

```
当前日期为：2023/10/12
折扣开始日期为：2023/10/07
折扣终止日期为：2023/10/22
打折是否开始：已开始
商品折后价格为：￥1050.00
```

程序运行时的日期会有变化。

【代码解读】

电子活页 4-4 中的程序代码解读如下。

（1）10 行、11 行使用 SimpleDateFormat 类定义日期的显示格式。

（2）33 行通过 Calendar 类的静态方法 getInstance()来获取 Calendar 对象，因为 Calendar 类是抽象类，不能直接实例化 Calendar 对象。

（3）34 行和 41 行使用 Calendar 类的 after()方法和 before()方法判断当前日期是否在指定的日期范围内。

（4）36～38 行使用 Calendar 类的 getTime()方法获取对应日期值。

（5）43 行使用 Math 类的 print()方法取整。

（6）54 行和 56 行使用 Calendar 类的静态属性 Calendar MONTH 获取当前日期的月份。54 行使用 Calendar 类的 add()方法为给定的日期值减去指定的时间量，56 行使用 Calendar 类的 add()方法为给定的日期值增加指定的时间量。

【任务 4-6】使用基本数据类型的包装类编程

【任务描述】

编写 Java 程序，探析基本数据类型的包装类的使用与对象的比较。

【知识必备】

【知识 4-9】认知 Java 的 Object 类及其常用方法

Java 的 Object 类位于 java.lang 包中，是所有 Java 类（包括自定义类）的父类。也就是说，Java 中每个类都直接或间接地继承自 Object 类。Object 类中定义了所有对象都具有的基本属性和公有方法，例如，将对象转换为字符串的 toString()方法，对象之间进行比较的 equals()方法等。

（1）toString()方法

Object 类的 toString()方法的定义形式如下。

```
public String toString() ;
```

在使用语句“System.out.println(s);”输出变量 s 时，如果 s 为基本类型的数据，则直接输出 s 的值；如果 s 为引用类型的数据，则先调用 s 指向对象的 toString()方法，并将返回的字符串输出，此时“System.out.println(s);”与“System.out.println(s.toString());”是等价的；如果 s 为空引用，则输出 null。

Java 中，每种基本数据类型的包装类中都重写了 toString()方法，该方法返回包装类对象中封装的基本类型数据的字符串形式。String 类型的数据与其他类型的数据进行连接操作时，Java 会自动调用 toString()方法，将其他类型的数据转换为 String 类型，并完成连接操作。

（2）equals()方法与“==”运算符

Object 类的 equals()方法是比较对象的引用是否相等，而不是比较对象内容是否相同，如 str1.equals(str2)。对于引用类型变量，比较的是指向对象的地址。equals()方法只能比较引用类型变量。当对两个引用类型变量进行比较时，如果两个引用类型变量指向同一个对象，则比较结果为 true；如果两个引用类型变量指向不同的对象（即引用类型变量存储的地址不同），则即使引用变量指向对象的值相同，比较结果也为 false。

注意　**使用 equals()方法比较 String 类、File 类、Date 类以及所有的包装类的对象时，比较的是所指对象的内容，而不考虑引用的是否为同一个实例对象。使用“==”运算符则可比较 String 对象在内存中是否为同一个对象，而不是比较值是否相等。**

“==”可以比较两个基本类型变量，也可以比较两个引用类型变量。当两个引用类型变量进行比较时，比较的是两个引用地址是否相同，即两个引用是否指向同一个对象，并不是判断它们的值是否相同。如果两个引用指向同一个对象（即引用类型变量存储的地址相同），则比较结果为 true；否则，比较结果为 false。

对于字符串变量 str1 和 str2，其声明与赋值代码如下。

```
String str1 = new String("good");
String str2 = new String("good");
```

如果使用 equals()方法比较 str1 与 str2 是否相等，即 str1.equals(str2)，由于比较的是对象内容，而不考虑引用，比较结果为 true。如果使用“==”运算符比较 str1 与 str2 是否相等，即 str1==str2，由于比较的是 str1 和 str2 的引用地址，比较结果为 false。

对于以下代码段：

```
String p1 = "good" ;
String p2 = new String("good") ;
```

当执行语句“String p1 = "good" ; ”时，JVM 在内存中创建一个字符串缓冲池，且在字符串缓冲池中构造一个值为"good"的对象，当执行语句“String p2 = new String("good") ;”时，JVM 首先会在字符串缓冲池中查找是否有"good"字符串，有则将字符串复制到堆中，在堆中创建新字符串的对象变量 p2 并指向堆中的"good"字符串。由此可见 p1 和 p2 的值虽然相同，但其值的存储位置不同。表达式 p1==p2 会判断 p1 和 p2 引用的字符串是否相同，比较结果为 false。表达式 p1.equals(p2)会判断 p1 指向的字符串内容是否与 p2 指向的字符串内容相同，比较结果为 true。

【知识 4-10】认知 Java 基本数据类型的包装类

Java 程序中的数据有基本类型和引用类型两种，与此相对应有基本类型的变量和引用类型的变量。实际应用中，有时要将基本类型的数据构造成一个对象来使用，有时要将对象中保存的基本类型的数据提取出来，这种基本类型数据与引用类型数据的相互转换，需要使用基本数据类型的包装类。

在 Java 中，每一种基本数据类型都有包装类，包装类包括 Byte、Short、Integer、Long、Character、Boolean、Float 和 Double 共 8 个类，分别对应基本类型的 byte、short、int、long、char、boolean、 float 和 double。包装类的对象只包含一个基本类型的字段，通过该字段包装基本类型数据。

（1）创建包装类对象

对于以下变量声明代码：

```
int number1 = 3;
int number2 = 3;
```

如果使用“==”运算符比较 number1 和 number2 两个变量的值，则结果为 true。

创建包装类对象的方法之一是使用基本类型包装类的构造方法，示例代码如下。

```
Integer number3 = new Integer(number1);
Integer number4 = new Integer(number2);
```

此时，如果使用“==”运算符比较 number3 和 number4 两个对象的引用值，则结果为 false。如果使用 equals()方法比较两个对象的内容，则结果为 true，示例代码如下。

```
System.out.print(Objects.equals(number3, number4));
System.out.println(number3.equals(number4));
```

创建包装类对象的方法之二是使用静态方法 valueOf()。valueOf()方法是静态方法，可以直接使用类来调用，示例代码如下。

```
String price = "22449.00";
Double price1 = Double.valueOf(price);
```

（2）提取包装类对象中的基本类型数据

使用包装类对应的 xxxValue()方法可以提取包装类对象中的基本类型数据，这类方法主要包括 byteValue()、shortValue()、intValue()、longValue()、floatValue()、doubleValue()、charValue()、booleanValue()。获取包装类对象中基本类型数据的示例代码如下。

```
Character unit = new Character('¥') ;
System.out.println("单位为：" + unit.charValue()) ;
```

（3）提取字符串中的基本类型数据

使用包装类中的静态方法 parseXxx()，可以将字符串中的基本类型数据提取出来。提取字符串中的基本类型数据的示例代码如下。

```
String number = "5";
int num1 = Integer.parseInt(number) ;
double num1 = Double.parseDouble(number) ;
```

【任务实现】

在项目 Unit04 的 package4 包中创建类 Test4_6，在文件 Test4_6.java 中输入表 4-19 所示的程序代码。

表 4-19　文件 Test4_6.java 的程序代码

序号	程序代码
01	package package4;
02	public class Test4_6 {
03	public static void main(String[ ] args) {
04	int number1 = 3;
05	int number2 = 3;
06	String price = "22449.00";

续表

序号	程序代码
07	char currencyUnit = '¥';
08	String number = "5";
09	System.out.print("两个整型变量值的比较结果：");
10	System.out.println(number1 == number2);　　//两个变量的值相同
11	Integer number3 = new Integer(number1);
12	Integer number4 = new Integer(number2);
13	System.out.print("两个 Integer 包装类对象引用值的比较结果：");
14	System.out.println(number3 == number4);
15	System.out.print("两个 Integer 包装类对象内容的比较结果：");
16	System.out.print(Objects.equals(number3, number4));
17	System.out.print("　");
18	System.out.println(number3.equals(number4));
19	Double price1 = Double.valueOf(price);
20	Character unit = new Character(currencyUnit) ;
21	System.out.println("商品的价格为：" + unit + price1);
22	int num = Integer.parseInt(number);　　　//提取字符串中的基本类型数据
23	System.out.println("提取字符串中基本类型数据的结果为：" + num);
24	}
25	}

【程序运行】

程序 Test4_6.java 的运行结果如下。

```
两个整型变量值的比较结果：true
两个 Integer 包装类对象引用值的比较结果：false
两个 Integer 包装类对象内容的比较结果：true　true
商品的价格为：¥22449.0
提取字符串中基本类型数据的结果为：5
```

【代码解读】

（1）10 行使用“==”运算符比较 number1 和 number2 两个变量的值是否相同，其结果为 true。
（2）11 行、12 行用于创建两个 Integer 包装类对象 number3 和 number4。
（3）14 行使用“==”运算符比较两个 Integer 包装类对象的引用值是否相同，其结果为 false。
（4）16 行和 18 行使用 equals()方法比较两个 Integer 包装类对象的内容是否相同，其结果为 true。
（5）19 行使用静态方法 valueOf()创建 Double 包装类对象。
（6）20 行用于创建包装类 Character 的对象。
（7）22 行使用包装类 Integer 的静态方法 parseInt()将字符串中的整型数据提取出来。

编程拓展

【任务 4-7】设计银行卡模拟系统的类并实现相关操作

【任务描述】

（1）创建银行账户类 Account

创建银行账户类 Account，该类的成员变量包括银行卡卡号、账户名称、密码、账户余额、年利率，该类包含多个获取对象数据的方法，其中包括输出银行卡数据的方法。

（2）创建用户操作类 UserOperate

创建用户操作类 UserOperate，在该类中实现如下所示的 ATM 操作主菜单。

```
        欢迎您使用 ATM 系统
   1－存款      2－查询
   3－取款      4－转账
   0－退卡
    请选择操作类型［0～4］:
```

当用户依次选择 0～4 时，可分别实现退卡、存款、查询、取款和转账操作。如果用户选择“存款”操作，则首先通过键盘输入存款金额，然后完成存款操作；如果用户选择“查询”操作，则输出银行卡相关数据；如果用户选择“取款”操作，则显示如下所示的取款操作界面，用户根据提示选择取款金额进行后续操作；如果用户选择“转账”操作，则首先通过键盘输入转账金额，然后完成转账操作。

```
          取款金额
   1－100       4－1000
   2－200       5－2000
   3－500       6－2500
   7－返回      0－退卡
    请选择取款金额［0～7］:
```

（3）创建账户处理类 TransactionAccount

创建账户处理类 TransactionAccount，该类包括创建账户、查找账户、删除账户、验证用户身份、输出账户信息、存款、取款、转账等多个方法。

（4）创建银行业务类 BankerOperate

创建银行业务类 BankerOperate，该类主要对银行卡进行初始化。

（5）创建银行卡类 BankCard

创建银行卡类 BankCard，该类只实现办卡（即创建银行账户）、识别卡号、验证用户身份的合法性等功能，验证通过后，显示 ATM 的操作主菜单，实现相关操作。

【任务实现】

扫描二维码，浏览电子活页 4-5，熟悉本任务的实现过程。

电子活页 4–5

【程序运行】

（1）运行银行业务程序 BankerOperate.java

银行业务程序 BankerOperate.java 的运行结果如下。

```
目前全部账号信息:
卡号：9558820512000005587   账户名称：高兴   账户余额：100.00 元
卡号：6216617501001332319   账户名称：夏天   账户余额：500.00 元
```

（2）运行银行卡程序 BankCard.java

银行卡程序 BankCard.java 的运行结果如下。

```
请输入正确的密码：888
        欢迎您使用 ATM 系统
```

```
    1-存款          2-查询
    3-取款          4-转账
    0-退卡
    请选择操作类型 [0~4]: 2
卡号: 6216617501001332319  账户名称: 夏天   账户余额: 500.00 元
       欢迎您使用 ATM 系统
    1-存款          2-查询
    3-取款          4-转账
    0-退卡
    请选择操作类型 [0~4]: 1
请输入存款金额: 1000
*************存款*************
您的卡号: 6216617501001332319
账户名称: 夏天
原有金额: 500.0 元
存入金额: 1000.0 元
新的余额: 1500.0 元
存款日期: 2023 年 10 月 28 日
存款成功, 银行卡最终的余额为: 1500.0 元
       欢迎您使用 ATM 系统
    1-存款          2-查询
    3-取款          4-转账
    0-退卡
    请选择操作类型 [0~4]: 3
          取款金额
    1-100           4-1000
    2-200           5-2000
    3-500           6-2500
    7-返回          0-退卡
    请选择取款金额 [0~7]: 2
*************取款*************
您的卡号: 6216617501001332319
账户名称: 夏天
原有金额: 1500.0 元
取出金额: 200.0 元
新的余额: 1300.0 元
取款日期: 2023 年 10 月 28 日
取款成功, 银行卡最终的余额为: 1300.0 元
```

```
        取款金额
    1-100           4-1000
    2-200           5-2000
    3-500           6-2500
    7-返回          0-退卡
    请选择取款金额［0~7］：0
感谢使用，欢迎您下次使用！
```

考核评价

本模块的考核评价表如表4-20所示。

表4-20　模块4的考核评价表

<table>
<tr><td rowspan="6">考核要点</td><td>考核项目</td><td colspan="2">考核内容描述</td><td>标准分</td><td>得分</td></tr>
<tr><td>编程思路</td><td colspan="2">编程思路合理，恰当地声明了变量，选用了合理的语句</td><td>2</td><td></td></tr>
<tr><td>程序代码</td><td colspan="2">程序逻辑合理，程序代码编译成功，实现了规定功能，对可能出现的异常情况进行了预期处理</td><td>9</td><td></td></tr>
<tr><td>运行结果</td><td colspan="2">程序运行正确，测试数据选用合理，运行结果符合要求</td><td>2</td><td></td></tr>
<tr><td>编程规范</td><td colspan="2">命名规范、语句规范、注释规范、缩进规范，代码可读性较强</td><td>2</td><td></td></tr>
<tr><td colspan="3">小计</td><td>15</td><td></td></tr>
<tr><td>评价方式</td><td colspan="2">自我评价</td><td>相互评价</td><td colspan="2">教师评价</td></tr>
<tr><td>考核得分</td><td colspan="2"></td><td></td><td colspan="2"></td></tr>
</table>

归纳总结

面向对象是Java的基本特性之一，对该特性的深刻理解是学好Java的一个关键。本模块通过多个Java程序具体介绍了类的定义和结构、对象的创建与使用、数据封装、类的继承和多态、Java标准类以及基本数据类型的包装类等方面的知识。其中，多态是本模块的难点内容，多态可以提高程序的可读性、可扩展性和维护性，读者应深入理解和掌握相关知识。

模块习题

模块4在线测试

1. 选择题

扫描二维码，完成本模块的在线测试。

2. 编程题

（1）编写一个完整的Java应用程序，包含类Student、TestStudent的定义，其中类TestStudent是主类，其具体要求如下。

① 类Student包含如下成员变量：number（学号）、name（姓名）、sex（性别）、phone（联系电话）、email（E-mail地址）、className（班级名称）。

② 类 Student 包含如下构造方法：无参构造方法 Student()、包含 3 个参数的构造方法 Student(String number , String name , char sex)

③ 类 Student 包含如下主要方法：void setPhone(String phone)、void setEmail(String email)、void setClassName(String class)、public void displayInfo()。

④ 在主类 TestStudent 中用以下数据生成一个类 Student 的对象 stu：学号为 1001，姓名为夏天，性别为男，联系电话为 12312341234，E-mail 地址为 98188@qq.com。

⑤ 在主类 TestStudent 中调用方法 displayInfo()，输出 stu 对象的所有成员变量值。

（2）定义一个研究生子类 Graduate，该类继承自父类 Student。

① 类 Graduate 新增了以下几个成员变量：学位（degree）、婚姻状况（marital）。

② 子类覆盖父类的同名方法 displayInfo()，该方法输出类 Graduate 对象的所有成员变量值。

模块 5
面向对象高级程序设计

Java 面向对象的高级特性主要包括抽象类（Abstract Class）、接口（Interface）、内部类（Inner Class）、枚举类（Enum）、泛型（Generic）、集合（Collection）和多线程等，本模块主要探析 Java 高级特性的编程与应用。

教学导航

教学目标	（1）了解 Java 多继承的实现方法 （2）了解 Java 的多线程技术及其应用 （3）熟悉 Java 的泛型和泛型方法的正确使用方法 （4）掌握 Java 抽象类的定义与使用方法 （5）掌握 Java 接口的定义与使用方法 （6）掌握 Java 的内部类和枚举类的定义与使用方法 （7）掌握 Java 集合的接口和类的应用
教学重点	（1）Java 抽象类的定义与使用方法 （2）Java 接口的定义与使用方法 （3）Java 的泛型和泛型方法的正确使用

身临其境

华为 Mate60 手机的参数如图 5-1 所示，格力 KFR-72LW/NhGm1BAj 空调的参数如图 5-2 所示，某教材的参数如图 5-3 所示。手机、空调、笔记本电脑、音箱、教材都是购物网站待出售的商品，具有一般商品的通用参数，如商品名称、商品编码、品牌等。手机隶属于数码产品子类，空调隶属于电器子类，教材隶属于图书子类，这些商品子类之间可能会有相同的参数，但大部分参数不同。

品牌：华为（HUAWEI）

商品名称：华为Mate60 新品手机 ...	商品编码：10084576691277	商品毛重：500.00g	CPU型号：未公布
运行内存：12GB	机身颜色：雅川青	三防标准：IP68	屏幕分辨率：FHD+
充电功率：50~79W	机身色系：纯色	屏幕材质：OLED直屏	后摄主像素：5000万像素
机身内存：512GB			

图 5-1　华为 Mate60 手机的参数

品牌：格力（GREE）			
商品名称：格力KFR-72LW/NhGm1BAj	商品编码：100010607429	商品毛重：37.5kg	商品产地：中国
操控方式：键控/遥控，App操控	能效等级：一级能效	变频/定频：变频	净化类型：除菌
类型：立柜式	匹数：3	冷暖类型：冷暖	功能：智能调节，自清洁，独立除湿

图 5-2　格力 KFR-72LW/NhGm1BAj 空调的参数

出版社：人民邮电出版社	ISBN：9787115619419	版次：2	商品编码：13816881
品牌：人民邮电出版社	包装：平装	丛书名：名校名师精品系列教材	开本：16开
出版时间：2023-08-01	用纸：胶版纸	页数：284	字数：446000
正文语种：中文			

图 5-3　某教材的参数

手机颜色类型如图 5-4 所示。

图 5-4　手机颜色类型

前导知识

【知识 5-1】认知 Java 面向对象的高级特性

抽象类和接口是 Java 面向对象的重要特性，可以实现面向对象的多态机制。

内部类定义在其他类的内部，并隐藏在外部类之内，同时，不允许同一个包中的其他类访问内部类，从而对内部类提供了更好的封装。

枚举类提供了对枚举类型更好的描述和支持。

泛型可以在存取对象时明确地指明对象的类型，并将问题暴露在编译阶段，由编译器进行检测，避免在运行时出现转型异常，从而增加程序的可读性和稳定性，提高程序的运行效率。

集合是能够容纳其他对象的对象，如模块 2 中介绍的数组就是一种基本的集合对象。集合内的元素与元素之间具有一定的数据结构，并提供了一些有用的算法，从而为程序组织和操纵批量数据提供强有力的支持。

Java 的一个重要特性就是在语言级层面支持多线程程序设计。多线程是指一个程序中包含多个执行流，是实现并发的一种有效手段。

编程实战

5.1 定义并使用 Java 的抽象类

【任务 5-1】定义并继承商品抽象类

【任务描述】

（1）创建 package5 包。

（2）创建商品抽象类 GoodsAbstractClass5_1，并在其中定义多个成员变量（包括商品编码、商品名称、商品数量、商品价格和货币单位等）、多个构造方法和成员方法。

（3）在商品抽象类中定义 2 个抽象方法 displayBaseInfo()、displaySizeInfo()，分别用于输出商品基本信息和商品的尺寸。

（4）创建商品抽象类 GoodsAbstractClass5_1 的抽象子类 GoodsAbstractClassSub1，该子类只实现父类的 1 个抽象方法 displayBaseInfo()。

（5）创建商品抽象类 GoodsAbstractClass5_1 的其他 3 个子类 BooksClassSub2、DigitalClassSub3、ElectricalClassSub4，这 3 个子类实现其父类所有的抽象方法，区别是构造方法的参数个数不同。

（6）创建测试类 Test5_1 和类 AbstractTest。分别调用类 GoodsAbstractClass5_1 的 displayAmount()方法，输出商品总金额；调用类 GoodsAbstractClass5_1 的 displayBaseInfo()、displaySizeInfo()方法，输出商品基本信息和商品的尺寸。

【知识必备】

【知识 5-2】定义 Java 的抽象类和抽象方法

1. 定义抽象类

定义类时，在 class 关键词前面加上一个关键词 abstract，这样的类被定义为抽象类。

定义抽象类的语法格式如下。

```
[访问控制修饰符] abstract class  类名
```

其中，访问控制修饰符可以为 public，或者没有访问控制修饰符。如果访问控制修饰符为 public，则要求类的名称与文件名完全相同。abstract 表示定义的类为抽象类，类名必须是合法的 Java 标识符。

注意　① 抽象类不能实例化，即不能产生抽象类的对象，即使抽象类中没有声明抽象方法，也不能将其实例化。抽象类也可以定义构造方法，但不能使用 new 关键词创建抽象类的实例。

② 抽象类中可以有抽象方法，也可以有非抽象方法，甚至不一定包含抽象方法。如果一个类中有一个方法是抽象方法，则该类必须声明为抽象类，否则会出现编译错误；抽象类如果一个类中所有的方法都是非抽象方法，这样的类也可以定义为抽象类。

③ 一个类继承抽象类时，如果没实现父类中所有的抽象方法，则子类要定义为抽象类；如果实现了父类中所有的抽象方法，则子类定义为普通类。

2. 定义抽象方法

在抽象类中可以定义抽象方法，抽象方法也使用关键词 abstract 来标识。

定义抽象方法的语法格式如下。

```
[访问控制修饰符] abstract  返回类型  方法名([参数列表]) ;
```

在抽象方法中只包含方法的声明部分，不包含方法的实现部分，并直接以“;”结束。如果把抽象类作为父类，则在父类中声明的抽象方法将在子类中具体实现。因为抽象类（父类）的引用可以指向具体的子类对象，所以会执行不同子类重写后的方法，从而形成多态。

注意　① 抽象类中抽象方法的访问控制修饰符不能定义为 private，否则子类无法实现该抽象方法。

② 关键词 final 和 abstract 不能同时用来修饰类与方法，因为使用 final 修饰的类不能被继承，使用 final 修饰的方法不能在子类中重写。

③ 构造方法不能声明为抽象方法。

【任务实现】

在 Apache NetBeans IDE 中创建项目 Unit05 和 package5 包，在项目 Unit05 的 package5 包中创建抽象类 GoodsAbstractClass5_1，在文件 GoodsAbstractClass5_1.java 中输入表 5-1 所示的程序代码。

表 5-1　文件 GoodsAbstractClass5_1.java 的程序代码

序号	程序代码
01	package package5;
02	abstract class GoodsAbstractClass5_1 {
03	String goodsCode;　　//商品编码
04	String goodsName;　　//商品名称
05	int goodsNumber;　　//商品数量
06	double goodsPrice;　　//商品价格
07	char currencyUnit;　　//货币单位
08	//定义无参构造方法
09	public GoodsAbstractClass5_1() {
10	}
11	//定义包含 3 个参数的构造方法
12	public GoodsAbstractClass5_1(int number, double price, char unit) {
13	goodsNumber = number;
14	goodsPrice = price;
15	currencyUnit = unit;
16	}
17	//设置商品编码
18	public void setGoodsCode(String code) {
19	this.goodsCode = code;
20	}
21	//获取商品编码
22	public String getGoodsCode() {
23	return goodsCode;
24	}
25	//设置商品名称
26	public void setGoodsName(String name) {
27	this.goodsName = name;
28	}
29	//获取商品名称
30	public String getGoodsName() {
31	return goodsName;
32	}
33	//设置商品数量
34	public void setGoodsNumber(int number) {
35	this.goodsNumber = number;
36	}
37	//获取商品数量
38	public int getGoodsNumber() {
39	return goodsNumber;
40	}
41	//设置商品价格
42	public void setGoodsPrice(double price) {

续表

序号	程序代码
43	this.goodsPrice = price;
44	}
45	//获取商品价格
46	public double getGoodsPrice() {
47	return goodsPrice;
48	}
49	//输出商品总金额
50	public void displayAmount(double amount, char unit) {
51	if (unit == '元') {
52	System.out.println("商品总金额：" + amount + unit);
53	} else {
54	System.out.println("商品总金额：" + unit + amount);
55	}
56	}
57	//输出商品基本信息
58	public abstract void displayBaseInfo();　　//抽象方法
59	
60	//输出商品的尺寸
61	public abstract void displaySizeInfo();　　//抽象方法
62	}

在项目 Unit05 的 package5 包中创建继承自抽象类 GoodsAbstractClass5_1 的子类 GoodsAbstractClassSub1、BooksClassSub2、DigitalClassSub3、ElectricalClassSub4，这些子类的程序代码分别如表 5-2～表 5-5 所示，这些子类对应不同的文件。子类 GoodsAbstractClassSub1 没有实现其父类 GoodsAbstractClass5_1 所有的抽象方法，因此要定义成抽象类；其他 3 个子类由于实现了其父类所有的抽象方法，只需定义为普通类即可。

表 5-2　子类 GoodsAbstractClassSub1 的程序代码

序号	程序代码
01	//继承了抽象类 GoodsAbstractClass5_1，但没有实现其所有的抽象方法，因此定义成抽象类
02	abstract class GoodsAbstractClassSub1 extends GoodsAbstractClass5_1 {
03	@Override
04	public void displayBaseInfo() {
05	System.out.println("商品基本信息如下：");
06	System.out.println("【商品编码】：" + goodsCode);
07	System.out.println("【商品名称】：" + goodsName);
08	System.out.println("【商品价格】：" + goodsPrice);
09	}
10	}

表 5-3　子类 BooksClassSub2 的程序代码

序号	程序代码
01	class BooksClassSub2 extends GoodsAbstractClass5_1 {
02	int format;　//开本
03	BooksClassSub2(int format) {

续表

序号	程序代码
04	this.format = format;
05	}
06	//输出图书的基本信息
07	@Override
08	public void displayBaseInfo() {
09	System.out.println("图书的基本信息如下：");
10	System.out.println("【图书的编码】：" + goodsCode);
11	System.out.println("【图书的名称】：" + goodsName);
12	}
13	//输出图书的开本
14	@Override
15	public void displaySizeInfo() {
16	System.out.println("图书的开本为：" + format + "开");
17	}
18	}

表 5-4　子类 DigitalClassSub3 的程序代码

序号	程序代码
01	class DigitalClassSub3 extends GoodsAbstractClass5_1 {
02	String resolution;　//分辨率
03	DigitalClassSub3(int resolutionX, int resolutionY) {
04	this.resolution = "HVGA(" + resolutionX + "*" + resolutionY + ")";
05	}
06	@Override
07	//输出数码产品的基本信息
08	public void displayBaseInfo() {
09	System.out.println("数码产品的基本信息如下：");
10	System.out.println("【数码产品的编码】：" + goodsCode);
11	System.out.println("【数码产品的名称】：" + goodsName);
12	}
13	@Override
14	//输出数码产品的分辨率
15	public void displaySizeInfo() {
16	System.out.println("数码产品的分辨率：" + resolution);
17	}
18	}

表 5-5　子类 ElectricalClassSub4 的程序代码

序号	程序代码
01	class ElectricalClassSub4 extends GoodsAbstractClass5_1 {
02	String size;　//规格尺寸
03	//定义子类的构造方法
04	ElectricalClassSub4(double length, double width, double height) {
05	this.size = length + "*" + width + "*" + height + "（mm³）";
06	}

续表

序号	程序代码
07	//输出电器产品的基本信息
08	@Override
09	public void displayBaseInfo() {
10	System.out.println("电器产品的基本信息如下：");
11	System.out.println("【电器产品的编码】：" + goodsCode);
12	System.out.println("【电器产品的名称】：" + goodsName);
13	}
14	//输出电器产品的机身尺寸
15	@Override
16	public void displaySizeInfo() {
17	System.out.println("电器产品机身尺寸（长*宽*厚）：" + size);
18	}
19	}

在项目 Unit05 的 package5 包中创建测试类 Test5_1 和类 AbstractTest，在文件 Test5_1.java 中输入表 5-6 所示的程序代码。

表 5-6　文件 Test5_1.java 的程序代码

序号	程序代码
01	package package5;
02	public class Test5_1 {
03	public static void main(String[ ] args) {
04	//创建并使用类对象
05	AbstractTest test = new AbstractTest();
06	GoodsAbstractClass5_1 obj1, obj2, obj3;
07	obj1 = new BooksClassSub2(16);
08	obj2 = new DigitalClassSub3(1920, 1080);
09	obj3 = new ElectricalClassSub4(1284, 857, 270);
10	test.printInfo(obj1, "12911504", "Java 程序设计案例教程");
11	obj1.displayAmount(59.80, '￥');　//调用父类方法
12	System.out.println("*************************");
13	test.printInfo(obj2, "100068077972", "华为 Mate 60");
14	obj2.displayAmount(6799.00, '￥');　//调用父类方法
15	System.out.println("*************************");
16	test.printInfo(obj3, "185038089998", "Redmi 红米 K60");
17	obj3.displayAmount(3799.00, '￥');　//调用父类方法
18	}
19	}
20	
21	class AbstractTest {
22	public void printInfo(GoodsAbstractClass5_1 obj, String code, String name) {
23	obj.goodsCode = code;
24	obj.goodsName = name;
25	obj.displayBaseInfo();
26	obj.displaySizeInfo();
27	}
28	}

【程序运行】

程序 Test5_1.java 的运行结果如下。

```
图书的基本信息如下:
【图书的编码】: 12911504
【图书的名称】: Java 程序设计案例教程
图书的开本为: 16 开
商品总金额: ¥59.8
*************************
数码产品的基本信息如下:
【数码产品的编码】: 100068077972
【数码产品的名称】: 华为 Mate 60
数码产品的分辨率: HVGA(1920*1080)
商品总金额: ¥6799.0
*************************
电器产品的基本信息如下:
【电器产品的编码】: 185038089998
【电器产品的名称】: Redmi 红米 K60
电器产品机身尺寸(长*宽*厚): 1284.0*857.0*270.0 (mm³)
商品总金额: ¥3799.0
```

【代码解读】

(1)表 5-1 的 02 行使用关键词 abstract 表示创建的类是抽象类。

(2)表 5-1 的 58 行和 61 行使用关键词 abstract 声明抽象方法。

(3)表 5-6 的 06 行创建抽象类 GoodsAbstractClass5_1 的 3 个对象,07~09 行表示抽象类引用分别指向其子类对象。

(4)表 5-6 的 22 行的 printInfo()方法的参数 obj 可以指向 BooksClassSub2、DigitalClassSub3 和 ElectricalClassSub4 对象,调用子类中的重写方法 displayBaseInfo()和 displaySizeInfo()。

5.2 定义并使用 Java 的接口

在 Java 中,类的继承是单继承,一个类只能有一个直接父类。如果要实现多继承,则可以通过接口实现,一个类可以同时实现多个接口从而实现多继承,这样既避免了多继承的复杂性,又达到了多继承的效果。

【任务 5-2】定义并实现商品接口

【任务描述】

(1)创建商品接口 GoodsInterface5_2,在该接口中定义两个静态常量 currencyUnit1 和 currencyUnit2,用来存储两种不同的货币单位。另外,在该接口中定义两个抽象方法 displayBaseInfo()、displayAmount(),分别用于输出商品基本信息和商品总金额。

(2)创建实现 GoodsInterface5_2 的类 GoodsAbstractClass1 和 GoodsClass2,其中类

GoodsAbstractClass1 定义成抽象类，只实现接口的 displayAmount()方法；类 GoodsClass2 定义成普通类，实现接口所有的抽象方法。

（3）创建测试类 Test5_2，在该类中分别通过类对象和接口对象访问类的成员方法。

【知识必备】

【知识 5-3】定义并实现 Java 接口

Java 中的接口是一种引用数据类型。通过接口可以实现不相关类的相同行为，且无须考虑这些类的关系。接口只包含终态变量（相当于常量）和方法的声明，而没有值可以变化的变量和方法的实现，且其方法都是抽象方法。通过接口指明多个类需要实现的方法，可以使得设计与实现相分离。接口的实现者只是实现了接口的定义者声明的方法。

1. 定义接口

定义接口的语法格式如下。

```
[访问控制修饰符] [abstract] interface 接口名 [extends 父接口名，…… ] {
    [成员变量定义]
    [成员方法定义]
}
```

（1）访问控制修饰符可以为 public 或默认值。如果接口声明为 public，则接口名与文件名必须相同。因为接口本身是抽象的，所以接口不能用 final 修饰。

（2）关键词 abstract 是可选项，可以省略。

（3）接口名必须符合 Java 标识符命名规则。

（4）接口与接口之间可以继承，并且一个接口可以同时继承多个接口，多个接口之间用逗号分隔。

（5）在接口中可以定义成员变量和成员方法，但接口中的变量和方法有特定的要求。接口中定义的成员变量默认具有 public、static、final 属性，也就是说接口中定义的变量为常量，即使没有加 final 关键词，也默认为常量，这些常量在定义时必须赋值，赋值后其值不能改变。接口中定义的成员方法默认具有 public、abstract 属性，接口中的所有方法都是抽象的，抽象方法不能用 static 修饰。

（6）如果没有指定接口成员方法和成员变量的 public 访问权限，则 Java 将其隐式地声明为 public。

2. 实现接口

接口与接口之间可以有继承关系，而类与接口之间是实现（Implements）关系，即类实现了接口。实现接口的语法格式如下。

```
访问控制修饰符 class 类名 [extends 父类名] [implements 接口 1, [接口 2] …… ] {
    // 类体
}
```

实现接口的类定义与一般类定义基本相似，但存在以下方面的区别。

（1）接口列表中可以有多个接口，多个接口之间用逗号分隔。

（2）一个类实现接口时，要实现接口中所有的抽象方法，否则这个类必须定义为抽象类。

（3）因为接口中抽象方法的访问权限默认为 public，在类中实现抽象方法时其访问权限不能降低，所以这些抽象方法在类中重写后访问权限只能为 public。

【知识 5-4】区分 Java 接口与抽象类

接口与抽象类在本质上是不同的。当类继承抽象类时，子类与抽象类之间有继承关系；当类实现接口时，类与接口之间没有继承关系。

（1）接口与抽象类的共同点

① 两者都包含抽象方法，且多个类共用方法的参数列表和返回值。

② 两者都不能被实例化。

③ 两者都是引用数据类型，其变量可被赋值为子类或实现接口类的对象。

（2）接口与抽象类的区别

① 接口使用 interface 来声明，抽象类使用 abstract class 来声明。

② 类只能继承一个抽象类，但可以同时实现多个接口。

③ 抽象类中的成员变量定义与非抽象类中的成员变量定义相同，子类可以对成员变量赋值；但接口中的成员变量的默认属性为 public、static、final，只能声明为常量。

④ 抽象类中可以定义抽象方法，也可以定义非抽象方法，还可以定义构造方法；但接口中只能定义抽象方法，不能定义非抽象方法和构造方法。

⑤ 抽象类中的抽象方法前必须使用 abstract 来修饰，且访问控制修饰符可以是 public、protected 和默认值这 3 种中的任意一种；而接口中的成员方法的默认属性为 abstract 和 public。

【任务实现】

在项目 Unit05 的 package5 包中创建接口 GoodsInterface5_2，并输入表 5-7 所示的程序代码。该接口中定义了两个静态常量 currencyUnit1 和 currencyUnit2，其中常量 currencyUnit1 使用 public、static 和 final 显式声明；常量 currencyUnit2 没有显式声明属性 static 和 final，但因为接口中的成员变量的默认属性为 public、static 和 final，所以 currencyUnit2 的属性与 currencyUnit1 的属性相同。另外，接口 GoodsInterface5_2 中定义了两个抽象方法。

表 5-7 接口 GoodsInterface5_2 的程序代码

序号	程序代码
01	package package5;
02	public interface GoodsInterface5_2 {
03	public static final char currencyUnit1 = '¥';　　//货币单位 1
04	public String currencyUnit2 = "元";　　//货币单位 2
05	//输出商品基本信息
06	abstract void displayBaseInfo();　　//抽象方法
07	//输出商品总金额
08	void displayAmount(double amount);　　//抽象方法
09	}

在项目 Unit05 的 package5 包中创建实现接口 GoodsInterface5_2 的类 GoodsAbstractClass1，其程序代码如表 5-8 所示，由于该类没有实现接口所有的抽象方法，因此要定义为抽象类。

表 5-8 实现接口 GoodsInterface5_2 的类 GoodsAbstractClass1 的程序代码

序号	程序代码
01	package package5;
02	abstract class GoodsAbstractClass1 implements GoodsInterface5_2 {
03	@Override
04	public void displayAmount(double amount) {
05	System.out.println("商品总金额：" + amount);

续表

序号	程序代码
06	}
07	}

在项目 Unit05 的 package5 包中创建实现接口 GoodsInterface5_2 的类 GoodsClass2，其程序代码如表 5-9 所示，由于该类实现了接口所有的抽象方法，因此可以定义为普通类。

表 5-9　实现接口 GoodsInterface5_2 的类 GoodsClass2 的程序代码

序号	程序代码
01	package package5;
02	class GoodsClass2 implements GoodsInterface5_2 {
03	String goodsCode;　//商品编码
04	String goodsName;　//商品名称
05	int goodsNumber;　//商品数量
06	double goodsPrice;　//商品价格
07	public GoodsClass2(String code, String name, double price) {
08	goodsCode = code;
09	goodsName = name;
10	goodsPrice = price;
11	}
12	@Override
13	public void displayBaseInfo() {
14	System.out.println("商品基本信息如下：");
15	System.out.println("【商品编码】：" + goodsCode);
16	System.out.println("【商品名称】：" + goodsName);
17	System.out.println("【商品价格】：" + currencyUnit1 + goodsPrice);
18	}
19	@Override
20	public void displayAmount(double amount) {
21	System.out.println("商品总金额：" + amount + currencyUnit2);
22	}
23	}

在项目 Unit05 的 package5 包中创建测试类 Test5_2，在文件 Test5_2.java 中输入表 5-10 所示的程序代码。

表 5-10　文件 Test5_2.java 的程序代码

序号	程序代码
01	package package5;
02	public class Test5_2 {
03	public static void main(String[ ] args) {
04	//创建类对象
05	GoodsClass2 objGoods1 = new GoodsClass2("100068077972", "华为 Mate 60", 6799.00);
06	System.out.println("货币单位 1 为：" + GoodsClass2.currencyUnit1);
07	objGoods1.displayBaseInfo();　　　　//通过类对象访问类的成员方法
08	objGoods1.displayAmount(6799.00);　　//通过类对象访问类的成员方法
09	System.out.println("**************************");

续表

序号	程序代码
10	//创建接口对象
11	GoodsInterface5_2 objGoods2 = new GoodsClass2("185038089998",
12	"Redmi 红米 K60", 3799.00);
13	System.out.println("货币单位 2 为：" + GoodsInterface5_2.currencyUnit2);
14	objGoods2.displayBaseInfo(); //通过接口对象访问类的成员方法
15	objGoods2.displayAmount(3799.00); //通过接口对象访问类的成员方法
16	}
17	}

【程序运行】

程序 Test5_2.java 的运行结果如下。

```
货币单位 1 为：￥
商品基本信息如下：
【商品编码】：100068077972
【商品名称】：华为 Mate 60
【商品价格】：￥6799.0
商品总金额：6799.0 元
**************************
货币单位 2 为：元
商品基本信息如下：
【商品编码】：185038089998
【商品名称】：Redmi 红米 K60
【商品价格】：￥3799.0
商品总金额：3799.0 元
```

【代码解读】

（1）表 5-7 的 03 行显式声明了一个常量，04 行隐式声明了一个常量。

（2）表 5-8 的类 GoodsAbstractClass1 只实现了接口 GoodsInterface5_2 的一个抽象方法，所以该类要定义为抽象类。

（3）表 5-10 的 11 行用于创建接口对象，通过接口对象获取类 GoodsClass2 对象的引用，14 行、15 行通过接口对象访问类的成员方法，且只能访问接口中定义的方法。

5.3 探析 Java 多继承的实现方法

在 C++中，一个类可以同时继承多个父类。为了避免语义上的复杂性，Java 中类是单继承的，而多继承可以通过多个接口实现。当子类继承父类并实现接口时，关键词 extends 在 implements 之前。

【任务 5-3】实现商品类多继承并访问成员方法

【任务描述】

（1）创建 1 个抽象类 AbstractClass5_3，在该类中定义 1 个抽象方法 displayBaseInfo()，用于输出商品的基本信息。

（2）创建 2 个接口 Interface1 和 Interface2。在接口 Interface1 中定义 1 个抽象方法 displayResolution()，用于输出商品的分辨率；在接口 Interface2 中定义 1 个抽象方法 displaySize()，用于输出商品的机身尺寸。

（3）创建继承自 AbstractClass5_3 的子类 GoodsClassSub1。在该子类中声明 3 个成员变量（包括商品编码、商品名称和商品价格）、1 个构造方法，以及 1 个成员方法 displayGoodsType()，该成员方法用于输出商品的类别，实现其父类的抽象方法 displayBaseInfo()。

（4）创建类 GoodsClassSub2，实现接口 Interface1。在该类中实现接口的抽象方法 displayResolution()，并且声明 1 个成员方法 displayGoodsType()，用于输出商品的类别。

（5）创建类 GoodsClassSub3，实现接口 Interface2。在该类中实现接口的抽象方法 displaySize()，并且声明 1 个成员方法 displayGoodsType()，用于输出商品的类别。

（6）创建继承自抽象类 AbstractClass5_3 的子类 GoodsMultiInherit5_3，该类要求同时实现 2 个接口，并实现抽象类和接口中所有的抽象方法。

（7）创建测试类 Test5_3_1，测试类 AbstractClass5_3 的对象对其自身的成员方法以及子类的成员方法的可访问性；测试接口类型的变量对其自身的成员方法以及实现类的成员方法的可访问性；测试接口类型引用强制转换成具体对象类型的引用后，接口类型的变量对其实现类的成员方法的可访问性。

（8）创建测试类 Test5_3_2，测试多继承的可访问性。通过子类对象访问父类的成员方法和接口的成员方法。通过接口类型的变量引用类对象，访问接口的成员方法，将接口类型的引用强制转换为具体对象类型后访问类 AbstractClass5_3 的成员方法。

【知识必备】

【知识 5-5】认知 Java 多继承与访问成员方法

（1）由于接口中的所有方法都是抽象方法，当类实现多个接口时，多个接口中的同名抽象方法在类中只有一个实现，从而避免了多继承后语义上的复杂性。

（2）当类实现多个接口时，该类的对象可以被多个接口类型的变量引用。

（3）通过接口类型的变量引用类对象时，只能访问接口中定义的方法，如果要访问实现接口的类中定义的方法，则需要将接口类型引用强制转换为类对象的引用。在转换之前可以使用 instanceof 测试引用指向对象的实际类型。

【任务实现】

（1）在项目 Unit05 的 package5 包中创建抽象类 AbstractClass5_3，其程序代码如表 5-11 所示。

表 5-11　抽象类 AbstractClass5_3 的程序代码

序号	程序代码
01	package package5;
02	abstract class AbstractClass5_3 {
03	abstract void displayBaseInfo();
04	}

（2）在项目 Unit05 的 package5 包中创建接口 Interface1，其程序代码如表 5-12 所示。

表 5-12　接口 Interface1 的程序代码

序号	程序代码
01	package package5;
02	public interface Interface1 {

续表

序号	程序代码
03	//输出商品的分辨率
04	void displayResolution(int resolutionX, int resolutionY); //默认属性为 abstract 和 public
05	}

（3）在项目 Unit05 的 package5 包中创建接口 Interface2，其程序代码如表 5-13 所示。

表 5-13 接口 Interface2 的程序代码

序号	程序代码
01	package package5;
02	public interface Interface2 {
03	//输出商品的机身尺寸，默认属性为 abstract 和 public
04	void displaySize(double length, double width, double height);
05	}

（4）在项目 Unit05 的 package5 包中创建 3 个类，其名称分别为 GoodsClassSub1、GoodsClassSub2、GoodsClassSub3，对应的程序代码如表 5-14 所示。

表 5-14 类 GoodsClassSub1、GoodsClassSub2、GoodsClassSub3 对应的程序代码

序号	程序代码
01	class GoodsClassSub1 extends AbstractClass5_3{
02	String goodsCode; //商品编码
03	String goodsName; //商品名称
04	double goodsPrice; //商品价格
05	public GoodsClassSub1(String code, String name, double price) {
06	goodsCode = code;
07	goodsName = name;
08	goodsPrice = price;
09	}
10	@Override
11	public void displayBaseInfo() {
12	System.out.println("商品基本信息如下：");
13	System.out.println("【商品编码】: " + goodsCode);
14	System.out.println("【商品名称】: " + goodsName);
15	System.out.println("【商品价格】: ¥" + goodsPrice);
16	}
17	//输出商品类别
18	public void displayGoodsType(String type) {
19	System.out.println("【商品类别】: "+ type);
20	}
21	}
22	
23	class GoodsClassSub2 implements Interface1 {
24	String resolution; //分辨率
25	//输出手机的分辨率
26	@Override
27	public void displayResolution(int resolutionX, int resolutionY) {

续表

序号	程序代码
28	this.resolution = "HVGA(" + resolutionX + "*" + resolutionY + ")";
29	System.out.println("手机的分辨率：" + resolution);
30	}
31	//输出商品类别
32	public void displayGoodsType(String type) {
33	System.out.println("【商品类别】："+ type);
34	}
35	}
36	
37	class GoodsClassSub3 implements Interface2 {
38	String size; //机身尺寸
39	//输出电器产品机身尺寸
40	@Override
41	public void displaySize(double length, double width, double height) {
42	this.size = length + "*" + width + "*" + height + "（mm³）";
43	System.out.println("电器产品机身尺寸（长*宽*厚）：" + size);
44	}
45	//输出商品类别
46	public void displayGoodsType(String type) {
47	System.out.println("【商品类别】："+ type);
48	}
49	}

（5）在项目 Unit05 的 package5 包中创建子类 GoodsMultiInherit5_3，其程序代码如表 5-15 所示。

表 5-15　子类 GoodsMultiInherit5_3 的程序代码

序号	程序代码
01	package package5;
02	public class GoodsMultiInherit5_3 extends AbstractClass5_3 implements Interface1, Interface2 {
03	String goodsCode;　　//商品编码
04	String goodsName;　　//商品名称
05	double goodsPrice;　　//商品价格
06	String resolution;　　//分辨率
07	String size;　　//规格尺寸
08	public GoodsMultiInherit5_3(String code, String name, double price) {
09	goodsCode = code;
10	goodsName = name;
11	goodsPrice = price;
12	}
13	//输出手机的分辨率
14	@Override
15	public void displayResolution(int resolutionX, int resolutionY) {
16	this.resolution = "HVGA(" + resolutionX + "*" + resolutionY + ")";
17	System.out.println("手机的分辨率：" + resolution);
18	}
19	//输出电器产品机身尺寸
20	@Override

续表

序号	程序代码
21	`        public void displaySize(double length, double width, double height) {`
22	`            this.size = length + "*" + width + "*" + height + " （mm³）";`
23	`            System.out.println("电器产品机身尺寸（长*宽*厚）：" + size);`
24	`        }`
25	`        @Override`
26	`        public void displayBaseInfo() {`
27	`            System.out.println("商品基本信息如下：");`
28	`            System.out.println("【商品编码】：" + goodsCode);`
29	`            System.out.println("【商品名称】：" + goodsName);`
30	`            System.out.println("【商品价格】：￥" + goodsPrice);`
31	`        }`
32	`    }`

（6）在项目 Unit05 的 package5 包中创建测试类 Test5_3_1，在文件 Test5_3_1.java 中输入表 5-16 所示的程序代码。

表 5-16　文件 Test5_3_1.java 的程序代码

序号	程序代码
01	`package package5;`
02	`public class Test5_3_1 {`
03	`  public static void main(String[ ] args) {`
04	`    AbstractClass5_3 objGoods1;          //声明 AbstractClass5_3 类对象`
05	`    Interface1 objInterface2;            //声明接口对象`
06	`    Interface2 objInterface3;            //声明接口对象`
07	`    objGoods1 = new GoodsClassSub1("100068077972", "华为 Mate 60", 6799.00);`
08	`    objInterface2 = new GoodsClassSub2();`
09	`    objInterface3 = new GoodsClassSub3();`
10	`    //通过父类对象访问父类的成员方法`
11	`    objGoods1.displayBaseInfo();`
12	`    //objGoods1.displayGoodsType("基本商品");       //无法直接访问子类的成员方法`
13	`    objInterface2.displayResolution(1920, 1080);    //通过接口类型的变量访问接口的成员方法`
14	`    //objInterface2.displayGoodsType("数码产品");   //无法直接访问实现类的成员方法`
15	`    objInterface3.displaySize(1284, 857, 270);      //通过接口类型的变量访问接口的成员方法`
16	`    //objGoods3.displayGoodsType("电器产品");       //无法直接访问实现类的成员方法`
17	`    //类型测试与类型强制转换`
18	`    if (objGoods1 instanceof AbstractClass5_3) {`
19	`      System.out.println("objGoods1 引用所指向的对象可以看作 AbstractClass5_3 类型");`
20	`    }`
21	`    if (objGoods1 instanceof GoodsClassSub1 goodsClassSub1) {`
22	`      System.out.println("objGoods1 引用所指向的对象是 GoodsClassSub1 类型");`
23	`        goodsClassSub1.displayGoodsType("通用产品");`
24	`    }`
25	`    if (objInterface2 instanceof AbstractClass5_3) {`
26	`      System.out.println("objInterface2 引用所指向的对象可以看作 AbstractClass5_3 类型");`
27	`    }`
28	`    if (objInterface2 instanceof GoodsClassSub2 goodsClassSub2) {`
29	`      System.out.println("objInterface2 引用所指向的对象是 GoodsClassSub2 类型");`

续表

序号	程序代码
30	goodsClassSub2.displayGoodsType("数码产品");
31	}
32	if (objInterface3 instanceof AbstractClass5_3) {
33	System.out.println("objInterface3 引用所指向的对象可以看作 AbstractClass5_3 类型");
34	}
35	if (objInterface3 instanceof GoodsClassSub3 goodsClassSub3) {
36	System.out.println("objInterface3 引用所指向的对象是 GoodsClassSub3 类型");
37	goodsClassSub3.displayGoodsType("电器产品");
38	}
39	}
40	}

（7）在项目 Unit05 的 package5 包中创建测试类 Test5_3_2，在文件 Test5_3_2.java 中输入表 5-17 所示的程序代码。

表 5-17　文件 Test5_3_2.java 的程序代码

序号	程序代码
01	package package5;
02	public class Test5_3_2 {
03	public static void main(String[ ] args) {
04	GoodsMultiInherit5_3 objGoods1 = new GoodsMultiInherit5_3("100068077972",
05	"华为 Mate 60", 6799.00);
06	objGoods1.displayBaseInfo();　　//通过子类对象访问父类的成员方法
07	objGoods1.displayResolution(1920, 1080);　　//通过子类对象访问接口的成员方法
08	Interface2 objGoods2 = new GoodsMultiInherit5_3("185038089998", "Redmi 红米 K60",
09	3799.00);
10	((GoodsMultiInherit5_3)objGoods2).displayBaseInfo();
11	objGoods2.displaySize(1284, 857, 270);　　//通过接口类型的变量访问接口的成员方法
12	}
13	}

【程序运行】

（1）程序 Test5_3_1.java 的运行结果如下。

```
商品基本信息如下：
【商品编码】：100068077972
【商品名称】：华为 Mate 60
【商品价格】：￥6799.0
手机的分辨率：HVGA(1920*1080)
电器产品机身尺寸（长*宽*厚）：1284.0*857.0*270.0 （mm³）
objGoods1 引用所指向的对象可以看作 AbstractClass5_3 类型
objGoods1 引用所指向的对象是 GoodsClassSub1 类型
【商品类别】：通用产品
objInterface2 引用所指向的对象是 GoodsClassSub2 类型
```

```
【商品类别】：数码产品
objInterface3 引用所指向的对象是 GoodsClassSub3 类型
【商品类别】：电器产品
```

（2）程序 Test5_3_2.java 的运行结果如下。

```
商品基本信息如下：
【商品编码】：100068077972
【商品名称】：华为 Mate 60
【商品价格】：¥6799.0
手机的分辨率：HVGA(1920*1080)
商品基本信息如下：
【商品编码】：185038089998
【商品名称】：Redmi 红米 K60
【商品价格】：¥3799.0
电器产品机身尺寸（长*宽*厚）：1284.0*857.0*270.0 （mm³）
```

【代码解读】

（1）表 5-15 创建了子类 GoodsMultiInherit5_3，该类继承自类 AbstractClass5_3 并实现了两个接口 Interface1 和 Interface2，关键词 extends 在 implements 之前。

（2）表 5-16 的 18 行、21 行、25 行、28 行、32 行、35 行使用关键词 instanceof 测试引用指向的对象的类型是否为类、接口或子类。

（3）表 5-17 的 10 行将接口类型引用强制转换成具体对象类型的引用。

5.4 定义并使用 Java 的内部类

一个类被嵌套定义在另一个类中，称为内部类，也称为嵌套类，包含内部类的类称为外部类。与外部类一样，内部类也可以有成员变量和成员方法，内部类可以直接访问外部类的所有成员（包括 private 成员）；但是外部类不能直接访问内部类的成员，必须创建内部类的对象，并使用对象访问内部类的成员变量和调用内部类的成员方法。

【任务 5-4】定义并使用商品内部类

【任务描述】

（1）创建外部类 GoodsOuterClass5_4，在该外部类中定义 3 个成员变量（商品编码、商品名称、商品数量）、2 个构造方法、2 个成员方法（displayBaseInfo()方法用于输出商品基本信息，printOut()方法用于创建内部类的对象，并调用内部类对象的成员方法）。

（2）在外部类的内部定义内部类 GoodsInnerClass，在该内部类方法中定义 3 个变量（商品数量、商品价格、货币单位）、2 个构造方法、3 个成员方法（calAmount()方法用于计算商品总金额，displayAmount()方法用于输出商品总金额，printVariable()方法用于访问局部变量、内部类和外部类的同名私有成员变量）。

（3）创建测试类 Test5_4，在该测试类中创建外部类的对象，再通过外部类对象创建内部类的对象，通过外部类的构造方法创建非静态内部类对象，并调用内部类对象的方法。

（4）在测试类 Test5_4 中创建外部类的对象，测试是否可以通过内部类的成员方法 printVariable()

访问内部类成员方法的局部变量、外部类和内部类的同名私有成员变量。

【知识必备】

【知识 5-6】定义并使用 Java 内部类

内部类的定义有两种：作为外部类的一个成员来定义；在外部类的方法中定义。

外部类的成员可以是变量和方法，也可以是一个类。作为外部类成员的内部类与其他外部类成员一样，访问控制修饰符可以为 public、protected、private 或默认值。非静态内部类与外部类中的其他非静态成员一样依赖外部类对象，要在创建外部类对象之后才能创建内部类对象。

内部类对象既可以在外部类的成员方法中创建，又可以在外部类之外创建。在外部类的成员方法中创建内部类对象的语法格式与创建外部类对象的语法格式相同。在外部类之外创建内部类对象的语法格式有以下两种形式。

```
外部类类名.内部类类名 引用变量=外部类对象引用.new 内部类构造方法名()；
外部类类名.内部类类名 引用变量=new 外部类构造方法名.new 内部类构造方法名()；
```

假设外部类类名为 OutClass，内部类类名为 InClass，则在外部类之外创建内部类对象的代码如下。

第一种方法：先创建外部类对象，代码为 OutClass out=new OutClass();；再通过外部类对象 out 创建内部类对象，代码为 OutClass.InClass in=out.new InClass();。

第二种方法：直接创建非静态内部类对象，代码为 OutClass.InClass in=new OutClass().new InClass();。

非静态内部类作为外部类的一个成员，可以访问外部类中的所有成员，包括外部类中的 private 成员。在外部类的成员也可以访问内部类的所有成员（包括 private 成员），但访问之前要创建内部类对象。

注意  **非静态内部类中不能定义静态成员变量、静态方法和静态代码块，否则会出现编译错误。**

在定义内部类时，内部类的类名不能与外部类的类名相同，但内部类成员的名称可以与外部类成员的名称相同。当内部类成员方法中的局部变量、内部类成员变量、外部类成员变量的名称相同时，有效的是局部变量名。

内部类成员变量的访问形式：this.内部类成员变量名。

外部类成员变量的访问形式：外部类类名.this.外部类成员变量名。

【任务实现】

电子活页 5-1

（1）在项目 Unit05 的 package5 包中创建外部类 GoodsOuterClass5_4。

扫描二维码，浏览电子活页 5-1，熟悉文件 GoodsOuterClass5_4.java 的程序代码。

（2）在项目 Unit05 的 package5 包中创建测试类 Test5_4，在文件 Test5_4.java 中输入表 5-18 所示的程序代码。

表 5-18 文件 Test5_4.java 的程序代码

序号	程序代码
01	package package5;
02	public class Test5_4 {
03	public static void main(String[ ] args) {

续表

序号	程序代码
04	//创建外部类的对象
05	GoodsOuterClass5_4 objOuter1 = new GoodsOuterClass5_4("100068077972",
06	"华为 Mate 60");
07	//调用外部类对象的方法
08	objOuter1.displayBaseInfo();
09	objOuter1.printOut();
10	//通过外部类对象创建内部类的对象
11	GoodsOuterClass5_4.GoodsInnerClass objInner1 =
12	objOuter1.new GoodsInnerClass(6799.00, 3, '¥');
13	//调用内部类对象的方法
14	objInner1.displayAmount();
15	//直接创建非静态内部类对象
16	GoodsOuterClass5_4.GoodsInnerClass objInner2 =
17	new GoodsOuterClass5_4().new GoodsInnerClass(6799.00, 7, '¥');
18	//调用内部类对象的方法
19	objInner2.displayAmount();
20	//创建外部类的对象
21	GoodsOuterClass5_4 objOuter2 = new GoodsOuterClass5_4(4);
22	GoodsOuterClass5_4.GoodsInnerClass objInner3 = objOuter2.new GoodsInnerClass(6);
23	objInner3.printVariable();
24	}
25	}

【程序运行】

程序 Test5_4.java 的运行结果如下。

```
商品基本信息如下：
【商品编码】：100068077972
【商品名称】：华为 Mate 60
商品总金额：¥13598.0
商品总金额：¥20397.0
商品总金额：¥47593.0
内部类的成员方法中的局部变量的值为：goodsNumber=5
内部类中成员变量的值为：this.goodsNumber=6
外部类中成员变量的值为：GoodsOuterClass.this.goodsNumber=4
```

【代码解读】

（1）电子活页 5-1 中的 32～67 行在类 GoodsOuterClass5_4 中定义了类 GoodsInnerClass，类 GoodsOuterClass5_4 为外部类，类 GoodsInnerClass 为内部类。在内部类 GoodsInnerClass 中定义了 3 个成员变量、2 个构造方法及 2 个成员方法。

（2）电子活页 5-1 中的 61 行访问了内部类 GoodsInnerClass 成员方法中的局部变量 goodsNumber，63 行使用 this 访问内部类 GoodsInnerClass 的成员变量 goodsNumber，65 行使用“外部类类名.this.外部类成员变量名”的方式访问外部类 GoodsOuterClass 的成员变量。

（3）表 5-18 中 05 行创建了一个外部类的对象 objOuter1，11 行、12 行通过外部类对象 objOuter1 创建内部类对象，16 行、17 行直接创建非静态内部类对象。

【问题探究】

【问题 5-1】探析静态内部类及其对象的创建与使用

【实例验证】

在项目 Unit05 的 unit05 包中创建类 Example5_1，在文件 Example5_1.java 中输入表 5-19 所示的程序代码。在表 5-19 所示的程序代码中，定义了一个非静态外部类 Example5_1，在该外部类中定义两个私有成员变量（商品编码和商品名称）和一个静态成员变量（商品类别）。在外部类 Example5_1 中定义一个静态内部类 GoodsInnerClass，在该内部类中定义两个私有成员变量（商品数量和商品价格）和一个静态成员变量（货币单位），在该内部类中定义一个方法 printInner()，通过该方法访问外部类的静态成员变量和内部类的所有成员变量。

表 5-19　文件 Example5_1.java 的程序代码

序号	程序代码
01	package unit05;
02	//定义非静态外部类
03	class Example5_1 {
04	private String goodsCode;　　　　　　//商品编码
05	private String goodsName;　　　　　　//商品名称
06	static String goodsCategory = "图书";　//声明静态成员变量，商品类别
07	//定义静态内部类
08	static class GoodsInnerClass {
09	private int goodsNumber = 3;　　　　//商品数量
10	private double goodsPrice = 55.00;　//商品价格
11	static char currencyUnit = '¥';　　　//货币单位
12	void printInner() {
13	System.out.println("外部类中的静态成员变量的值为：" + goodsCategory);
14	//在静态内部类中不能访问外部类的非静态成员
15	//System.out.println("外部类中的非静态变量的值为：" + goodsCode);
16	//System.out.println("外部类中的非静态变量的值为：" + goodsName);
17	System.out.println("静态内部类中直接获取的内部类成员变量的值为："
18	+ goodsNumber);
19	System.out.println("静态内部类中直接获取的内部类成员变量的值为："
20	+ goodsPrice);
21	System.out.println("静态内部类中直接获取的内部类" +
22	"静态成员变量的值为：" + currencyUnit);
23	}
24	}
25	}

文件 Test5_4_1.java 的程序代码如表 5-20 所示，其中创建了一个测试类 Test5_4_1，该测试类用于测试静态内部类对象的创建方法，通过静态内部类对象访问内部类的成员方法，并测试静态内部类成员变量的访问方法。

表 5-20　文件 Test5_4_1.java 的程序代码

序号	程序代码
01	package unit05;
02	public class Test5_4_1 {

续表

序号	程序代码
03	public static void main(String[ ] args) {
04	//通过外部类对象创建静态内部类的对象时，不产生外部类对象，直接创建静态内部类对象
05	Example5_1.GoodsInnerClass objInner = new Example5_1.GoodsInnerClass();
06	objInner.printInner();
07	System.out.println("通过外部类获取内部类中静态成员变量的值为："
08	+ Example5_1.GoodsInnerClass.currencyUnit);
09	}
10	}

程序 Test5_4_1.java 的运行结果如下。

```
外部类中的静态成员变量的值为：图书
静态内部类中直接获取的内部类成员变量的值为：3
静态内部类中直接获取的内部类成员变量的值为：55.0
静态内部类中直接获取的内部类静态成员变量的值为：￥
通过外部类获取内部类中静态成员变量的值为：￥
```

【问题探析】

作为外部类成员的内部类，在定义时加上关键词 static 就成为静态内部类。静态内部类作为外部类的一个静态成员，依赖外部类而不是外部类对象，所以在创建静态内部类对象时不用先创建外部类对象，可以直接创建静态内部类对象。在外部类之外创建静态内部类对象的语法格式如下。

```
外部类类名.内部类类名 引用变量=new 外部类构造方法名.内部类构造方法名()；
```

在静态内部类中只能访问外部类中的静态成员，不能访问外部类的非静态成员。在静态内部类中可以定义静态成员。

5.5 定义并使用 Java 的枚举类

【任务 5-5】定义并使用商品颜色枚举类

【任务描述】

（1）创建枚举类 GoodsColor，该枚举类包括 6 个枚举值：白色、黑色、紫色、蓝色、灰色、红色。

（2）创建类 GoodsColorEnum5_5，在该类的 main()方法中定义枚举类型变量并正确赋值，然后输出枚举类型变量的值。

（3）在类 GoodsColorEnum5_5 的 main()方法中创建枚举类型的一维数组，并通过枚举类中的静态方法 values()为数组赋值，然后通过 for 语句输出全部枚举值，最后使用 switch 语句判断商品颜色。

【知识必备】

【知识 5-7】定义并使用 Java 枚举类

定义枚举类的语法格式如下。

```
访问控制修饰符 enum 枚举类型名称 { 枚举选项列表 }
```

枚举类本质上就是类，使用关键词 enum 定义的枚举类型继承自 Enum 类，而不是 Object 类，通过枚举类型对象可以调用其继承的方法。

定义枚举类型以后，枚举类型变量的取值只能为相应枚举类中定义的值。

Enum 类中的方法 public String toString()可以返回枚举常量的名称，静态方法 values()可以返回包含全部枚举值的一维数组。

注意 在枚举类型中可以定义成员变量、成员方法、构造方法及实例对象，枚举类中构造方法的访问控制权限为 private。在枚举类中定义的枚举值是枚举类的实例，并且只能在定义枚举类时声明。枚举类中的枚举值具有 public、static、final 属性。在定义枚举类时可以实现接口，还可以包含抽象方法，这些抽象方法要在枚举类中进行实现。限于篇幅，这些内容本书没有详细介绍，请读者参考相关书籍。

【任务实现】

在项目 Unit05 的 package5 包中创建类 GoodsColorEnum5_5，在文件 GoodsColorEnum5_5.java 中输入表 5-21 所示的程序代码。

表 5-21　文件 GoodsColorEnum5_5.java 的程序代码

序号	程序代码
01	package package5;
02	enum GoodsColor {
03	白色, 黑色, 紫色,
04	蓝色, 灰色, 红色;
05	}
06	
07	public class GoodsColorEnum5_5 {
08	public static void main(String[ ] args) {
09	GoodsColor enum1 = GoodsColor.白色;
10	System.out.println("产品的颜色为：" + enum1.toString());
11	//枚举类型变量取值为非枚举类型定义的值时会出现编译错误
12	//GoodsColor enum1 =GoodsColor.绿色;
13	GoodsColor[ ] enumArray2 = GoodsColor.values();
14	System.out.println("枚举类型的成员分别为：");
15	for (GoodsColor enumArray21 : enumArray2) {
16	System.out.print(enumArray21 + "　");
17	}
18	System.out.println();
19	switch (enum1) {
20	case 白色 -> System.out.println("产品的颜色为：" + GoodsColor.白色);
21	case 黑色 -> System.out.println("产品的颜色为：" + GoodsColor.黑色);
22	case 灰色 -> System.out.println("产品的颜色为：" + GoodsColor.灰色);
23	}
24	}
25	}

【程序运行】

程序 GoodsColorEnum5_5.java 的运行结果如下。

```
产品的颜色为：白色
枚举类型的成员分别为：
```

```
白色  黑色  紫色  蓝色  灰色  红色
产品的颜色为：白色
```

【代码解读】

（1）02～05 行定义了枚举类型，枚举类型变量的取值只能是枚举类型中定义的值。

（2）13 行使用枚举类中的静态方法 values()返回包含全部枚举值的一维数组。

（3）20～22 行中 case 后面的枚举值不能写成“GoodsColor.枚举值”，而要直接写出枚举值。

5.6 探析 Java 的泛型

编写 Java 程序时，经常会遇到在容器中存放对象或从容器中取出对象，并根据需要转换为相应对象的情形。在转换过程中容易出现错误，且错误难以发现，使用泛型可以在存取对象时指明对象类型，将问题暴露在编译阶段，并由编译器进行检测，避免在运行时出现转换异常，从而增加程序的可读性和稳定性，提高程序的运行效率。

【任务 5-6】定义泛型商品类

【任务描述】

（1）创建泛型类 GenericClass5_6，声明类型参数 U，使用 U 定义泛型类 GenericClass5_6 的成员变量、方法的参数及方法返回值的类型。在该类中，声明 setUnit()方法用于设置成员变量的值，声明 getUnit()方法用于返回成员变量的值。

（2）创建受限泛型类 GoodsGenericClass，声明类型参数 N、P、U，并且 N 和 P 必须为类 Number 的子类。在该类中声明 printAmount()方法，用于计算并输出商品总金额。

（3）在 main()方法中声明泛型类 GenericClass5_6 的第 1 个对象 currencyUnit1，U 的类型为 Character；声明泛型类 GenericClass5_6 的第 2 个对象 currencyUnit2，U 的类型为 String；调用泛型类 GenericClass5_6 的方法输出相应的值。

（4）在 main()方法中声明受限泛型类的第 1 个对象 objGeneric1，N、P、U 的类型分别为 Integer、Double 和 Character；声明受限泛型类的第 2 个对象 objGeneric2，N、P、U 的类型分别为 Integer、Double 和 String；调用受限泛型类 GoodsGenericClass 的方法输出相应的值。

【知识必备】

【知识 5-8】Java 的泛型

Java 泛型的本质是类型参数化，也就是说操作的数据类型被指定为一个参数。定义泛型类或接口时，通过类型参数来抽象数据类型，而不是将变量的类型声明为 Object，这样做的好处是使泛型类或接口的类型安全检查在编译阶段进行，并且所有的类型转换都是自动和隐式的，从而保证了类型的安全性。

1. 定义泛型类

定义泛型类的语法格式如下。

```
类的访问控制修饰符 class 类名 <类型参数> {
        类体
}
```

在泛型类的定义中，类型参数的定义写在类名后面，并用尖括号“<>”括起来，类型参数可以使用任何符合 Java 命名规则的标识符，但为了方便通常采用单个大写字母。例如，使用 E 表示集合元素类型，使用K与V分别表示键值对中的键类型与值类型，使用T、U、S表示任意类型等。

使用泛型类可以使程序具有更强的灵活性，通过定义泛型类，可以将变量的类型看作参数来定义，而变量的具体类型是在创建泛型类的对象时确定的。泛型类的类型参数可以用来定义类的成员变量、方法的参数以及方法返回值的类型。当创建泛型类的对象时，类型参数只能为引用类型（如 Integer、Character、Double），而不能为基本类型（如 int、char、double）。

2. 定义泛型接口

定义泛型接口的语法格式如下。

```
接口的访问控制修饰符 interface 接口名 <类型参数> {
    接口体
}
```

3. 定义受限泛型

在定义泛型类或泛型接口时，类名和接口名后面的类型参数可以为任意类型。如果要限制类型参数为某个子类型，则把这种泛型称为受限泛型。

在受限泛型中，类型参数的定义如下。

```
类型参数 extends 父类型
```

例如，N extends Number 表示类型参数 N 继承了抽象类 Number，则在创建泛型类的对象时，N 必须为抽象类 Number 的子类，如 Integer，否则会出现编译错误。

使用受限泛型有以下优点：编译时的类型检查可以保证类型参数的每次实例化都符合所设定的标准；因为类型参数的每次实例化都是受限父类型或其子类型，所以通过类型参数可以调用受限父类型中的方法。

4. 泛型类的扩充

Java 中，类通过继承可以实现类的扩充，泛型类也可以通过继承实现泛型类的扩充。在泛型类的子类中可以保留父类的类型参数，还可以增加新的类型参数。如果在定义子类时没有保留父类中的类型参数，则父类中的类型参数的类型为 Object。

5. 定义泛型方法

与类和接口一样，方法的声明也可以被泛型化，即在定义方法时带有一个或多个类型参数。定义泛型方法的语法格式如下。

```
<类型参数> 方法返回值类型 方法名 (参数列表) {
    方法体代码
}
```

使用泛型方法可以将方法的参数以及返回值的类型参数化，在实际调用该方法时再确定其具体类型。

【任务实现】

在项目Unit05的package5包中创建Java文件GenericClass5_6.java，在该文件中输入表5-22所示的程序代码。

表 5-22 文件 GenericClass5_6.java 的程序代码

序号	程序代码
01	package package5;
02	class GenericClass<U> {

续表

序号	程序代码
03	private U unit;
04	public void setUnit(U unit) {
05	this.unit = unit;
06	}
07	public U getUnit() {
08	return unit;
09	}
10	}
11	
12	class GoodsGenericClass<N extends Number, P extends Number, U> {
13	// 计算并输出商品总金额
14	public void printAmount(N num, P price, U unit) {
15	double amount;
16	amount = num.intValue() * price.doubleValue();
17	if (unit instanceof Character) {
18	System.out.println("商品总金额为：" + unit + amount);
19	} else {
20	System.out.println("商品总金额为：" + amount + unit);
21	}
22	}
23	}
24	
25	public class GenericClass5_6 {
26	public static void main(String[ ] args) {
27	var currencyUnit1 = new GenericClass<Character>();
28	currencyUnit1.setUnit('¥');
29	System.out.println("Character 类型对象的值之一为：" + currencyUnit1.getUnit());
30	currencyUnit1.setUnit('$');
31	System.out.println("Character 类型对象的值之二为：" + currencyUnit1.getUnit());
32	GenericClass<String> currencyUnit2 = new GenericClass<>();
33	currencyUnit2.setUnit("元");
34	System.out.println("String 类型对象的值之一为：" + currencyUnit2.getUnit());
35	currencyUnit2.setUnit("万元");
36	System.out.println("String 类型对象的值之二为：" + currencyUnit2.getUnit());
37	GoodsGenericClass<Integer, Double, Character> objGeneric1 =
38	new GoodsGenericClass<>();
39	objGeneric1.printAmount(2, 59.80, '¥');
40	var objGeneric2 = new GoodsGenericClass<Integer, Double, String>();
41	objGeneric2.printAmount(2, 55.00, "元");
42	}
43	}

【程序运行】

程序 GenericClass5_6.java 的运行结果如下。

```
Character 类型对象的值之一为：¥
Character 类型对象的值之二为：$
String 类型对象的值之一为：元
```

```
String 类型对象的值之二为：万元
商品总金额为：¥119.6
商品总金额为：110.0 元
```

【代码解读】

（1）02 行泛型类 GenericClass 的定义中，声明了类型参数 U，它可以用来定义类中的成员变量（03 行）、方法的参数（04 行），以及方法返回值的类型（07 行）。

（2）12 行受限泛型类 GoodsGenericClass 的定义中，声明了 3 个类型参数 N、P、U，其中类型参数 N 和 P 继承了抽象类 Number。在创建泛型类的对象时，N 和 P 必须为抽象类 Number 的子类，如 Integer、Double 等；如果不是 Number 的子类，如 String，则会出现编译错误。

（3）16 行分别使用包装类对应的方法 intValue()和 doubleValue()提取包装类对象的 int 型数据和 double 型数据。

（4）27 行创建泛型类 GenericClass 的第 1 个对象 currencyUnit1 时，U 的类型为 Character。调用方法 setUnit(U unit)时，传递的参数类型只能为 Character 类型；调用方法 getUnit()时，返回值的数据类型只能为 Character 类型。

（5）32 行创建泛型类 GenericClass 的第 2 个对象 currencyUnit2 时，U 的类型为 String。调用方法 setUnit(U unit)时，传递的参数类型只能为 String 类型；调用方法 getUnit()时，返回值的数据类型只能为 String 类型。

（6）37 行、38 行创建受限泛型类 GoodsGenericClass 的对象 objGeneric1 时，因为类型参数 N 和 P 必须为抽象类 Number 的子类，所以类型参数 N 为 Integer、P 为 Double 时不会出现编译错误。因为没有规定类型参数 U 的父类，所以 U 的类型可以为 Character 和 String。

5.7 探析 Java 的集合

【任务 5-7】应用 ArrayList 类及其方法创建手机品牌集合并遍历输出集合中的元素

【任务描述】

（1）创建 ArrayList 类的集合对象实现 List 接口，向该集合中添加 5 个手机品牌元素，并随机改变集合中元素的排列顺序。

（2）输出手机品牌集合中的所有元素。

（3）逐个输出手机品牌集合中的元素。

【知识必备】

【知识 5-9】探析 Java 的集合类

在 Java 中，集合类和接口共同构成了 Java 集合框架的基础。Java 集合框架主要用于处理对象的集合，这些集合可以是有序的、无序的，允许或不允许重复元素，或者是基于键值对的数据结构。

Java 的集合类都定义在 java.util 包中，该包及其子包为 Java 编程提供了一系列有用的工具。Java 集合类分为两种：一种称为集合类型（Collection），使用接口 Collection 描述其操作，其存放的基本单位是单个对象，以 List 和集合（Set）为代表；另一种称为映射类型（Map），用接口 Map 描述其操作，其存放的基本单位是键值对，映射中存储的每个对象都是通过一个键（Key）对象来获取一个值（Value）对象，键的作用相当于数组中的索引，即每个键都是唯一的，可以利用键存取数据结构中指定位置的数据。Java 集合框架定义了一系列接口，如 Collection、Set、List、Iterator、Map，具体介绍如下。

```
public interface Set extends Collection
public interface List extends Collection
public interface Map
public interface Iterator
```

（1）Collection 接口

Collection 接口定义了一些通用方法，通过它们可以实现集合元素的添加、删除等基本操作，是 Set 接口和 List 接口的父接口，通常情况下不直接使用。JDK 没有提供 Collection 接口的任何直接实现，而是通过专门的子接口实现，如 Set 接口和 List 接口。Collection 接口中定义的常用方法如表 5-23 所示。

表 5-23　Collection 接口中定义的常用方法

方法名称	功能说明
add(E obj)	将指定对象添加到集合中
remove(Object obj)	将指定对象从集合中删除，返回值为 boolean 型
contains(Object obj)	判断在集合中是否存在指定对象，返回值为 boolean 型
isEmpty()	判断集合是否为空，返回值为 boolean 型
size()	获取集合中存储对象的个数，返回值为 int 型
clear()	移除集合中的所有对象，即清空该集合
iterator()	序列化集合中的所有对象，返回值为 Iterator<E>型
toArray()	获取一个包含所有对象的指定类型的数组
equals(Object obj)	判断指定对象与该对象是否为同一个对象，返回值为 boolean 型

（2）Set 接口

Set 集合包括 Set 接口及其所有实现类，是一种不包含重复元素的、无序的集合。Set 接口继承自 Collection 接口，其拥有 Collection 接口提供的所有方法。Set 集合中的对象是无序的，但这种无序并非完全无序，只是不像列表那样按照对象的插入顺序保存对象。JDK 提供了实现 Set 接口的多个类，包括 HashSet 类和 TreeSet 类。

（3）List 接口

List 接口继承了 Collection 接口，除继承了 Collection 接口声明的方法外，还增加了一些按位置存取元素、查找元素、建立 List 视图等操作的方法，它是一种可含有重复元素的、有序的集合，也称为列表或序列。List 接口可以控制向列表中插入元素的位置，并可以按元素的插入顺序（从 0 开始）来访问元素。java.util 包提供了实现 List 接口的 ArrayList 类（向量表）、Vector 类（向量）和 LinkedList 类。ArrayList 类用可变大小的数组实现 List 接口，它的对象会随着元素的增多而自动扩大容量。ArrayList 类是非同步的，当有多个线程对它的同一个对象并发访问时，为保证数据的一致性，必须通过 synchronized 关键词进行同步控制。List 接口中定义的常用方法如表 5-24 所示。

表 5-24　List 接口中定义的常用方法

方法名称	功能说明
void add(int index , Object obj)	向集合的指定索引位置添加对象，其他对象的索引位置相对后移一位，索引位置从 0 开始
abstract boolean addAll(int index , Collection c)	向集合的指定索引位置添加指定集合中的所有对象
Object remove(int index)	删除集合中指定索引位置的对象
Object set (int index , Object obj)	将集合中指定索引位置的对象修改为指定的对象
Object get(int index)	获得指定索引位置的对象

续表

方法名称	功能说明
int indexOf(Object obj)	获得指定对象的索引位置。当存在多个索引位置时，返回第一个索引位置
int lastIndexOf(Object obj)	获得指定对象的索引位置。当存在多个索引位置时，返回最后一个索引位置
ListIterator listIterator()	获得一个包含所有对象的 ListIterator 型实例对象
ListIterator listIterator(int index)	获得一个包含从指定索引位置到最后的 ListIterator 型实例对象
List subList(int formIndex , int toIndex	通过截取从起始位置 fromIndex（包含）到终止位置 toIndex（不包含）的对象，重新生成并返回一个列表

（4）Iterator 接口

Java Collection API 为集合对象提供了重复器（Iterator）接口，该接口用来遍历集合中的元素。Set 接口实现类对象对元素的遍历顺序是不确定的，List 接口实现类对象对元素的遍历顺序是从前往后。

（5）Map 接口

Map 接口以键值对的形式存放对象，实现键到值的映射，其中键对象不可以重复，值对象可以重复，即每个键只能映射到一个值上，并按照自身内部的排序规则进行排列。Map 接口的实现类有 HashMap、TreeMap、Hashtable 等。

Java 的集合类中定义的方法很多，限于本书篇幅，这里只列出了一些常用方法，未列出的方法请读者参考相关书籍或网络资源。

由 ArrayList 类实现的列表使用数组结构保存对象。数组结构的优点是便于对集合进行快速地随机访问，如果经常根据索引位置访问集合中的对象，那么它的效率就较高。数组结构的缺点是向指定索引位置插入对象和删除对象的效率较低，且插入或删除对象的索引越小效率就越低，原因是向指定的索引插入对象时，会同时将指定索引位置以及后面的所有对象向后移动。

【任务实现】

在项目 Unit05 的 package5 包中创建类 CollectionArrayList5_7，在文件 CollectionArrayList5_7.java 中输入表 5-25 所示的程序代码。

表 5-25 文件 CollectionArrayList5_7.java 的程序代码

序号	程序代码
01	package package5;
02	import java.util.*;
03	public class CollectionArrayList5_7 {
04	public static void main(String[ ] args) {
05	String[ ] strVariety = {"华为", "荣耀", "vivo", "OPPO", "小米"};
06	ArrayList alVariety = new ArrayList();
07	for (String strVariety1 : strVariety) {
08	alVariety.add(strVariety1);
09	Collections.shuffle(alVariety);　//随机改变集合中元素的排列顺序
10	}
11	System.out.println("输出集合中所有的元素：");
12	System.out.println(alVariety);　　//输出集合中所有的元素
13	System.out.println("分别输出集合中的单个元素：");
14	for (int i = 0; i < alVariety.size(); i++) {
15	System.out.print(alVariety.subList(i, i + 1)+" ");　//截取集合中的部分元素
16	}
17	System.out.println();
18	}
19	}

【程序运行】

程序 CollectionArrayList5_7.java 的运行结果如下。

```
输出集合中所有的元素:
[vivo, 荣耀, 小米, OPPO, 华为]
分别输出集合中的单个元素:
[vivo] [荣耀] [小米] [OPPO] [华为]
```

【代码解读】

（1）06 行创建 ArrayList 类的集合对象 alVariety，07～10 行的 for 语句中使用 add()方法向集合中添加 5 个元素，09 行调用静态方法 shuffle()随机改变集合中元素的排列顺序。

（2）12 行输出集合 alVariety 中所有的元素。

（3）15 行调用 List 接口的 subList()方法依次截取集合中的各个元素并输出。

5.8 应用 Java 的多线程技术编程

【任务 5-8】应用 Java 的多线程技术模拟购物过程

【任务描述】

开启多个购物线程，保证多个购物页面能够并行购买同一种商品。

（1）创建一个类 GoodsSale，实现 Runnable 接口，在类 GoodsSale 中定义 2 个成员变量（商品数量和商品名称），定义 2 个构造方法（无参构造方法和包含 2 个参数的构造方法），重写 Runnable 接口的 run()方法，在该方法中输出商品库存数量。

（2）创建另一个类 TestThread5_8，在该类的 main()方法中定义类 GoodsSale 的对象 objSale，创建 Thread 类的 3 个对象 t1、t2 和 t3，即 3 个线程，并将对象 objSale 作为参数传递给 Thread 类的构造方法，分别启动这 3 个线程，模拟购物过程中商品库存数量的变化。

【知识必备】

【知识 5-10】认知 Java 的多线程

多任务操作系统能同时运行多个进程，在【Windows 任务管理器】窗口的“进程”选项卡中可以看到 Windows 操作系统同时运行的多个进程。人们在一边欣赏美妙的音乐、一边安装图像处理软件的同时，可以使用 Word 编辑文本，这里同时运行了多个应用程序，在【Windows 任务管理器】窗口的【应用程序】选项卡中可以看到这些“正在运行”的应用程序。多进程实际是中央处理器（Central Processing Unit，CPU）的分时机制，使得每个进程都能循环获得自己的 CPU 时间片，由于这种机制的轮换速度非常快，因此所有程序就好像是在同时运行一样。

1. 程序、进程与线程的关系

程序是一段静态代码，是软件执行的对象。进程是程序的一次动态执行过程，每一个进程都拥有自己的系统资源、内存空间和地址空间，它对应了代码从加载、执行到执行完毕的一个完整过程，这个过程也是进程的生命周期。线程是进程的基本执行单位，是比进程更小的执行单位，一个进程在执行过程中可以产生多个线程，形成多个执行流，每个线程有自身的生命周期，可以负责不同的任务而互不干扰，线程是一个动态的概念。

多线程是实现并发和提高系统资源利用率的一种有效手段，Java 支持多线程，允许多个线程同时处于运行状态，每个线程执行自己的任务。

2. 线程的生命周期及其状态转换

线程在创建之后，就开始了它的生命周期，一个线程在其整个生命周期中可处于不同的状态，线程在生命周期中有 5 种状态：新建（New）、就绪（Ready）、运行（Running）、阻塞（Blocked）和终止（Terminated）。Java 程序可以控制线程在这 5 种状态之间转换，线程状态及状态转换说明如下。

（1）调用线程类的构造方法创建线程后，线程处于新建状态。

（2）线程调用 start()方法后处于就绪状态。此时，如果 CPU 在运行其他线程，则线程必须排队等待，如果 CPU 空闲，则线程立即占用 CPU 并开始运行。

（3）线程获得 CPU 后处于运行状态。

（4）运行中的线程如果遇到读写数据、调用 sleep()方法或其他阻塞事件，则状态转换为阻塞状态。

（5）如果引起阻塞的事件结束，如数据读写完毕或 sleep()方法设定的时间已到，则处于阻塞状态的线程回到就绪状态。

（6）线程遇到异常或线程代码运行完毕，不能继续运行时，线程处于终止状态。

3. Java 的线程接口和线程类

Java 应用程序中可以定义线程类。要使用 Runnable 接口或 Thread 类定义线程类，它们都位于 java.lang 包中。

在 java.lang 包中，Runnable 接口定义如下。

```
public interface Runnable {
    public void run();
}
```

Runnable 接口提供了一种无须扩展 Thread 类就可以创建一个新线程的方式，从而克服了 Java 单继承方式所带来的各种限制。

Runnable 接口中只有一个方法 run()。一个类要实现 Runnable 接口，就必须重写 run()方法。该方法负责完成线程所需执行的任务。线程运行后自动执行 run()方法中的代码，run()方法不需要调用。

在 java.lang 包中，Thread 类定义如下。

```
public class Thread extends Object implements Runnable {
    ...
    private Runnable target;
    ...
    public Thread() {...}
    public Thread(Runnable target) {...}
    ...
    public void run() {...}
}
```

Thread 类本身实现了 Runnable 接口，但仅以空的方法体覆盖了 run()方法。继承 Thread 类定义线程时，需要重写 run()方法，并在 run()方法的方法体中编写线程执行的代码。

Thread 类常用的构造方法如下。

① Thread()。

② Thread(String name)。

③ Thread(Runnable target)。

④ Thread(Runnable target , String name)。

Thread 类常用的成员方法如下。继承 Thread 类也就继承了这些方法，线程对象可以调用这些方法控制线程的行为。

① public void start()：使线程变为就绪状态，占用 CPU 后运行 run()方法。

② void setName(String name)：设置线程名。

③ String getName()：获取线程名。

④ void setPriority(int newPriority)：设置线程优先级。

⑤ int getPriority()：获取线程优先级。

⑥ static void sleep(long mills)：线程睡眠的毫秒数。

⑦ static Thread currentThread()：返回正在运行的线程对象。

4. 创建线程对象

创建线程对象有两种方法：继承 Thread 类和实现 Runnable 接口。这两种方法都要用到 Thread 类，不同点在于通过不同的途径覆盖 run()方法。

（1）通过继承 Thread 类创建线程对象

① 创建继承自 Thread 类的线程类，并重写 run()方法，在 run()方法中编写线程执行的代码。

② 使用 new 调用线程类的构造方法创建线程对象。

③ 调用线程对象的 start()方法，使线程对象处于就绪状态，如果获得 CPU 资源，则线程自动执行 run()方法。当多个线程对象同时处于就绪状态时，这些线程将交替使用 CPU。线程运行完毕后进入终止状态。

（2）实现 Runnable 接口创建线程对象

① 定义一个类实现 Runnable 接口，在该类中重写 run()方法，编写线程执行的代码。

② 创建类的对象，并以该对象为参数，调用 Thread 类的构造方法创建 Thread 对象。

③ 使用 Thread 对象调用 start()方法。

5. Thread 类的 sleep()方法

Thread 类的 sleep()方法是将当前运行的线程睡眠一段时间，让出 CPU 资源，线程的状态转换为阻塞状态。当睡眠时间结束后，线程的状态转换为就绪状态并等待运行。当一个线程处于阻塞状态时，其不会争夺 CPU 资源，以便其他线程运行，这就为低优先级的线程提供了运行的机会，可以实现线程的同步。

sleep()方法的定义格式如下。

```
static void sleep(long milliseconds) throws InterruptedException
```

sleep()方法有一个参数 long milliseconds，指定了当前运行线程的睡眠时间（单位是 ms），该参数不能为负数，且取值范围为 0~999999，否则会抛出 InterruptedException 异常。sleep()方法是静态方法，既可以通过对象调用，又可以通过类名调用。

6. 控制线程间的同步

线程在运行过程中，必须考虑的一个重要问题是与其他线程之间的数据共享或协调运行状态的问题。例如，A 和 B 为共享同一个账户的客户，如果开始时银行的账户余额是 500 元，A 存入 200 元，同时 B 取出 100 元。此时显示给 A 的余额是 600 元，而不是 700 元，这里的错误是由线程的并发引起的。如果将两个线程同步，则不会出现上述错误。解决方法如下：A 在存款时先做一个标记（即锁定该账号），表示该账号正在被操作，然后开始进行计算，修改账户余额；此时 B 来取款，发现该账号上有正在被操作的标记（即被锁定），B 只能等待；等待 A 完成存款操作之后，B 才能对该账号进行取款操作。这样 A 和 B 的操作就同步了。这个过程就是线程间的同步（Synchronize），这种标记就是锁（Lock）。

Java 提供了一种能够同步代码和数据的机制，这种机制可以保证类在一个线程安全的环境中运行。

Java 提供了关键词 synchronized 来实现线程间的同步。

（1）定义同步方法

同步方法是使用关键词 synchronized 修饰的方法。编写线程同步程序，就是把同步执行的代码放在同步方法中。定义同步方法的语法格式如下。

```
public synchronized void 方法名() { }
```

一个类的任何方法都可以设计为 synchronized 类型的方法，以防止多线程的数据崩溃。当某个对象用 synchronized 修饰时，表明该对象在任意时刻只能由一个线程访问。当一个线程进入 synchronized 方法后，能保证在任何其他线程访问这个方法之前完成操作。如果某个线程试图访问一个已经启动的 synchronized 方法，则该线程必须等待，直到已启动的线程运行完毕，再启动这个 synchronized 方法。

（2）定义同步代码块

使用 synchronized 修饰方法中的语句块时，可以利用花括号将语句括起来，并加入需要同步的对象。定义同步代码块的语法格式如下。

```
synchronized (object)
{
    同步语句块
}
```

同步代码块可以控制线程同步访问一个类的没有使用 synchronized 修饰的方法。object 是对象名，同步语句块是访问该方法的代码。线程执行同步语句块后，对象会被锁住，其他线程无法访问该语句块。当一个线程执行对象的同步代码块结束后，线程将自动释放对象锁，并允许下一个线程执行。如果线程在同步代码块中遇到异常或执行了 break、return 语句，则线程将自动释放对象锁。

【任务实现】

在项目 Unit05 的 package5 包中创建 TestThread5_8 类，在文件 TestThread5_8.java 中输入表 5-26 所示的程序代码。

表 5-26　文件 TestThread5_8.java 的程序代码

序号	程序代码
01	package package5;
02	public class TestThread5_8 {
03	public static void main(String[ ] args) {
04	String goodsName = "华为 Mate 60";
05	int goodsNumber = 5;
06	System.out.println("欢迎使用模拟网站购物系统");
07	System.out.println("目前购买商品的名称为：" + goodsName);
08	System.out.println("目前购买商品的初始库存数量为：" + goodsNumber);
09	GoodsSale objSale = new GoodsSale(goodsName, goodsNumber);
10	//根据对象 objSale 创建 3 个线程
11	System.out.println("程序开始运行");
12	Thread t1 = new Thread(objSale);
13	Thread t2 = new Thread(objSale);
14	Thread t3 = new Thread(objSale);
15	t1.start();
16	t2.start();

续表

序号	程序代码
17	t3.start();
18	}
19	}
20	
21	class GoodsSale implements Runnable {
22	int goodsNumber;
23	String goodsName;
24	public GoodsSale() {
25	} //无参构造方法
26	//包含 2 个参数的构造方法
27	public GoodsSale(String name, int number) {
28	this.goodsName = name;
29	this.goodsNumber = number;
30	}
31	//重写 Runnable 接口的 run()方法
32	@Override
33	public void run() {
34	//同步代码块
35	//synchronized (this) {
36	while (goodsNumber > 0) {
37	System.out.println(Thread.currentThread().getName() + "："
38	+ goodsName + "正在购买中，"
39	+ "当前库存数量为：" + goodsNumber--);
40	try {
41	Thread.sleep(100); //睡眠时间为 100ms
42	} catch (InterruptedException ex) {
43	}
44	}
45	//}
46	}
47	}

【程序运行】

（1）程序 TestThread5_8.java 某一次的运行结果如下。

```
欢迎使用模拟网站购物系统
目前购买商品的名称为：华为 Mate 60
目前购买商品的初始库存数量为：5
程序开始运行
Thread-0：华为 Mate 60 正在购买中，当前库存数量为：5
Thread-1：华为 Mate 60 正在购买中，当前库存数量为：4
Thread-2：华为 Mate 60 正在购买中，当前库存数量为：3
Thread-1：华为 Mate 60 正在购买中，当前库存数量为：1
Thread-2：华为 Mate 60 正在购买中，当前库存数量为：2
Thread-0：华为 Mate 60 正在购买中，当前库存数量为：0
```

（2）如果多次运行程序，则会发现每次的运行结果是不一样的，其原因是程序不能控制何时运行哪一个线程，这是由 JVM 控制的，线程间在运行时是相互独立的。

去掉 35 行“synchronized (this) {”和 45 行“}”前的注释符“//”，再一次运行程序，其结果如下。

```
欢迎使用模拟网站购物系统
目前购买商品的名称为：华为 Mate 60
目前购买商品的初始库存数量为：5
程序开始运行
Thread-0：华为 Mate 60 正在购买中，当前库存数量为：5
Thread-0：华为 Mate 60 正在购买中，当前库存数量为：4
Thread-0：华为 Mate 60 正在购买中，当前库存数量为：3
Thread-0：华为 Mate 60 正在购买中，当前库存数量为：2
Thread-0：华为 Mate 60 正在购买中，当前库存数量为：1
```

【代码解读】

（1）21～47 行定义的类 GoodsSale 实现了 Runnable 接口，并对 run()方法进行了重写。02～19 行定义了测试类 TestThread5_8，在该类的 12～14 行创建了类 Thread 的 3 个对象 t1、t2 和 t3，即 3 个线程，并把 Runnable 的一个实例作为参数传送给类 Thread 的构造方法，该实例对象提供线程体的 run()方法实现，并分别启动这 3 个线程。

（2）41 行调用 sleep()方法，让当前运行的线程睡眠一段时间并进入阻塞状态，让出 CPU 资源，睡眠时间结束时，该线程会进入就绪状态等待调度器使其运行。

（3）线程间在运行时是相互独立的，即线程独立于启动它的程序，因此无法准确地知道线程何时开始运行，多次运行程序后，每次的运行结果都可能会不一样。线程的运行必须调用 start()方法。

编程拓展

【任务 5-9】设计银行卡模拟系统的抽象类和接口

【任务描述】

（1）创建银行账户类 Account

创建银行账户类 Account，该类的成员变量包括银行卡卡号、账户名称、密码、账户余额、年利率，该类包含多个获取对象数据的方法，其中包括输出银行卡数据的方法。

（2）创建抽象类 AccountAbstractClass

创建一个抽象类 AccountAbstractClass，该类包括创建账户的抽象方法 createAccount()和删除账户的抽象方法 removeAccount()。

（3）创建接口 AccountInterface

创建一个接口 AccountInterface，该接口包括输出账户数据的方法 getAccountInfo()和验证用户身份的方法 verifyStatus()。

（4）创建继承自抽象类同时实现接口的类 CardAccountClass

创建一个继承自抽象类 AccountAbstractClass 同时实现接口 AccountInterface 的类 CardAccountClass，该类包括创建账户、查找账户、删除账户、验证用户身份、输出账户信息等方法。创建测试类 Test5_9_4，测试创建账户、删除账户、验证用户身份和输出账户信息等功能。

（5）创建模拟银行账户存、取款过程的类 TestThread5_9_5

创建模拟银行账户存、取款过程的类 TestThread5_9_5，在该类中创建两个线程 ProcessA 和 ProcessB，同时对同一个银行账户进行操作，假设银行账户中的初始金额为 500 元，ProcessA 存入 200 元，同时 ProcessB 取出 100 元。

电子活页 5-2

【任务实现】

扫描二维码，浏览电子活页 5-2，熟悉本任务的实现过程。

【程序运行】

程序 TestThread5_9_5.java 的运行结果如下。

```
11:33:52:938，存款前账户的初始金额为：￥500
11:33:53:002，ProcessA 存款金额为：￥200
11:33:53:002，ProcessA 存款后的账户余额为：￥700
11:33:53:142，取款前账户的初始金额为：￥700
11:33:53:252，ProcessB 取款金额为：￥100
11:33:53:252，ProcessB 取款后账户余额为：￥600
11:33:53:655，账户的最终余额为：￥600
```

考核评价

本模块的考核评价表如表 5-27 所示。

表 5-27　模块 5 的考核评价表

	考核项目	考核内容描述		标准分	得分
考核要点	编程思路	编程思路合理，恰当地声明了变量或对象，选用了合理的实现方法		2	
	程序代码	程序逻辑合理，程序代码编译成功，实现了规定功能，对可能出现的异常情况进行了预期处理		6	
	运行结果	程序运行正确，测试数据选用合理，运行结果符合要求		1	
	编程规范	命名规范、语句规范、注释规范，代码可读性较强		1	
	小计			10	
评价方式	自我评价		相互评价	教师评价	
考核得分					

归纳总结

本模块较全面地介绍了 Java 的抽象类、接口、内部类、枚举类、泛型、集合和多线程等面向对象的高级特性。本模块是模块 4 的深入与扩展，其中抽象类和接口是本模块的学习重点，也是 Java 面向对象程序设计的基础。Java 泛型改善了非泛型程序中的类型安全问题，使得类型安全的错误可以被编译器及早发现，从而为开发更高效和安全的程序提供了一种更有效的途径。在 Java 中，多线程的程序设计是一个复杂的过程，其学习重点在于理解多线程的概念及掌握多线程程序的基本操作方法。

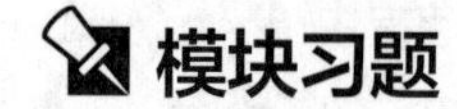

模块习题

模块 5 在线测试

1. 选择题

扫描二维码，完成本模块的在线测试。

2. 编程题

（1）定义一个抽象类 Shape，它包含两个抽象方法：计算面积的 area()方法，计算周长的 perimeter()方法。从 Shape 类派生出 Circle 类和 Rectangle 类，这两个类都使用 area()方法来计算面积，使用 perimeter()方法来计算周长。编写程序，使用 Circle 类计算外径为 10cm、内径为 6cm 的圆环的面积，使用 Rectangle 类计算长为 10cm、宽为 6cm 的矩形的周长。

（2）定义两个接口 IShape1 和 IShape2，接口 IShape1 中包含计算面积的 area()方法，接口 IShape2 中包含计算周长的 perimeter()方法。创建 Circle 类和 Rectangle 类，两者都实现接口 IShape1 和 IShape2，在类中分别使用 area()方法来计算面积，使用 perimeter()方法来计算周长。编写程序，使用 Circle 类计算外径为 20cm、内径为 15cm 的圆环的面积，使用 Rectangle 类计算长为 20cm、宽为 15cm 的矩形的周长。

（3）编写程序实现如下功能：定义 3 个线程，第 1 个线程输出 5 个 A，第 2 个线程输出 10 个 B，第 3 个线程输出字母 A～H。

模块 6
文件操作程序设计

Java 程序在执行时通常要从键盘或文件中读取数据、向文件中写入数据，这就是输入输出（Input/Output，I/O）操作。数据可以输入或者输出到磁盘文件、内存或网络中，并且有多种类型，包括字节、字符或对象等。Java 把这些不同类型的输入输出抽象为流（Stream），用统一的接口来表示，从而使程序简单明了。使用 I/O 流可以方便、灵活和安全地实现 I/O 功能。JDK 提供的 java.io 包中包括一系列的类，可用于实现 I/O 处理。

教学导航

教学目标	（1）熟悉 Java 中流的分类，了解常用的字节流和字符流，了解常用的 I/O 流类 （2）学会应用 File 类设计 Java 程序 （3）学会应用字节流设计 Java 程序 （4）学会应用字符流设计 Java 程序 （5）学会应用 RandomAccessFile 类设计 Java 程序
教学重点	（1）常用的 I/O 流类 （2）File 类及其应用编程 （3）字节流和字符流及其应用编程 （4）RandomAccessFile 类及其应用编程

身临其境

Windows 操作系统自带的【记事本】软件如图 6-1 所示，在【记事本】的编辑区域中可以实现输入与修改文本内容、设置格式、保存文件、打开文件等操作。

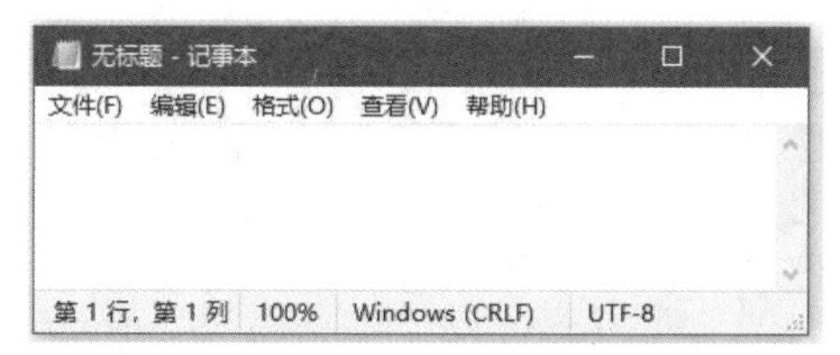

图 6-1　Windows 操作系统自带的【记事本】软件

“购买京东自营商品，发票什么时候能送到？”的回答内容如图 6-2 所示，可以将不同问题的回答内容存放在文本文件中，并根据需要动态展示在网页中。

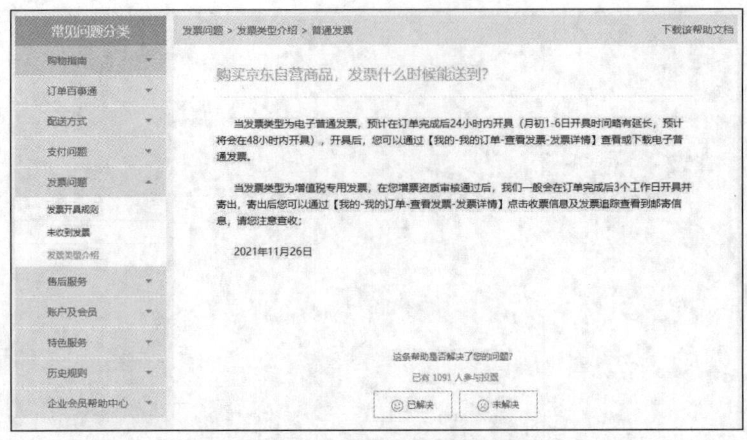

图 6-2 “购买京东自营商品，发票什么时候能送到？”的回答内容

前导知识

【知识 6-1】认知 Java 流

为了读取或输出数据，Java 程序与数据发送者或接收者之间会建立一个数据通道，这个数据通道被抽象为流。输入时通过流读取数据源，可以打开一个通向程序的流，这个程序可以是文件、内存或网络连接。类似地，输出时通过流将数据写入目的地，可以打开一个通向目的地的流。此时数据好像在流中流动一样，流的示意如图 6-3 所示，读取数据时，对于程序来说是输入，对应输入流，将数据从数据源传递给程序；写入数据时，对于程序来说是输出，对应输出流，将数据从程序传递到目的地，如内存或文件。输入流只能读，不能写；而输出流只能写，不能读。输入流可以从键盘或文件中获取数据，此时键盘或文件是数据源；输出流可以向显示器屏幕、打印机或文件中传输数据，此时显示器屏幕、打印机和文件是目的地。

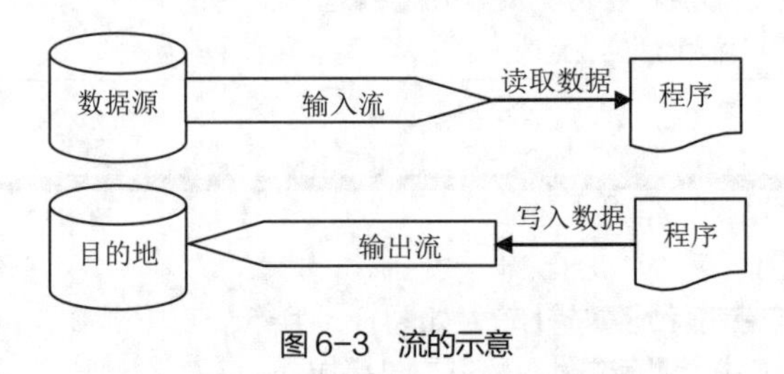

图 6-3　流的示意

从图 6-3 可以看出，流是传递数据的载体，是数据经历的路径。通过流，程序可以把数据从一个地方带到另一个地方。流可以视为程序在数据发送者和数据接收者之间建立的数据通道。

Java 程序对各种流的处理基本相同，都包括打开流、读取/写入数据、关闭流等操作。就像水龙头，需要水时，打开水龙头，不需要水时，关闭水龙头。

流的设计使 Java 程序在处理不同 I/O 设备时非常方便。Java 程序不直接操纵 I/O 设备，而是在程序和设备之间加入一个介质流。采用流的目的是使程序的输入输出操作独立于具体设备，程序一旦建立了流，就可以不用考虑起点或终点的设备种类，而只关心使用的流。

1. Java 中流的分类

Java 中的流有多种分类方式，各种分类方式如表 6-1 所示。

表 6-1　Java 中流的各种分类方式

分类依据	分类名称	说明	常用类示例
流的方向	输入流	从数据源到程序的流，只能从该流中读取数据，不能向该流中写数据，如从键盘输入数据	InputStream、Reader
	输出流	从程序到目的地的流，只能把数据写到该流中，不能从该流中读取数据，如在屏幕中输出数据	OutputStream、Writer
所关联的是否为最终数据源或目的地	节点流	直接与最终数据源或目的地关联的流，该流只提供一些基本的读写方法	FileInputStream、FileOutputStream、StringReader、StringWriter
	处理流	不直接连接到最终数据源或目的地，而是对其他 I/O 流进行连接和封装的流，该流提供一些功能比较强大的方法	DataInputStream、BufferedInputStream、DataOutputStream、BufferedOutputStream
流操作的数据基本单元	字节流	以字节为基本单位进行数据的 I/O，可用于二进制数据的读写	InputStream、OutputStream
	字符流	以字符为基本单位进行数据的 I/O，可用于文本数据的读写	Reader、Writer

2. 字节流

字节流以字节为基本单位处理数据，InputStream 类和 OutputStream 类是字节流的两个顶层父类，提供了输入流类和输出流类的通用应用程序接口（Application Program Interface，API），输入流类和输出流类提供的方法都以字节为单位读写数据。抽象类 InputStream 是所有字节输入流的父类，该类中定义了读取字节数据的基本方法，InputStream 类中常用的方法如表 6-2 所示。抽象类 OutputStream 是所有字节输出流的父类，该类中定义了输出字节数据的基本方法，OutputStream 类中常用的方法如表 6-3 所示。

表 6-2　InputStream 类中常用的方法

方法	功能说明
public abstract int read()	从输入流中读取一个字节作为方法的返回值，如果返回值为-1，则表示到达流的末尾
public int read(byte[ ] b)	将读取的数据保存在一个字节数组中，并返回读取的字节数
public long skip(long n)	在输入流中最多跳过 n 个字节，返回跳过的字节数
public int available( )	返回输入流中可以不受阻塞地读取的字节数
public void mark(int bMax)	标记当前位置，参数用于设置从标记位置开始可以读取的最大字节数
public void reset( )	将输入流重新定位到最后一次 mark()方法标记的位置
public void close( )	关闭输入流，释放与该流关联的所有系统资源

表 6-3　OutputStream 类中常用的方法

方法	功能说明
public abstract void write(int b)	将指定长度的数据写入输出流
public void write(byte[ ] b)	将字节数组的内容写入输出流
public void write(byte[ ] b , int off , int len)	将字节数组 b 中从 off 位置开始的 len 个字节写入输出流
public void flush( )	刷新输出流，并强制将缓冲区的全部字节写入输出流
public void close( )	关闭输出流，并释放与该流关联的所有系统资源

3. 字符流

字符流以字符为基本单位处理数据，Reader 类和 Writer 类是字符的两个顶层抽象父类，其定义了在 I/O 流中读写字符数据的通用 API。字符流能够处理 Unicode 字符集中的所有字符。抽象类 Reader 是所有字符输入流的父类，该类中定义了读取字符数据的基本方法，Reader 类中常用的方法如表 6-4 所示。抽象类 Writer 是所有字符输出流的父类，该类中定义了写入字符数据的基本方法，Writer 类中常用的方法如表 6-5 所示。

表 6-4　Reader 类中常用的方法

方法	功能说明
public int read()	读取一个字符作为方法的返回值，如果返回值为-1，则表示到达流的末尾
public int read(char[ ] c)	将读取的数据保存在一个字符数组中，并返回读取的字符数
public long skip(long n)	在输入流中最多跳过 n 个字符，返回跳过的字符数
public void mark(int cMax)	标记当前位置，参数用于设置从标记位置开始可以读取的最大字符数
public void reset( )	将输入流重新定位到最后一次 mark()方法标记的位置
public void close( )	关闭输入流，释放与该流关联的所有系统资源

表 6-5　Writer 类中常用的方法

方法	功能说明
public void write(int c)	将指定长度的数据写入输出流
public void write(char[ ] c)	将字符数组的内容写入输出流
public abstract void write(char[ ] c , int off , int len)	将字符数组 c 中从偏移量 off 开始的 len 个字符写入输出流
public void write(String str)	将字符串 str 中的全部字符写入输出流
public void write(String str , int off , int len)	将字符串 str 中从偏移量 off 开始的 len 个字符写入输出流
public void flush( )	刷新输出流，并强制将缓冲区的全部字符写入输出流
public void close( )	关闭输出流，并释放与该流关联的所有系统资源

4. I/O 流的套接

在 Java 程序中，通过节点流可以直接读取数据源中的数据，或者将数据直接写到目的地中。节点流可以直接与数据源或目的地关联，它提供了基本的数据读写方法。在使用节点流 FileInputStream 和 FileOutputStream 对文件进行读写时，每次读写字节数据都要对文件进行操作。为了提高读写效率，避免多次对文件进行操作，Java 提供了读写字节数据的节点流 BufferedInputStream 和 BufferedOutputStream。

使用节点流 FileInputStream 和 FileOutputStream 读写数据时，只能以字节为单位。为了增强读写功能，Java 提供了 DataInputStream 类和 DataOutputStream 类来实现按数据类型读写数据。因此，根据系统的实际需求选择合适的处理流可以提高读写效率并增强读写能力。

在 Java 程序中，通常将节点流与处理流有机结合起来使用。因为处理流不直接与数据源或目的地关联，所以可以将节点流作为参数来构造处理流，即处理流对节点流进行了一次封装。处理流还可以作为参数来构造其他处理流，从而形成了处理流对节点流或其他处理流的进一步封装，这就是 I/O 流的套接。以下代码是 I/O 流套接的示例。

```
InputStreamReader isr=new InputStreamReader(System.in) ;
BufferedReader br=new BufferedReader(isr) ;
```

在 System 类中，静态成员 in 是系统输入流，类型为 InputStream，在 Java 程序运行时系统会自动提供。默认情况下，系统输入流会连接键盘，所以通过 System.in 可以读取键盘输入。System.in 的类型为 InputStream，可以直接读取键盘输入，属于节点流，以上示例中第 1 条语句将其作为参数封装在处理流 InputStreamReader 中，从而形成 I/O 流的套接，并将 InputStream 由字节流转换成字符流；第 2 条语句将转换后的字符流作为参数封装在处理流 BufferedReader 中，从而形成 I/O 流的再次套接，并将字符流转换为缓冲字符流。

节点流是以物理 I/O 节点作为构造方法的参数，处理流构造方法的参数不是物理节点而是已经存在的节点流或处理流。通过处理流来封装节点流可以隐藏底层设备节点的差异，使节点流完成与硬件设备的交互，处理流则提供更加方便的 I/O 方法。

5. 常用的 I/O 流

java.io 包中常用的节点流如表 6-6 所示，java.io 包中常用的处理流如表 6-7 所示。

表 6-6　java.io 包中常用的节点流

访问对象	字节输入流	字节输出流	字符输入流	字符输出流
文件	FileInputStream	FileOutputStream	FileReader	FileWriter
字符串	–	–	StringReader	StringWriter
内存数组	ByteArrayInputStream	ByteArrayOutputStream	CharArrayReader	CharArrayWriter

表 6-7　java.io 包中常用的处理流

流的类型	字节输入流	字节输出流	字符输入流	字符输出流
顶层父类	InputStream	OutputStream	Reader	Writer
缓冲流	BufferedInputStream	BufferedOutputStream	BufferedReader	BufferedWriter
过滤流	FilterInputStream	FilterOutputStream	FilterReader	FilterWriter
数据流	DataInputStream	DataOutputStream	–	–
对象流	ObjectInputStream	ObjectOutputStream	–	–
转换流	–	–	InputStreamReader	OutputStreamWriter
打印流	–	PrintStream	–	PrintWriter

InputStream、OutputStream、Reader、Writer 这 4 个类都是抽象类，无法用来创建对象，必须使用它们的子类覆盖其抽象方法，从而创建对象。

（1）文件流

文件流是一种节点流，包括 FileInputStream 类、FileOutputStream 类、FileReader 类和 FileWriter 类，是对文件进行读或写的类。文件流的构造方法经常以字符串形式的文件名或者一个 File 类的对象作为参数。

（2）缓冲流

硬盘、键盘、打印机等硬件设备读写数据的速度远远小于内存读写数据的速度，为了减少硬件设备的读写次数，通常利用缓冲流从硬件设备中一次性读写一定长度的数据，以提高系统的读写性能和传输效率。缓冲流实现了对基本 I/O 流的封装并创建了内部缓冲区。缓冲区是专门用于存储数据的一块内存空间，用于硬件设备与内存之间读/写数据，以提高系统读写数据的性能。

输入时，输入流一次性读取一定长度的数据到缓冲区，缓冲流通过缓冲区来读取数据。当从一个缓冲流读取数据时，实际是从缓冲区中读取数据，当缓冲区为空时，系统将从相应设备自动读取数据，并读取尽可能多的数据充满缓冲区。输出时，缓冲流将数据写入缓冲区，输出流将缓冲区的数据一次性输出。向一个缓冲流写入数据时，系统将数据发送到缓冲区，而不是直接发送到外部设备，缓冲区自动记录数据，当缓冲区满时，系统将数据全部发送到外部设备。

缓冲流包括 BufferedInputStream、BufferedOutputStream、BufferedReader、BufferedWriter 这 4 个类，它们的功能都是对输入输出流进行缓冲，把数据从原始流成块地读入或者把数据积累成一个大数据块后再成批写出，通过减少系统资源的读写次数来加快程序的执行。创建缓冲流时就创建了一个内部缓冲数组，缓冲流的 4 个类的构造方法如表 6-8 所示。BufferedInputStream 和 BufferedOutputStream 实现了对 InputStream 和 OutputStream 的封装，并创建了内部缓冲数组，其读写数据的基本单位为字节；BufferedReader 和 BufferedWriter 实现了对 Reader 和 Writer 的封装，并创建了内部缓冲数组，其读写数据的基本单位为字符。

表 6-8　缓冲流的 4 个类的构造方法

缓冲流类型	构造方法
字节输入流	public BufferedInputStream(InputStream is) public BufferedInputStream(InputStream is , int size)
字节输出流	public BufferedOutputStream(OutputStream os) public BufferedOutputStream(OutputStream os , int size)
字符输入流	public BufferedReader(Reader read) public BufferedReader(Reader read , int size)
字符输出流	public BufferedWriter(Writer write) public BufferedWriter(Writer write , int size)

说明　表 6-8 所示缓冲流的构造方法中的参数 size 用于指定缓冲区的大小，如果没有指定大小，则缓冲区大小取默认值。

BufferedReader 类增加了方法 public String readLine()，用于读取一个文本行并返回该行的字符串，如果已到达字符流的末尾，则返回 null。

BufferedWriter 类增加了方法 public void newLine()，用于写入一个行分隔符。

以下代码演示了使用 BufferedInputStream 类和 BufferedOutputStream 类读写文件的过程。

```
byte[ ] buffer = new byte[1];    // 一次读取数据的大小
File sourceFile = new File("in.txt");
FileInputStream fInputStream = new FileInputStream(sourceFile);
BufferedInputStream bInputStream = new BufferedInputStream( fInputStream);
File targetFile = new File("out.txt");
FileOutputStream fOutputStream = new FileOutputStream(targetFile);
BufferedOutputStream bOutputStream = new BufferedOutputStream(fOutputStream);
while (bInputStream.read(buffer) != -1) {
        bOutputStream.write(buffer);    // 写入缓冲区
    }
bOutputStream.flush();    // 将缓冲区中的数据全部写入目标文件
bInputStream.close();
bOutputStream.close();
```

创建缓冲流对象，如图 6-4 所示。

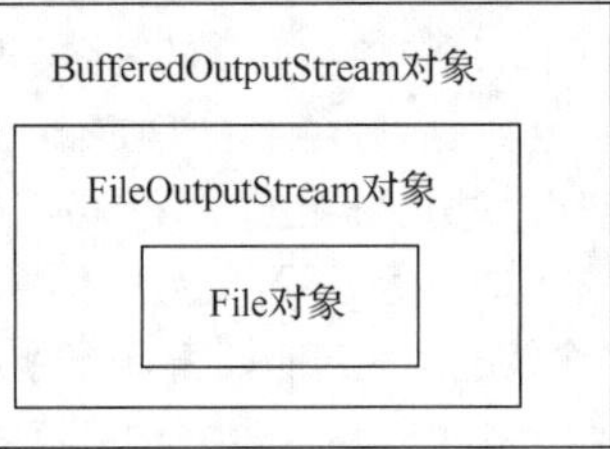

图 6-4　创建缓冲流对象

以下代码演示了使用 BufferedReader 类和 BufferedWriter 类读写文件的过程。

```
FileReader fileInput = new FileReader("in.txt");
BufferedReader bReader = new BufferedReader(fileInput);
FileWriter fileOutput = new FileWriter("out.txt");
BufferedWriter bWriter = new BufferedWriter(fileOutput);
String strText = null;
while ((strText = bReader.readLine()) != null) {     // 从文件输入流读取数据
        bWriter.write(strText);                      // 向文件输出流写入数据
    }
bWriter.flush();
bReader.close();   // 关闭输入流
bWriter.close();   // 关闭输出流
```

（3）数据流

数据流包括数据输入流 DataInputStream 类和数据输出流 DataOutputStream 类，它们允许按 Java 的基本数据类型读写数据流中的数据。数据输入流以一种与机器无关的方式读取 Java 基本数据类型，并使用 UTF-8 修改版格式编码的字符串。

定义 DataInputStream 类的语法格式如下，该类为 FilterInputStream 类的子类，并且实现了 DataInput 接口。

```
public class DataInputStream extends FilterInputStream implements DataInput
```

DataInputStream 类的构造方法为 public DataInputStream(InputStream is)。

DataInputStream 类中除了具有 InputStream 类中字节数据的读取方法 read()以外，还具有 DataInput 接口中 Java 基本数据类型以及字符串数据的读取方法。DataInputStream 类中读取数据的方法如表 6-9 所示。

表 6-9　DataInputStream 类中读取数据的方法

方法	功能说明
public final boolean readBoolean()	返回读取的 boolean 值
public final byte readByte()	返回读取的 byte 值
public final short readShort()	返回读取的 short 值
public final char readChar()	返回读取的 char 值
public final int readInt()	返回读取的 int 值
public final long readLong()	返回读取的 long 值
public final float readFloat()	返回读取的 float 值
public final double readDouble()	返回读取的 double 值
public final String readUTF()	返回使用 UTF-8 修改版格式编码的字符串

数据输出流 DataOutputStream 将 Java 基本数据类型以及使用 UTF-8 修改版格式编码的字符串写入输出流。

定义 DataOutputStream 类的语法格式如下，该类为 FilterOutputStream 类的子类，并且实现了 DataOutput 接口。

```
public class DataOutputStream extends FilterOutputStream implements DataOutput
```

DataOutputStream 类的构造方法为 public DataOutputStream(OutputStream os)。

DataOutputStream 类中除了具有 OutputStream 类中字节数据的写入方法 write()以外，还具有

DataOutput 接口中 Java 基本数据类型以及字符串数据的写入方法。DataOutputStream 类中写入数据的方法如表 6-10 所示。

表 6-10　DataOutputStream 类中写入数据的方法

方法	功能说明
public final void writeBoolean(Boolean b)	将 boolean 值写入输出流
public final void writeByte(int b)	将参数 b 的低 8 位写入输出流
public final void writeShort(int s)	将参数 s 的低 16 位写入输出流
public final void writeChar(int c)	将参数 c 的低 16 位写入输出流
public final void writeInt(int i)	将 int 值写入输出流
public final void writeLong(long l)	将 long 值写入输出流
public final void writeFloat(float f)	将 float 值写入输出流
public final void writeDouble(double d)	将 double 值写入输出流
public final void writeUTF(String str)	将字符串使用 UTF-8 修改版格式编码，并写入输出流

DataInputStream 类和 DataOutputStream 类应配对使用完成数据读写，且读取数据类型的顺序要与写入数据类型的顺序完全相同。I/O 流使用完毕后应当关闭，关闭处理流时，系统会自动关闭处理流封装的节点流。

以下代码中的处理流 DataInputStream 和 DataOutputStream 封装了节点流 FileInputStream 和 FileOutputStream，使用处理流实现按数据类型读取数据，且数据最终通过节点流完成读写操作。

```
FileOutputStream fileOutput = new FileOutputStream("data.txt");
DataOutputStream dateOut = new DataOutputStream(fileOutput);
dateOut.writeUTF("Java");
dateOut.close();
FileInputStream fileInput = new FileInputStream("data.txt");
DataInputStream dataInput = new DataInputStream(fileInput);
System.out.println(dataInput.readUTF());
dataInput.close();
```

（4）转换流

在使用字节流 InputStream 和 OutputStream 处理数据时，通过 InputStreamReader 类和 OutputStreamWriter 类的封装可以实现字符数据处理功能。

InputStreamReader 类是 Reader 类的子类，是字节流通向字符流的“桥梁”，它使用平台默认字符集或指定字符集读取字节并将其解码为字符；OutputStreamWriter 类是 Writer 类的子类，是字符流通向字节流的“桥梁”，它使用平台默认字符集或指定字符集将字符编码为字节后输出。

InputStreamReader 类的构造方法如下。

① public InputStreamReader(InputStream is)。

② public InputStreamReader(InputStream is , String charsetName)。

OutputStreamWriter 类的构造方法如下。

① public OutputStreamWriter(OutputStream os)。

② public OutputStreamWriter(OutputStream os , String charsetName)。

（5）打印流

PrintStream 类和 PrintWriter 类都是打印流，它们在许多方面提供了相似的功能，例如，它们可以将各种基本数据类型的数据输出到字符串流中，并提供自动刷新功能。这两个类的不同点在于自动刷新功能的设定，PrintStream 会在调用 println()方法或输出包含换行符（\n）的字符串时自动刷新，而

PrintWriter 仅在调用 println()方法时自动刷新。

PrintStream 类封装了 OutputStream，它可以使用 print()和 println()两个方法输出 Java 中所有基本类型和引用类型的数据。与其他的类有所不同，PrintStream 不会抛出 IOException 异常，而是在发生 IOException 异常时将其内部错误状态设置为 true，并使用 checkError()方法进行检测。PrintStream 类的构造方法如下。

① public PrintStream(OutputStream os)。

② pubic PrintStream(String filename)。

③ public PrintStream(File file)。

PrintWriter 类除了可以封装 Writer 之外，还可以封装 OutputStream，可以使用 print()和 println()两个方法完成各种类型数据的输出。

PrintWriter 的构造方法如下。

① public PrintWriter(Writer write)。

② public PrintWriter(OutputStream os)。

③ public PrintWriter(String filename)。

④ public PrintWriter(File file)。

（6）标准 I/O 流

标准 I/O 流的功能是通过 Java 的 System 类实现的，System 类在 java.lang 包中定义，是一个公共最终类，不能被继承，也不能被实例化，可以在程序中直接调用。

System 类中，定义了标准输入流对象 in、标准输出流对象 out、标准错误输出流对象 err。标准流对象在 Java 程序运行时会自动提供；标准输入流对象将会读取键盘的输入；标准输出流对象将数据在控制台窗口中输出；标准错误流对象将错误信息在控制台窗口中输出。定义这 3 个标准流对象的语法格式如下。

① public static final InputStream in。

② public static final PrintStream out。

③ public static final PrintStream err。

说明 **因为 in、out、err 这 3 个对象都是在 System 类中定义的静态变量，所以只能通过 System 类调用，即 System.in、System.out、System.err。同时，in 是 InputStream 类创建的实例化对象，out 和 err 是 PrintStream 类创建的实例化对象。其中，PrintStream 类拥有方法 println()，所以在屏幕上输出数据时使用语句 System.out.println();即可。也就是说，out 是 System 类的静态数据成员，是 PrintStream 类的实例化对象，println()方法是 PrintStream 类的成员方法。println()方法使用指定格式字符串和参数，将格式化字符串写入 PrintStream 类型的输出流（System.out 对象）中。**

System 类提供了 3 个用于重定向标准 I/O 流的方法，既可以将从键盘输入数据定向为从已有的文件中输入数据，也可以将输出流和错误输出流中的信息定向为写入文件中，而不是通过控制台窗口输出。定义这 3 个方法的语法格式如下。

① public static void setIn(InputStream is)。

② public static void setout(PrintStream ps)。

③ public static void setErr(PrintStream err)。

以下示例代码用于实现从文件 in.txt 中读取所需数据，并将程序运行结果写入文件 out.txt 中。

```
FileInputStream fis=new FileInputStream("in.txt");
InputStreamReader isr=new InputStreamReader(fis);
```

```
BufferedReader br=new BufferedReader(isr);
System.setIn(fis);
FileOutputStream fos=new FileOutputStream("out.txt");
BufferedOutputStream bos=new BufferedOutputStream(fos);
PrintStream ps=new PrintStream(bos);
System.setOut(ps);
String str=br.readLine();
System.out.println(str);
System.out.close();
br.close();
```

6.1 应用 File 类设计 Java 程序

【任务 6-1】创建文件对象并输出文件属性信息

【任务描述】

在指定路径下创建文件对象并输出文件的属性信息，如果指定的文件已存在，则输出提示信息。

【知识必备】

【知识 6-2】熟知 File 类

通过 I/O 流可以实现对文件内容的读和写，而要想获得文件的属性信息、重命名文件、删除文件以及对系统文件夹进行操作，则要使用 File 类来实现。File 类是文件和文件夹的抽象表示，通过它可以实现对文件和文件夹的操作及管理。

File 对象表示文件或文件夹，通过 File 类的构造方法可以创建 File 对象。File 类常用的构造方法如下。

（1）public File(String pathName)

该构造方法根据指定的路径字符串 pathName 创建一个 File 对象。如果字符串 pathName 是实际存在的路径，则 File 对象表示文件夹；如果 pathName 是文件名，则该 File 对象表示文件。

以下代码表示在文件夹 text 中创建文件 out.txt。

```
File f1=new File("text\\out.txt");
```

（2）public File(String path , String child)

该构造方法根据指定的路径和文件名字符串创建一个 File 对象。

以下代码表示在文件夹 text 中创建文件 out.txt。

```
File f2=new File("text" , "out.txt");
```

（3）public File(File parent , String child)

该构造方法根据指定的父 File 对象以及子路径字符串 child 创建一个 File 对象。

以下代码表示在文件夹 text 中创建文件 out.txt。

```
File directory = new File("text");        // 根据指定的路径名创建一个 File 对象
File f3 = new File(directory, "out.txt");
```

File 类中对文件和文件夹进行操作及管理的主要方法如表 6-11 所示。

表 6-11　File 类中对文件和文件夹进行操作及管理的主要方法

方法	功能说明
以下方法为获取路径名、文件夹名和文件名的操作方法	
public String getName()	获取文件或文件夹的名称，该名称是路径名的名称序列中的最后一个名称
public String getParent()	如果 File 对象中没有指定的父文件夹，则返回 null；否则，返回父文件夹的路径名字符串及子文件夹路径名称序列中最后一个名称以前的所有路径
public String getPath()	获取 File 对象所表示的路径名的字符串
public String getAbsolutePath()	获取 File 对象所表示的绝对路径名的字符串
public Boolean renameTo(File dest)	当 File 对象所表示的文件或文件夹重命名成功时返回 true，否则返回 false
以下方法为获取文件信息的操作方法	
public boolean isAbsolute()	判断 File 对象所表示的是否为绝对路径名
public boolean canRead()	判断 File 对象所表示的文件是否可读
public boolean canWrite()	判断 File 对象所表示的文件是否可写
public boolean exists()	判断 File 对象所表示的文件或文件夹是否存在
public boolean isDirectory()	判断 File 对象所表示的是否为文件夹
public boolean isFile()	判断 File 对象所表示的是否为文件
public boolean isHidden	如果 File 对象所表示的是隐藏文件或文件夹，则返回 true，否则返回 false
public long lastModified	获取 File 对象所表示的文件或文件夹最后修改的时间，如果文件或文件夹不存在，则返回 0L
public long length()	获取 File 对象所表示的文件或文件夹的长度（以字节为单位）
以下方法为创建、删除文件的操作方法	
public boolean createNewFile()	如果 File 对象所表示的文件不存在并成功创建，则返回 true，否则返回 false
public boolean delete()	删除 File 对象所表示的文件或文件夹，文件夹必须为空才能删除，删除成功时返回 true，否则返回 false
public boolean deleteOnExit()	在 JVM 终止时，删除 File 对象所表示的文件或文件夹
以下方法为文件夹的操作方法	
public String[ ] list()	返回 File 对象所表示的文件夹中的文件和文件夹名称所组成的字符串数组
public boolean mkdir()	当 File 对象所表示的文件夹创建成功时返回 true，否则返回 false

【任务实现】

电子活页 6-1

在 Apache NetBeans IDE 中创建项目 Unit06，在项目 Unit06 的 unit06 包中创建 TestFileCreate6_1 类。扫描二维码，浏览电子活页 6-1，熟悉文件 TestFileCreate6_1.java 的程序代码。

【程序运行】

程序 TestFileCreate6_1.java 的运行结果如下。

```
系统当前文件夹为：D:\JavaProject\Unit06
文件"testFile6_1.txt"创建完成。
文件的名称为：testFile6_1.txt
文件的存放路径为：D:\JavaProject\Unit06\text
文件的大小为：0
文件的创建日期为：2023 年 10 月 14 日
```

【代码解读】

电子活页 6-1 中的程序代码解读如下。

（1）07 行创建日期格式对象，设置日期的格式为“yyyy 年 MM 月 dd 日”。

（2）08 行获取系统当前文件夹，13 行使用 File 类创建 File 对象。

（3）14 行使用 exists()方法判断 File 对象表示的文件是否存在，15 行使用 getName()方法获取文件的名称。

（4）18 行使用 createNewFile()方法在指定路径下创建新文件。

（5）24 行调用 getPath()方法获取不包含文件名称的路径。

6.2 应用字节流设计 Java 程序

【任务 6-2】使用 FileInputStream 类和 FileOutputStream 类实现文件复制

【任务描述】

使用 FileInputStream 类和 FileOutputStream 类实现文件复制，如果指定的文件夹不存在，则要求先创建相应的文件夹。复制文件内容时，如果数据多于 1024B，则一次读取或写入 1024B 的数据；如果剩余的数据少于 1024B，则一位一位地读取或写入数据。

【知识必备】

【知识 6-3】熟知 FileInputStream 类和 FileOutputStream 类

FileInputStream 类和 FileOutputStream 类负责文件的读写操作。FileInputStream 类继承自 InputStream 类，用于从文件中读取字节数据；FileOutputStream 类继承自 OutputStream 类，用于向文件中写入字节数据。

FileInputStream 类常见的构造方法如下。

① public FileInputStream(String name)。

② public FileInputStream(File file)。

以下代码表示使用文件名作为参数分别定义 FileInputStream 类的对象和 FileOutputStream 类的对象。

```
FileInputStream fis=new FileInputStream("in.txt");
FileOutputStream fos=new FileOutputStream("out.txt");
```

以下代码表示使用 File 对象作为参数定义 FileInputStream 类的对象。

```
File fin=new File("in.txt");
FileInputStream fis=new FileInputStream(fin);
```

使用 FileInputStream 读取源文件时，如果没有源文件指定路径，则表示在系统当前默认文件夹中一定存在源文件。使用 FileOutputStream 将数据写入目标文件时，如果目标文件不存在，则系统会自动创建目标文件；如果目标文件指定的路径也不存在，则系统不会创建文件而是抛出 FileNotFoundException 异常。

使用 I/O 流类时一定要注意处理异常。

电子活页 6-2

【任务实现】

在项目 Unit06 的 unit06 包中创建 TestFileStream6_2 类。扫描二维码，浏览电子活页 6-2，熟悉文件 TestFileStream6_2.java 的程序代码。

【程序运行】

（1）运行程序 TestFileStream6_2.java，如果源文件 testFile6_2.txt 不存在，则会出现如下运行结果。

```
源文件的存放路径为：D:\JavaProject\Unit06\text
目标文件的存放路径为：D:\JavaProject\Unit06\备用文件夹
源文件不存在!
```

（2）运行程序 TestFileStream6_2.java，如果源文件 testFile6_2.txt 存在，则会出现如下运行结果。

```
源文件的存放路径为：D:\JavaProject\Unit06\text
目标文件的存放路径为：D:\JavaProject\Unit06\备用文件夹
文件复制完成
```

【代码解读】

电子活页 6-2 中的程序代码解读如下。

（1）20 行调用 File 类的 mkdirs()方法创建文件夹。

（2）34 行中 available()方法的返回值为文件输入流中尚未读取的字节数量。

（3）35 行从文件输入流中读取 1024B 数据放到字节数组 buffer 中，40 行从文件输入流读取 1B 数据存放到变量 remain 中。

（4）36 行将 1024B 的数据写入目标文件，41 行将 1B 的数据写入文件输出流中。

【问题探究】

【问题 6-1】使用 BufferedInputStream 类和 BufferedOutputStream 类及其方法实现文件复制

【实例验证】

电子活页 6-3

在项目 Unit06 的 unit06 包中创建类 Example6_1。

扫描二维码，浏览电子活页 6-3，熟悉文件 Example6_1.java 的程序代码。这些程序代码使用 FileInputStream 类、FileOutputStream 类、BufferedInputStream 类和 BufferedOutputStream 类读写文件，从而实现文件的复制。

程序 Example6_1.java 的运行结果如下。

```
被复制文件的长度为：9 个字节
文件复制完成
```

说明 文件 testFile6_2_1.txt 的内容为“123456789”，正好是 9 个字节。

【问题 6-2】使用 DataInputStream 类和 DataOutputStream 类及其方法读写基本类型数据

【实例验证】

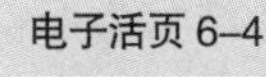

在项目 Unit06 的 unit06 包中创建 Example6_2 类。

扫描二维码，浏览电子活页 6-4，熟悉文件 Example6_2.java 的程序代码。这些程序代码使用 FileInputStream 类、FileOutputStream 类、DataInputStream 类和 DataOutputStream 类及其方法读写基本类型数据。

程序 Example6_2.java 的运行结果如下。

```
数据写入文件完成
数据从文件中读出，显示在屏幕上
商品编码            商品名称          价格        数量
100068077972       华为 Mate 60     6799.0      2
```

说明 DataInputStream 类和 DataOutputStream 类分别继承自 FileInputStream 类和 FileOutputStream 类，并且它们分别实现了 DataInput 接口和 DataOutput 接口。

6.3 应用字符流设计 Java 程序

【任务 6-3】使用 FileReader 类和 FileWriter 类实现文件复制

【任务描述】

使用 FileReader 类和 FileWriter 类实现文件复制，如果指定的文件夹不存在，则要求先创建相应的文件夹。

【知识必备】

【知识 6-4】熟知 FileReader 类和 FileWriter 类

FileReader 类和 FileWriter 类中的方法与 FileInputStream 类和 FileOutputStream 类中的方法的功能相同，二者的区别在于读写文件内容时读写的单位不同，FileReader 类和 FileWriter 类以字符为单位，而 FileInputStream 类和 FileOutputStream 类以字节为单位。通常情况下，FileReader 类和 FileWriter 类用于读写文本文件。

由于 1 个中文字符存储时占 2 个字节，使用 FileInputStream 类的 read()方法以字节为单位读取文本文件中的中文字符时，如果只读取中文字符编码的 1 个字节，则会输出乱码。使用 FileReader 类的 read()方法以字符为单位读取文本文件中的中文字符时，可以正确地读取 1 个中文字符。

【任务实现】

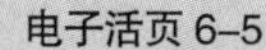

在项目 Unit06 的 unit06 包中创建类 TestFileRW6_3。扫描二维码，浏览电子活页 6-5，熟悉文件 TestFileRW6_3.java 的程序代码。

【程序运行】

程序 TestFileRW6_3.java 的运行结果如下。

```
文件复制完成
```

【代码解读】

电子活页 6-5 中的程序代码解读如下。

（1）23 行使用 read()方法从文件输入流中逐个读取字符，read()方法的返回值为读取的字符。

（2）25 行使用 write()方法向文件输出流中逐个写入字符。

【问题探究】

【问题 6-3】使用 BufferedReader 类和 BufferedWriter 类及其方法实现文件复制

【实例验证】

在项目 Unit06 的 unit06 包中创建 Example6_3 类。

扫描二维码，浏览电子活页 6-6，熟悉文件 Example6_3.java 的程序代码。程序代码中使用 FileReader 类、FileWriter 类、BufferedReader 类、BufferedWriter 类及其方法读写文件，从而实现文件复制。

电子活页 6-6

程序 Example6_3.java 的运行结果如下。

```
文件复制完成
```

【问题探析】

BufferedReader 类和 BufferedWriter 类分别继承自 Reader 类和 Writer 类，因为这两个类的内部使用了缓冲区（Buffer）机制，所以它们可以行为单位进行输入和输出。

【问题 6-4】从键盘读取一行数据并输出至文件

电子活页 6-7

【实例验证】

在项目 Unit06 的 unit06 包中创建 Example6_4 类。

扫描二维码，浏览电子活页 6-7，熟悉文件 Example6_4.java 的程序代码。程序代码中使用 InputStreamReader 类、BufferedReader 类、OutputStreamWriter 类、BufferedWriter 类从键盘读取一行数据并输出到文件中。

程序 Example6_4.java 的运行结果如下。

```
请输入内容(输入 exit 则结束)
123456
exit
数据输入完成
数据显示在屏幕上
123456
```

说明 InputStreamReader 类和 OutputStreamWriter 类分别继承自 Reader 类和 Writer 类。

6.4 应用 RandomAccessFile 类设计 Java 程序

【任务 6-4】应用 RandomAccessFile 类随机读写商品数据

【任务描述】

应用 RandomAccessFile 类随机读取和写入商品数据，并采用列表形式输出商品数据。

【知识必备】

【知识 6-5】熟知 RandomAccessFile 类

Java 流中的数据除了可以按顺序进行读写之外，还可以使用随机存取文件类 RandomAccessFile 实现随机读写操作。RandomAccessFile 类实现了 DataInput 和 DataOutput 接口，可以读写基本数据类型的数据。

定义 RandomAccessFile 类的语法格式如下。

```
public class RandomAccessFile extends Object implements DataOutput,DataInput,Closeable
```

RandomAccessFile 类实现了 DataInput 和 DataOutput 接口，所以它除了可以读写字节数据之外，还可以按照数据类型来读写数据，具有比 FileInputStream 类更强大的功能。RandomAccessFile 类的读方法主要包括 readBoolean()、readChar()、readInt()、readLong()、readFloat()、readDouble()、readLine()、readUTF()等。这些方法的功能与 DataInputStream 类中同名方法的功能相同。其中，readLine()方法表示从当前位置开始，到第 1 个"\n"为止，读取一行文本，它将返回一个 String 对象。RandomAccessFile 类的写方法主要包括 writeBoolean()、writeChar()、writeInt()、writeLong()、writeFloat()、writeDouble()、writeUTF()等。这些方法的功能与 DataOutputStream 类中同名方法的功能相同。

使用 RandomAccessFile 类实现文件随机读写操作时，其原理是将文件看作字节数组，并用文件指针指示文件当前的读写位置。当创建完 RandomAccessFile 类的实例后，文件指针指向文件的头部，当读写 n 个字节数据后，文件指针也会移动 n 个字节，文件指针的位置即下一次读写数据的位置。因为 Java 中每种基本数据类型数据的长度是固定的，所以可以通过设置文件指针的位置实现对文件内容的随机读写。

RandomAccessFile 类的常用构造方法的形式如下。

① public RandomAccessFile(String name , String mode)。

② public RandomAccessFile(File file , String mode)。

RandomAccessFile 类的常用构造方法中有 2 个参数：第 1 个参数为数据文件，以文件名或者 File 文件对象表示；第 2 个参数 mode 是访问模式字符串，它规定了 RandomAccessFile 对象可以用何种方式打开和访问指定的文件。参数 mode 的取值及其含义如表 6-12 所示。

表 6-12　参数 mode 的取值及其含义

参数 mode 的取值	参数 mode 的含义
r	以只读方式打开文件，如果对文件执行写入操作，则抛出 IOException 异常
rw	以读写方式打开文件，如果该文件不存在，则尝试创建该文件
rws	以读写方式打开文件，相对于 rw 模式，rws 模式还要求对文件内容或元数据的每个更新都同步写入存储设备
rwd	以读写方式打开文件，相对于 rw 模式，rwd 模式还要求对文件内容的每个更新都同步写入存储设备

RandomAccessFile 类通过对文件指针的设置，就可以实现对文件的随机读写，与文件指针相关的方法如下。

① public long getFilePointer()：返回文件指针的当前位置。

② public void seek(long pos)：将文件指针设置到 pos 位置。

【任务实现】

在项目 Unit06 的 unit06 包中创建类 TestRandomAccess6_4。

扫描二维码，浏览电子活页 6-8，熟悉并理解 TestRandomAccess6_4.java 的程序代码。

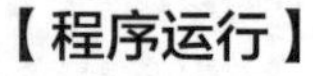
【程序运行】

程序 TestRandomAccess6_4.java 的运行结果如下。

```
商品编码        商品名称                 价格        数量
100068077972   华为 Mate 60             ¥6799.0     1
181783549096   华为 P40 Pro 5G 手机     ¥2259.0     2
187746258010   华为 Mate X5 折叠屏手机  ¥22449.0    3
```

【代码解读】

电子活页 6-8 中的程序代码解读如下。

（1）11～14 行用于向流中写入数据。

（2）19 行用于将文件指针设置到开始位置，20 行用于估算商品的数量。

（3）22～25 行用于依次从流中读取数据。

编程拓展

【任务 6-5】编写 Java 程序读取和写入银行账户数据

【任务描述】

将一个银行账户数据写入文件夹“text”的文本文件“accountData.txt”中，并在屏幕中输出该账户的相关数据，输出形式如下。

```
账户编码              账户名称    账户密码    账户余额
9558820512000005587   高兴        666         100.0
```

【任务实现】

电子活页 6-9

扫描二维码，浏览电子活页 6-9，熟悉 TestAccountInfoRW6_5.java 的实现过程。

【程序运行】

程序 TestAccountInfoRW6_5.java 的运行结果如下。

```
账户数据如下：
账户编码              账户名称    账户密码    账户余额
9558820512000005587   高兴        666         100.0
```

考核评价

本模块的考核评价表如表 6-13 所示。

表 6-13　模块 6 的考核评价表

	考核项目	考核内容描述		标准分	得分
考核要点	编程思路	编程思路合理，恰当地声明了变量或对象，选用了合理的实现方法		1	
	程序代码	程序逻辑合理，程序代码编译成功，实现了规定功能，对可能出现的异常情况进行了预期处理		6	
	运行结果	程序运行正确，测试数据选用合理，运行结果符合要求		2	
	编程规范	命名规范、语句规范、注释规范，代码可读性较强		1	
	小计			10	
评价方式	自我评价		相互评价	教师评价	
考核得分					

归纳总结

本模块主要介绍了基于 I/O 流与文件的 Java 程序设计的方法和过程。Java 本身不包含 I/O 语句，而是通过 Java API 提供的 java.io 包完成 I/O。为了输入或输出数据，Java 程序与数据发送者或接收者之间会建立一个数据通道，这个数据通道被抽象为流。输入时通过流读取数据源，输出时通过流将数据写入目的地。Java 程序在输出时只管将数据写入输出流，而不管将数据写入哪一个目的地（文件或程序等）；在输入时只管从输入流读取数据，而不管是从哪一个源（文件或程序等）读取数据。Java 程序对各种流的处理基本相同，包括打开流、读取/写入数据、关闭流等操作。Java 程序通过流可以实现用统一的形式处理 I/O，使得 I/O 的编程相对简单一些。

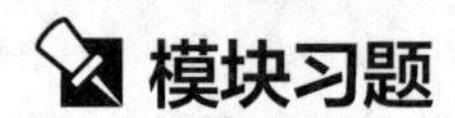

模块习题

模块 6 在线测试

1. 选择题

扫描二维码，完成本模块的在线测试。

2. 编程题

（1）编写程序，使用 File 类创建一个多层文件夹“D:/java/Unit06”。

（2）编写程序，使用文件流向文件中分别写入整型数据和字符串数据。

（3）编写程序，读出指定文件的内容并在屏幕上输出。

模块 7
图形用户界面程序设计

Java 图形用户界面（Graphical User Interface，GUI）应用程序使用图形方式实现人机交互，借助按钮、菜单、工具栏等标准界面元素和鼠标操作，通过图形方式帮助用户方便地向计算机发出指令、启动程序，并将程序的运行结果以图形方式呈现给用户。

教学导航

教学目标	（1）了解 Swing 实现多文档界面应用程序的组件 （2）熟悉 Swing 的常用容器类组件、基本组件、对话框及相关方法 （3）熟悉容器中组件的合理布局方法 （4）熟练掌握在 Apache NetBeans IDE 的可视化环境中设计窗口与添加组件的方法 （5）掌握事件监听的实现方法 （6）学会创建 JFrame 窗口、在 JFrame 窗口中添加组件 （7）学会在 JFrame 窗体中创建并使用菜单、快捷菜单 （8）学会在 JFrame 窗体中创建并使用工具栏 （9）学会应用 JTable 组件设计 Java GUI 应用程序
教学重点	（1）Swing 的常用组件及其相关方法 （2）创建 JFrame 窗口、在 JFrame 窗口中添加组件 （3）容器中组件的合理布局方法 （4）事件监听的实现方法 （5）在 JFrame 窗体中创建并使用菜单、快捷菜单 （6）在 JFrame 窗体中创建并使用工具栏 （7）在 Apache NetBeans IDE 的可视化环境中设计窗口与添加组件

身临其境

Windows 10 自带的计算器界面如图 7-1 所示，该界面包含多个按钮、1 个标签等组件。

QQ 登录界面如图 7-2 所示，该界面包含图片、标签、下拉列表框、密码输入框、复选框、登录按钮等组件。

图 7-1　Windows 10 自带的计算器界面

图 7-2　QQ 登录界面

Windows 照片查看器界面如图 7-3 所示，该界面包括多个菜单、多个工具按钮。

图 7-3　Windows 照片查看器界面

前导知识

【知识 7-1】比较 Swing 和 AWT

抽象窗口工具箱（Abstract Window Toolkjt，AWT）和 Swing 分别是 Java 为开发 GUI 提供的第一代和第二代技术。Swing 不但用轻量级组件代替了 AWT 中的重量级组件，而且提供了比 AWT 更加丰富的组件，还增加了很多新的特性与功能。Swing 是 Java 基础类库（Java Foundation Classes，JFC）的一个重要组成部分，它不仅提供了丰富的组件，还提供了独立于运行平台的 GUI 架构，并且在不同的平台上都能够具有一致的显示风格。

Swing 组件是在 AWT 组件基础上发展起来的新型 GUI 组件。

Swing 组件的名称都以字母“J”开头，很多组件的名称是在同类 AWT 组件的名称前增加了一个字母“J”，如 JButton 和 JPanel 等。Swing 组件位于 javax.swing 包中，AWT 组件位于 java.awt 包中。Swing 组件是 AWT 组件的 Container 类的直接子类或间接子类，Container 类是用来管理相关组件的类，所有 Swing 组件都是 JComponent 类的子类。Swing 组件必须添加到容器组件中才可以在用户界面中显示。

Swing 组件都具有 setEnable(boolean b)方法，当组件对象调用该方法且参数值为 true 时组件被启用，否则组件被禁用。

【知识 7-2】认知 Swing 组件的分类

Swing 组件从功能上可分为如下几类。

（1）顶层容器包括 JFrame、JWindow、JDialog 和 JApplet。顶层容器为其他组件的显示与事件处理提供支持。

（2）中间容器包括 JPanel、JScrollPane、JSplitPane、JMenuBar、JToolBar。JPanel 较常用，能够通过布局来排列其内部组件。JScrollPane 与 JPanel 类似，可以提供滚动条。JSplitPane 是一种分割面板，可以将组件分成上下或左右两个部分。JMenuBar 是一个菜单容器，用于建立菜单栏。JToolBar 为按行或列排列的一组组件。

（3）基本组件是实现人机交互的主要组件，如 JButton、JTextField、JComboBox、JList、JMenu、JSlider 等。

（4）可编辑组件是给用户显示能被编辑格式化信息的组件，如 JTextArea、JTable、JFileChooser、JColorChooser 等。

（5）不可编辑组件是给用户显示不可编辑信息的组件，如 JLable、JProgressBar 等。

除了 JPanel 外，其他的 Swing 容器不允许把组件直接加入容器，JPanel 及其子类可以直接添加组件。

其他容器添加组件的方式有如下两种。

（1）使用 getContentPane()方法获得内容面板，并将组件加入内容面板，示例代码如下。

```
jframe.getContentPane().add(jlabel) ;
```

也可以将内容面板添加到窗口容器中，示例代码如下。

```
jframe.add(chileComponent) ;
```

（2）建立一个 JPanel 或 JDesktopPane 之类的中间容器，把组件添加到中间容器中，并使用 setContentPane()方法把中间容器设置为内容面板，示例代码如下。

```
JPanel contentPane=new JPanel() ;
jframe.setContentPane(contentPane) ;
```

【知识 7-3】认知 Swing 的常用容器类组件及其相关方法

Swing 的常用容器类组件包括 JFrame、JWindow、JPanel、JScrollPane、JSplitPane 和 JToolBar 这 6 种。

（1）JFrame

组件（Component）是 Java GUI 最基本的组成部分，是一个可以用图形化方式显示在屏幕上并且能够与用户进行交互的对象，如 JButton、JLable 等。但是组件不能独立显示，必须将组件放在一个容器中才能显示出来。容器是用来组织其他图形界面元素的基础组件。容器内部可以包含许多其他组件，也可以包含另一个容器。所有的容器类都是 Container 类的子类。

Java 应用程序一般以一个 JFrame 对象作为主窗口，JFrame 属于顶层容器组件，JFrame 类包含通用窗口的基本功能，如最小化窗口、移动窗口、重新设定窗口大小等。JFrame 作为顶层容器，不能被其他容器包含，但可以被其他容器创建并弹出成为独立的容器。

JFrame 类的常用构造方法如下。

① JFrame( )：不指定标题创建一个初始不显示的窗口，可以使用 setVisible(true)显示窗口，使用 setTitle(String title)设置标题。

② JFrame(String)：以参数为标题创建一个初始不显示的窗口。

JFrame 类的常用方法如下。

① void setTile(String title)：设置窗口的标题。

② void setVisible(boolean b)：设置窗口的可见性。

③ void setSize(int width , int height)：设置窗口的尺寸。

④ void setLocation(int x , int y)：设置窗口的位置。

⑤ void setIconImage(Icon image)：设置窗口的图标。

⑥ void setDefaultCloseOperation(int operation)：设置单击窗口的【关闭】按钮后发生的动作。setDefaultCloseOperation()方法中参数 operation 的取值及相应的动作如表 7-1 所示。

表 7-1　setDefaultCloseOperation()方法中参数 operation 的取值及相应的动作

参数 operation 的取值	相应的动作
DO_NOTHING_ON_CLOSE	默认值，不做任何动作
EXIT_ON_CLOSE	关闭窗口时退出程序
HIDE_ON_CLOSE	隐藏窗口
DISPOSE_ON_CLOSE	关闭窗口时释放资源

⑦ void pack()：调整窗口大小使之正好包容窗口内所有组件。

⑧ void add(Component component)：向 JFrame 容器中添加组件。

（2）JWindow

JWindow 可以构造无边框的窗口，主要构造方法如下。

① JWindow()：创建一个无边框的窗口。

② JWindow(Frame owner)：创建一个依赖于 Frame 对象的窗口。

（3）JPanel

JPanel 组件属于中间容器，用于将小型的轻量级组件组合在一起。

JPanel 的构造方法如下。

① JPanel()。

② JPanel(boolean isDoubleBuffered)。

③ JPanel(LayoutManager layout)。

④ JPanel(LayoutManager layout , boolean isDoubleBuffered)。

其中，参数 isDoubleBuffered 指明是否具有双缓冲功能，JPanel 组件默认是非双缓冲的；参数 layout 指明布局方式，JPanel 组件的默认布局为流式布局（FlowLayout）。

（4）JScrollPane

JScrollPane 组件是带滚动条的面板，除了具有滚动条以外，该组件还可以设置表头名称、边角图案与 ScrollPane 外框，相比于 JPanel，JScrollPane 具有更强的灵活性。

给文本域组件添加滚动条的示例代码如下。

```
JTextArea   jText = new JTextArea("", 10, 10);
JScrollPane jsPane = new JScrollPane(jText);
jNoteBook.add(jsPane);
```

（5）JSplitPane

JSplitPane 组件一次可将两个组件同时显示在两个显示区中。如果想要同时在多个显示区显示组件，则必须同时使用多个 JSplitPane 组件。JSplitPane 组件提供了两个参数来设置水平分割（HORIZONTAL_SPLIT）和垂直分割（VERTICAL_SPLIT）。

（6）JToolBar

JToolBar 是一个显示一组动作、命令或功能的组件，一般工具栏中的组件都是带图标的按钮，可以使用户更加方便地选择所需的功能。

【知识 7-4】认知 Swing 的基本组件及其相关方法

Swing 的基本组件包括标签（JLabel）、文本域（JTextField）、密码文本框（JPasswordField）、文本域（JTextArea）、按钮（JButton）、单选按钮（JRadioButton）、复选框（JCheckBox）和组合框（JComboBox）这 8 种。

（1）JLabel

JLabel 是其内容只能浏览但不能修改的组件，可以用于显示文字，也可以用于显示图标，一般为用户提供相关的提示信息。

JLabel 类的常用构造方法如下。

① JLabel()。

② JLabel(String text)。

③ JLabel(Icon icon)。

④ JLabel(String text , int horizontalAlignment)。

⑤ JLabel(String text , Icon icon , int horizontalAlignment)。

⑥ JLabel(Icon icon , int horizontalAlignment)。

其中，参数 text 用于指定标签文本内容；参数 icon 用于指定标签图标；参数 horizontalAlignment 用于指定标签文本和图标的水平对齐方式，对齐方式的取值有 LEFT、CENTER、RIGHT、LEADING 和 TRAILING。

JLabel 类的常用方法如下。

① String getText()：返回标签的文本内容。

② void setText(String text)：设置标签的文本内容。

③ Icon getIcon()：返回标签的图标。

④ void setIcon(Image icon)：设置标签的图标。

（2）JTextField

JTextField 用于显示或编辑单行文本，但不能显示或编辑多行文本。

JTextField 类的常用构造方法如下。

① JTextField()。

② JTextField(String text)。

③ JTextField(int columns)。

④ JTextField(String text , int columns)。

⑤ JTextField(Document doc , String text , int columns)。

其中，参数 text 用于设置文本的初值；参数 columns 用于设置可以显示的字符个数；参数 doc 用于设置文档模型，默认值为 PlainDocument。

JTextField 类的常用方法如下。

① String getText()：返回 JTextField 组件的文本内容。

② void setText()：设置 JTextField 组件的文本内容。

③ String getSelectedText()：返回 JTextField 组件中选中的文本内容。

④ int getColumns()：返回可以显示的字符数。

⑤ void setColumns(int columns)：设置可以显示的字符数。

⑥ boolean isEditable()：返回是否可以编辑。

⑦ void setEditable(boolean b)：设置是否可以编辑。

⑧ void setRequestFocusEnabled(boolean requestFocusEnabled)：设置是否可以获得焦点。

⑨ void requestFocus()：设置焦点。

⑩ void setHorizontalAlignment(int alignment)：设置文本对齐方式，对齐方式的取值有 LEFT、CENTER 和 RIGHT。

（3）JPasswordField

JPasswordField 类是 JTextField 类的子类，可以使用 JTextField 类的方法。该组件常用于输入密码，在 JPasswordField 组件中输入的文字会被其他字符（如“*”）替代。

JPasswordField 类的常用方法如下。

① String getPassword()：获取口令内容。

② void setText()：设置口令内容。

（4）JTextArea

JTextArea 组件用于显示或编辑多行文本。

JTextArea 类的常用构造方法如下。

① JTextArea()。

② JTextArea(String text)。

③ JTextArea(int rows , int columns)。

④ JTextArea(String text , int rows , int columns)。

⑤ JTextArea(Document doc)。

其中，参数 text 用于指定默认文本内容；参数 rows 用于指定行数；参数 columns 用于指定列数；参数 doc 用于指定文档模型，默认值为 PlainDocument。

JTextArea 类的常用方法如下。

① String getText()：返回 JTextArea 组件中的文本内容。

② void setText()：设置 JTextArea 组件中的文本内容。

③ int getRows()：返回 JTextArea 组件中文本的行数。

④ void setRows(int rows)：设置 JTextArea 组件中文本的行数。

⑤ int getColumns()：返回 JTextArea 组件中文本的列数。

⑥ void setColumns(int columns)：设置 JTextArea 组件中文本的列数。

⑦ void setLineWrap(boolean b)：设置是否自动换行。

⑧ void insert(String str , int p)：插入文本。

⑨ void append(String str)：追加文本。

⑩ void replace(String str , int start , int end)：替换文本。

JTextArea 组件自身没有滚动条，也没有 TextEvent 事件。给文本域添加滚动条时，需要使用滚动面板 JScrollPane 组件，示例代码如下。

```
JTextArea jta=new JTextArea() ;
JScrollPane jsp=new JScrollPane(jta) ;
```

（5）JButton

JButton 是 GUI 应用程序中非常重要的一种组件，当用户单击按钮时，将会自动执行与该按钮关联的程序，从而实现预定的功能。

JButton 类是 AbstractButton 的子类，其构造方法如下。

① JButton()。

② JButton(String text)。

③ JButton(Icon icon)。

④ JButton(String text , Icon icon)。

其中，参数 text 用于指定 JButton 组件的文本内容；参数 icon 用于指定 JButton 组件的图标。

JButton 类的常用方法如下。

① String getText()：返回按钮的文本内容。

② void setText()：设置按钮的文本内容。

③ Icon getIcon()：返回按钮的图标。

④ void setIcon(Icon icon)：设置按钮的图标。

⑤ void doClick(int pressTime)：以编程方式执行“单击”操作，此方法的效果等同于用户单击按钮。可以看到，按钮在“按下”状态停留 pressTime 毫秒。

⑥ void setMnemonic(char mnemonic)：设置热键。

⑦ void setToolTipText(String str)：设置提示文本。

⑧ void setEnabled(boolean b)：设置是否响应事件。

（6）JRadioButton

JRadioButton 类和 JCheckBox 类是 JToggleButton 的子类，JRadioButton 类可以实现“多选一”的操作，即在一组单选按钮中选择其中一个。它们可以使用 AbstractButton 抽象类中的多个方法，如 addItemListener()、setText()、isSelected()等。

因为单选按钮是在一组按钮中选择一个，所以必须将单选按钮分组，即指明一个组中包含哪些单选按钮，在 IDE 中可以通过属性窗口的 buttonGroup 属性将单选按钮加入单选按钮组。

JRadioButton 类继承自 JToggleButton 类，其构造方法如下。

① JRadioButton ()。

② JRadioButton (String text)。

③ JRadioButton (Icon icon)。

④ JRadioButton (String text , Icon icon)。

⑤ JRadioButton (String text , boolean selected)。

⑥ JRadioButton (Icon icon , boolean selected)。

⑦ JRadioButton (String text , Icon icon , boolean selected)。

其中，参数 text 用于设置单选按钮的提示文字；参数 icon 用于设置单选按钮的图标；参数 selected 用于设置单选按钮的初始状态。

JRadioButton 类的常用方法如下。

① String getText()：返回单选按钮的文本内容。

② void setText()：设置单选按钮的文本内容。

③ Boolean isSelected()：返回 true 表示单选按钮被选中，返回 false 表示单选按钮没有被选中。

④ void setSelected()：设置单选按钮的选中状态。

⑤ Icon getIcon()：获得图标。

⑥ String getActionCommand()：返回与单选按钮相关的命令字符串，实际上就是事件组件上的 Label（标签）字符串。

⑦ void setActionCommand(String actionComm)：设置单选按钮的动作命令。

单选按钮在使用时需要进行分组，建立分组的示例代码如下。

```
ButtonGroup group = new ButtonGroup() ;
group.add(单选按钮对象) ;
```

当单选按钮中的选项被选取或被清除时，会触发 ItemEvent 项目事件，ItemEvent 类提供了 4 种方法可以使用，分别为 getItem()、getItemSelectable()、getStateChange()、paramString()。

（7）JCheckBox

JCheckBox 组件可以实现在一组在复选框中选择多个复选框的操作。

JCheckBox 类的构造方法如下。

① JCheckBox()。

② JCheckBox(String text)。

③ JCheckBox(Icon icon)。

④ JCheckBox(String text , Icon icon)。

⑤ JCheckBox(String text , boolean selected)。

⑥ JCheckBox(Icon icon , boolean selected)。

⑦ JCheckBox(String text , Icon icon , boolean selected)。

其中，参数 text 用于设置复选框的提示文字；参数 icon 用于设置复选框的图标；参数 selected 用于设置复选框的初始状态。

JCheckBox 类的方法与 JRadioButton 类的方法类似，限于本书篇幅，这里不赘述。

（8）JComboBox

JComboBox 组件是文本编辑框和列表的组合，有可编辑和不可编辑两种状态，默认是不可编辑状态，需要使用 setEditable(true)将其设置为可编辑状态。组合框用于在多项可选择的选项中选择一项，在未选择组合框时，组合框显示为带按钮的选项，当单击组合框按钮时，会打开列出多个选项的列表，供用户选择。

JComboBox 类的构造方法如下。

① JComboBox()。

② JComboBox(ComboBoxModel dataModel)：参数 dataModel 用于指定数据模型。

③ JComboBox(Object[ ] items)：参数 items 用于设置数组对象。

④ JComboBox(Vector items)：参数 items 用于设置 Vector 对象。

JComboBox 类的常用方法如下。

① void addItem(Object obj)：向组合框中添加一个选项。

② Object getItemAt(int index)：返回组合框中指定位置 index 处的选项。

③ int getItemCount()：返回组合框中的选项总数。

④ int getSelectedIndex()：返回组合框中被选中选项的位置。

⑤ Object getSelectedItem()：返回组合框中被选中的选项。

⑥ void setEditable(Boolean b)：设置组合框为可编辑或不可编辑状态。

⑦ void removeItem(Object obj)：删除组合框中的选项。

⑧ void removeItemAt(int index)：删除组合框中指定位置 index 处的选项。

⑨ void insertItemAt(Object obj , int index)：在组合框中指定位置 index 处插入选项。

JComboBox 类的事件可分为两种：一种是取得用户选取的列表项；另一种是用户在组合框中输入内容后按【Enter】键。第一种事件的处理是使用 ItemListener 接口；第二种事件的处理是使用 ActionListener 接口。

【知识 7-5】认知 Swing 的对话框及其相关方法

对话框是一种类似窗口的容器，与一般窗口的区别在于它依赖于其他窗口（当它所依赖的窗口消失或最小化时，对话框也消失；窗口还原时，对话框又会自动恢复）。对话框还具有模态特性。

（1）JDialog 对话框

JDialog 对话框是有边框、有标题的顶层容器。对话框分为模态对话框和非模态对话框。模态对话框只让程序响应对话框内的事件，对对话框以外的事件程序不响应；非模态对话框可以让程序响应对话框以外的事件。

JDialog 的常用构造方法如下。

① JDialog(Frame owner)。

② JDialog(Frame owner , boolean model)。

③ JDialog(Frame owner , String title)。

④ JDialog(Frame owner , String title , boolean model)。

其中，参数 owner 指明对话框属于哪一个窗口；参数 title 指明对话框的标题。参数 model 为 true 时，指明对话框为模态对话框，即在该对话框被关闭之前，其他窗口无法接收任何形式的输入；参数 model 为 false 时，指明对话框为非模态对话框。

组件不能直接添加到对话框中，对话框也包含一个内容面板，应当把组件添加到内容面板中。内容面板的默认布局方式为 BorderLayout。

（2）JOptionPane 对话框

使用 JDialog 组件来制作对话框时，需要建立对话框中的每一个组件。有时候对话框只是显示一段文字，或一些简单选择（是或否），这时利用 JOptionPane 组件更方便，并且可以达到和使用 JDialog 组件同样的效果。利用 javax.swing 包中的 JOptionPane 类提供的静态方法可以创建各种类型的简单对话框，包括 Message 对话框、Confirm 对话框和 input 对话框，这些对话框还可以在建立时通过设置不同参数而产生不同的效果。

JOptionPane 类各个静态方法的说明如下。

① showMessageDialog(Component parentComponent , Object message, String title, int messageType)。

showMessageDialog()将弹出一个消息对话框，用于显示消息。示例代码如下。

```
JOptionPane.showConfirmDialog(null , "你选择了退出登录，是否真的退出？" );
```

② showConfirmDialog(Component parentComponent , Object message , String title , int optionType , int messageType)。

showConfirmDialog()将弹出一个确认对话框，用于确认操作。示例代码如下。

```
int n = JOptionPane.showConfirmDialog(null,        // 所属窗口
        "你选择了退出登录，是否真的退出？",          // 对话框显示消息
        "提示信息",                                 // 对话框标题
        JOptionPane.YES_NO_OPTION,                 // 按钮类型
        JOptionPane.INFORMATION_MESSAGE  // 对话框类型
);
```

③ showOptionDialog(Component parentComponent , Object message, String title , int optionType , int messageType , Icon icon , Object[ ] options , Object initialValue)。

④ showInputDialog(Component parentComponent , Object message, String title , int messageType , Icon icon , Object[ ] selectionValues , Object initialSelectionValue)。

其中，主要参数说明如下。

① 参数 parentComponent 用于指定包含对话框的容器，可以用来决定对话框应显示在屏幕中的位置，若该参数的值为 null，或者该参数不是一个 Frame 对象，则对话框会显示在屏幕中央。

② 参数 message 用于指定对话框中的提示信息，可以是一个字符串、一个图标或者一个组件；参数 title 用于指定对话框标题，一般是一个字符串。

③ 参数 optionType 用于指定按钮类型，其取值为 JOptionPane 类的静态常量，主要包括 DEFAULT_OPTION（只显示【确定】按钮）、YES_NO_OPTION（显示【是】和【否】两个按钮）、OK_CANCEL_OPTION（显示【确定】和【取消】两个按钮）、YES_NO_CANCEL_OPTION（显示【是】【否】和【取消】3 个按钮）。

④ 参数 messageType 用于指定对话框类型，其取值为 JOptionPane 类的静态常量，主要包括 INFORMATION_MESSAGE、QUESTION_MESSAGE、WARNING_MESSAGE、ERROR_MESSAGE 和 PLAIN_MESSAGE。

⑤ 参数 icon 用于指定图标。

⑥ 参数 options 用于设置对话框中可供选择的内容。

⑦ 参数 initialValue 用于设置对话框中默认选项的内容。

⑧ 参数 selectionValues 用于设置输入列表框中选项的内容。

⑨ 参数 initialSelectionValue 用于设置输入列表框中默认选项的内容。

JOptionPane 类各个静态方法的返回值为一个整数值，由用户按下的按钮而定，按下【是】按钮时 YES_OPTION=0；按下【确定】按钮时 OK_OPTION=0；按下【否】按钮时 NO_OPTION=1；按下【取消】按钮时 CANCEL_OPTION=2；当用户没有按下按钮，直接关闭对话框时，CLOSED_OPTION=-1。

【知识 7-6】认知 Swing 实现多文档界面应用程序的组件

多文档界面（Multiple Document Interface，MDI）应用程序只有一个父窗口，子窗口在父窗口内显示。在父窗口内建立一个桌面面板（JDesktopPane）作为桌面，通过继承 JInternalFrame 类建立子窗口。子窗口可在父窗口内打开、关闭、最大化和最小化。

（1）桌面面板

桌面面板是一种特殊的层面板，用来建立虚拟桌面，它可以显示并管理众多内部窗口的层次关系。

桌面面板的构造方法为 JDesktopPane()。

桌面面板的常用方法如下。

① JInternalFrame[ ] getAllFrames()：获取桌面上显示的所有子窗口，返回 1 个子窗口数组。

② JInternalFrame[ ] getAllFramesInLayer(int layer)：获取显示在桌面指定层内的所有子窗口。

③ DesktopManager getDesktopManager()：获取桌面管理器。

④ int getDragMode()：获取拖曳模式。

⑤ void setDragMode(int dragMode)：设置拖曳模式。

⑥ JInternalFrame getSelectedFrame()：获取当前激活子窗口。

⑦ void setSelectedFrame(JInternalFrame jif)：激活子窗口。

当一个子窗口已经打开时，如何防止重复打开该窗口呢？关键是要判断子窗口是否已经打开。可以通过桌面面板的 getAllFrames()方法获取所有已打开的子窗口数组，并在该数组中查找指定标题的子窗口，如果找到，则表明该子窗口已经打开。

（2）内部窗口

内部窗口（JInternalFrame）的使用与 JFrame 相似，可以设置最大化、最小化、关闭、添加菜单等功能。不同的是 JInternalFrame 不能单独出现，必须依附在上层组件上，一般加入 JDesktopPane 进行管理。

JInternalFrame 的构造方法如下。

① JInternalFrame()。

② JInternalFrame(String title)。

③ JInternalFrame(String title , boolean resizable)。

④ JInternalFrame(String title , boolean resizable , boolean closable)。

⑤ JInternalFrame(String title , boolean resizable , boolean closable , boolean maximizable)。

⑥ JInternalFrame(String title , boolean resizable , boolean closable , boolean maximizable , boolean iconifiable)。

其中，参数 title 用于设置窗口标题；参数 resizable 用于设置窗口大小是否可更改；参数 closable 用于设置窗口是否可关闭；参数 maximizable 用于设置窗口是否可最大化；参数 iconifiable 用于设置窗口是否可最小化。

JInternalFrame 类的大多数方法与 JFrame 类似，其中 getDesktopPane()方法用于获取桌面面板，getLayeredPane()方法用于获取层面板。

编程实战

7.1 创建 JFrame 窗口并添加组件

【任务 7-1】基于图形用户界面设计用户登录程序

【任务 7-1-1】设计用户登录窗口

【任务描述】

创建 1 个用户登录窗口，具体要求如下。

（1）设置窗口风格为 Windows 风格。

（2）设置窗口标题为“用户登录”。

（3）设置窗口的宽度为 300px、高度为 150px。

（4）设置窗口图标为 QQ1.gif。

（5）控制窗口位于屏幕中心位置。

（6）控制窗口移到最前。

（7）设置窗口可见。

（8）设置关闭行为：当窗口关闭时，隐藏并处理该窗口。

【任务实现】

在 Apache NetBeans IDE 中创建项目 Unit07，在项目 Unit07 的 unit07 包中创建类 Java7_1_1。扫描二维码，浏览电子活页 7-1，熟悉文件 Java7_1_1.java 的程序代码。

电子活页 7-1

【程序运行】

程序 Java7_1_1.java 的运行结果如图 7-4 所示。

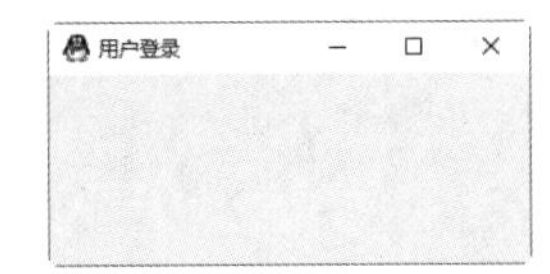

图 7-4　程序 Java7_1_1.java 的运行结果

【代码解读】

电子活页 7-1 中的程序代码如下。

（1）08 行、10 行和 12 行设置了 3 种窗口风格，分别为 Windows 风格、Metal 风格和 Motif 风格。程序 Java7_1_1.java 只有 08 行代码有效，10 行和 12 行为注释，在此不起作用。

（2）javax.swing 包中的 UIManager 类提供了一个静态方法 setLookAndFeel()，15 行利用该方法设置界面风格，其参数是 String 类型的界面包的主类包路径。16 行执行“SwingUtilities.updateComponentTreeUI(this);”语句使设置的界面风格生效。

【任务 7-1-2】在用户登录窗口中添加 JLabel 组件

【任务描述】

创建 1 个用户登录窗口，创建 1 个标签对象，将标签添加到窗口容器中。

【知识必备】

【知识 7-7】在 JFrame 窗体中添加组件

在 Swing 中，JPanel 组件及其子类可以直接添加组件，在容器中添加组件有以下两种方式。

（1）使用 getContentPane()方法获取内容面板，并将标签加入组件。

在容器中添加组件的代码如下。

```
JFrame frame=new JFrame();
Container objContainer = frame.getContentPane() ;    // 获取内容面板
objContainer.add(组件对象) ;                          // 将标签添加到内容面板中
```

也可以写成如下形式。

```
frame.getContentPane().add(组件对象) ;
```

（2）建立一个 JPanel 之类的中间容器，把组件添加到中间容器中，并使用 setContentPane()方法把该容器设置为内容面板。示例代码如下。

```
JFrame frame=new JFrame() ;
JPanel jp=new JPanel() ;
jp.add(组件对象) ;
frame.setContentPane(jp) ;  //把 jp 设置为内容面板
```

【任务实现】

在项目 Unit07 的 unit07 包中创建类 Java7_1_2，在文件 Java7_1_2.java 中输入表 7-2 所示的程序代码。

表 7-2　文件 Java7_1_2.java 的程序代码

序号	程序代码
01	import java.awt.Container;
02	import javax.swing.*;
03	public class Java7_1_2 extends JFrame {
04	JLabel lblUserName;
05	public Java7_1_2() {
06	this.setTitle("用户登录");　　// 设置窗口标题
07	lblUserName = new JLabel("用户名");　　// 创建标签对象
08	Container objContainer = this.getContentPane();　　// 获取窗口容器
09	objContainer.add(lblUserName);　// 将标签添加到窗口容器中
10	this.setSize(300, 150);　　// 设置窗口大小
11	this.setVisible(true);　　// 设置窗口可见

续表

序号	程序代码
12	}
13	public static void main(String[ ] args) {
14	Java7_1_2 java7_1_2 = new Java7_1_2();
15	}
16	}

【程序运行】

程序 Java7_1_2.java 的运行结果如图 7-5 所示。

图 7-5　程序 Java7_1_2.java 的运行结果

【代码解读】

（1）07 行创建了一个标签对象，且标签文本为“用户名”。

（2）08 行创建了 Container 内容面板对象，并通过 getContentPane()方法获取窗口容器。

（3）09 行使用 add()方法将标签添加到窗口容器中。

（4）14 行使用 new 关键词创建窗口实例。

【问题探究】

【问题 7-1】在用户登录窗口中添加 2 个标签对象

【实例验证】

在项目 Unit07 的 unit07 包中创建 Example7_1 类，在文件 Example7_1.java 中输入表 7-3 所示的程序代码。该程序代码创建了 1 个用户登录窗口和 2 个标签对象，并将这 2 个标签添加到窗口容器中。

表 7-3　文件 Example7_1.java 的程序代码

序号	程序代码
01	import java.awt.Container;
02	import javax.swing.*;
03	public class Example7_1 extends JFrame {
04	JLabel lblUserName, lblPassword;
05	public Example7_1() {
06	this.setTitle("用户登录");　　// 设置窗口标题
07	lblUserName = new JLabel("用户名");　　// 创建标签对象
08	lblPassword = new JLabel("密　码");　　// 创建标签对象
09	Container objContainer = this.getContentPane();　// 获取窗口容器
10	objContainer.add(lblUserName);　　// 将“用户名”标签添加到窗口容器中
11	objContainer.add(lblPassword);　　// 将“密码”标签添加到窗口容器中
12	this.setSize(300, 150);　　// 设置窗口大小
13	this.setVisible(true);　　// 设置窗口可见
14	}
15	public static void main(String[ ] args) {
16	Example7_1 example7_1 = new Example7_1();
17	}
18	}

程序 Example7_1.java 的运行结果如图 7-6 所示。

图7-6　程序 Example7_1.java 的运行结果

【问题探析】

在用户登录窗口中添加 2 个标签，由于采用默认布局方式，窗口容器中添加的 2 个标签会重叠，运行时只能看到后添加的标签。

【任务 7-1-3】运用手动布局方式对用户登录窗口中的组件进行布局

【任务描述】

创建 1 个用户登录窗口，在该窗口容器中添加 4 个标签对象、1 个文本字段组件、1 个口令字段组件和 2 个按钮组件，运用手动布局方式布局窗口中的组件并设置组件的大小。

【知识必备】

【知识 7-8】对窗体中的组件进行布局

Java 为了实现跨平台的特性并且获得动态的布局效果，将容器内所有组件安排给一个布局管理器管理，并将组件的排列顺序、大小、位置等功能授权给对应的布局管理器管理。不同的布局管理器使用不同的算法和策略。容器可以通过选择不同的布局管理器来设置组件的布局方式。布局管理器主要包括 FlowLayout、BorderLayout、GridLayout、CardLayout 和 GridBagLayout。另外，可以使用手动布局方式布局组件。手动布局方式直接定义了组件的位置和大小，即先将一个容器的布局设置为空布局（null），再使用 setBounds(int x , int y , int width , int height)方法设置组件在容器中的位置和大小。

1. Java 的布局方式

（1）流式布局

使用流式布局（FlowLayout）时，组件从左上角开始，按从左到右、从上到下的方式排列。这种布局方式在默认情况下，组件居中，间距为 5px，是内容面板和 Applet 的默认布局方式。

FlowLayout 类的构造方法如下。

① FlowLayout()。

② FlowLayout(int alignment)。

③ FlowLayout(int alignment , int horz , int vert)。

其中，参数 alignment 用于设定每一行组件的对齐方式，其值可以为 LEFT、CENTER、RIGHT；参数 horz 用于设定组件的水平间距；参数 vert 用于设定组件的垂直间距。

（2）边框布局

使用边框布局（BorderLayout）时，组件被置于容器的东、南、西、北、中的位置。这种布局方式是 JFrame、JWindow 和 JDialog 等对象的默认布局方式。

BorderLayout 类的构造方法如下。

① BorderLayout()。

② BorderLayout(int horz , int vert)。

其中，参数 horz 用于设定组件的水平间距；参数 vert 用于设定组件的垂直间距。

在采用边框布局的容器中添加组件时，需要指定组件的位置，组件的位置一般使用"North" "East"

"West" "South"和"Center"表示，也可以使用 BorderLayout.NORTH、BorderLayout.EAST、BorderLayout.WEST、BorderLayout.SOUTH 和 BorderLayout.CENTER 表示，示例代码如下。

```
container.add(panel1 , "South") ;
```

或者

```
container.add(panel1 , BorderLayout.SOUTH) ;
```

（3）网格布局

使用网格布局（GridLayout）时，将容器区域划分为一个矩形网格，组件按行和列排列。当所有的组件大小相同时，可以使用网格布局。网格布局以行为基准，按行优先顺序排列，在组件数目较多时自动扩展列，在组件数目较少时自动收缩列。网格布局的行数始终不变。

GridLayout 类的构造方法如下。

① GridLayout()。

② GridLayout(int row , int col)。

③ GridLayout(int row , int col , int horz , int vert)。

其中，参数 row 用于设置行数；参数 col 用于设置列数；参数 horz 用于设置组件的水平间距；参数 vert 用于设置组件的垂直间距。

（4）卡片布局

使用卡片布局（CardLayout）时，组件会像卡片一样排列，多个组件拥有同一个显示区域，但同一时刻只能显示一个组件。

CardLayout 类常用的方法如下。

① void next(Container parent)：显示下一页。

② void previous(Container parent)：显示上一页。

③ void first(Container parent)：显示第一页。

④ void last(Container parent)：显示最后一页。

⑤ void show(Container parent , String text)：显示指定页。

（5）网格袋布局

网格袋布局（GridBagLayout）与网格布局类似，也在网格中定位组件，不同的是，网格袋组件不显示规定网格中的行数和列数，而是根据它布局的组件的约束条件确定行数和列数，并且允许组件跨越多个网格单元。

2. Java 的空隙类

进行组件布局时，还可以使用空隙类设置组件之间的间距，使组件显示效果更好。

（1）定义方形空隙

```
Component component=Box.createRigidArea(size) ;
```

（2）定义水平空隙

```
Component component=Box.createHorizontalGlue(size) ;
```

（3）定义垂直空隙

```
Component component=Box.createVerticalStrut(size) ;
```

【任务实现】

在项目 Unit07 的 unit07 包中创建类 Java7_1_3。扫描二维码，浏览电子活页 7-2，熟悉文件 Java7_1_3.java 的程序代码。

【程序运行】

程序 Java7_1_3.java 的运行结果如图 7-7 所示。

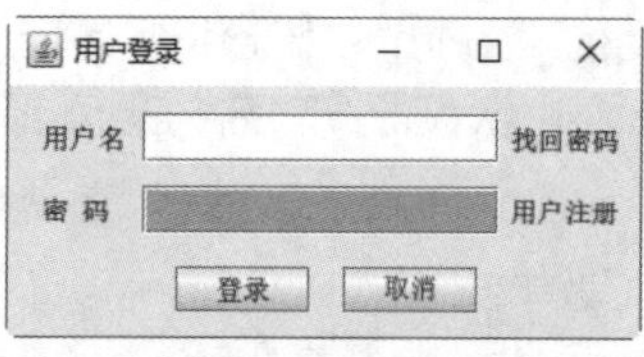

图 7-7　程序 Java7_1_3.java 的运行结果

【代码解读】

电子活页 7-2 中的程序代码解读如下。

（1）09 行调用 setLayout()方法将窗口容器的布局方式设置为空布局。

（2）16～19 行，以及 26 行、27 行、34 行、35 行调用 setBounds()方法设置组件在容器中的位置和大小。

（3）23 行用于设置密码文本框中密码的对齐方式，24 行用于设置密码文本框的背景颜色。

（4）31 行、32 行用于设置【取消】按钮的文本颜色和字体格式。

电子活页 7-3

【问题探究】

【问题 7-2】运用流式布局方式布局容器中的组件

【实例验证】

在项目 Unit07 的 unit07 包中创建类 Example7_2。

扫描二维码，浏览电子活页 7-3，熟悉并理解文件 Example7_2.java 的程序代码。

程序 Example7_2.java 的运行结果如图 7-8 所示。

图 7-8　程序 Example7_2.java 的运行结果

【问题探析】

电子活页 7-3 中的程序代码创建了 1 个用户登录窗口，并在该窗口容器中添加 4 个标签对象、1 个文本字段组件、1 个口令字段组件和 2 个按钮组件，运用 FlowLayout 对窗口中的组件进行布局。

电子活页 7-4

【问题 7-3】灵活运用多种布局方式布局容器中的组件

【实例验证】

在项目 Unit07 的 unit07 包中创建类 Example7_3。

扫描二维码，浏览电子活页 7-4，熟悉并理解文件 Example7_3.java 的程序代码。

程序 Example7_3.java 的运行结果如图 7-9 所示。

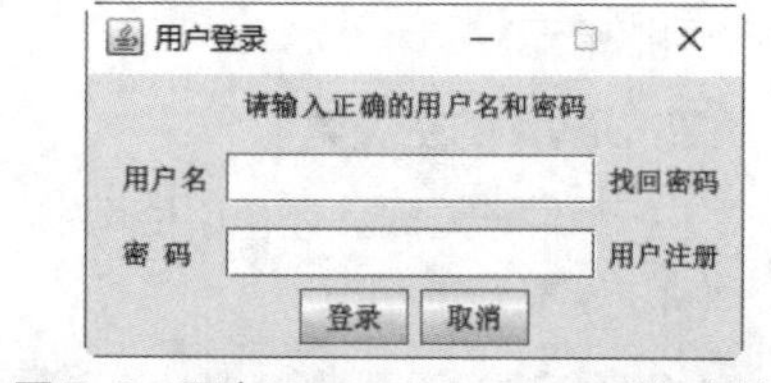

图 7-9　程序 Example7_3.java 的运行结果

【问题探析】

电子活页 7-4 中的程序代码创建了 1 个用户登录窗口，在该窗口容器中从上至下添加 3 个面板容器，在上方的面板容器中添加了 1 个标签对象，在中部的面板容器中添加了 4 个标签对象、1 个文本字段组件和 1 个口令字段组件，在下方的面板容器中添加了 2 个按钮。窗口容器的布局方式为边界布局，中部面板容器的布局方式为手动布局，下方面板容器的布局方式为流式布局。通过代码显式设置窗口在屏幕上显示的左上角坐标，以及窗口的宽度和高度。

7.2 事件监听与对话框使用

【任务 7-1-4】运用响应动作事件实现用户登录功能并使用对话框

【任务描述】

参考程序 Example7_3.java 创建 1 个用户登录窗口，该窗体类继承自 JFrame 类，并实现

ActionListener 监听接口。在窗体类的构造方法中注册【取消】按钮 btnCancel 的动作事件监听者为当前对象。编写动作事件处理方法 actionPerformed()的程序代码来响应用户的单击操作，并在代码中使用对话框输出提示信息。

【知识必备】

【知识 7-9】认知事件监听与响应动作事件

Java 处理事件响应基本沿用 AWT 的事件类和监听接口，尽管 Swing 也定义了事件类和监听接口，但普遍使用的还是 AWT 的事件类和监听接口。基本的事件处理使用 java.awt.event 包中的类实现，同时 javax.swing.event 包中增加了一些新的事件类和监听接口。AWT 事件类都是从 AWTEvent 继承来的，常用的事件有窗口事件（WindowEvent）、鼠标事件（MouseEvent）、键盘事件（KeyEvent）、焦点事件（FocusEvent）、动作事件（ActionEvent）、项目事件（ItemEvent）、文本事件（TextEvent）等。表 7-4 所示为这些事件对应的监听接口、适配器、响应方法和事件源。

表 7-4　事件对应的监听接口、适配器、响应方法和事件源

事件	监听接口、适配器	响应方法	事件源
窗口事件	WindowListener、WindowAdapter	windowOpened(WindowEvent e)、windowActivated(WindowEvent e)、windowClosing(WindowEvent e)、windowClosed(WindowEvent e)、windowDeactivated(WindowEvent e)、windowDeiconified(WindowEvent e)、windowIconified(WindowEvent e)	Window
鼠标事件	MouseListener、MouseAdapter	mouseClicked(MouseEvent e)、mouseEntered(MouseEvent e)、mouseExited(MouseEvent e)、mousePressed(MouseEvent e)、mouseReleased(MouseEvent e)	JComponent
	MouseMotionListener	mouseDragged(MouseEvent e)、mouseMoved(MouseEvent e)	JComponent
键盘事件	KeyListener、KeyAdapter	keyPressed(KeyEvent e)、keyReleased(KeyEvent e)、keyTyped(keyEvent e)	JComponent
焦点事件	FocusListener、FocusAdapter	focusGained(FocusEvent e)、focusLost(FocusEvent e)	JComponent
动作事件	ActionListener	actionPerformed(ActionEvent e)	AbstractButton、JComboBox、JTextField、Timer
项目事件	ItemListener	ItemStateChanged(ItemEvent e)	AbstractButton、JComboBox
文本事件	TextListener	textValueChanged(TextEvent e)	JTextField

本任务主要介绍动作事件、鼠标事件及事件适配器。

1. 动作事件

图形界面程序要实现交互功能，就必须不断监听单击鼠标和敲击键盘等事件。只有这样，应用程序才能对发生的事件做出响应。单击按钮或在文本框中按【Enter】键，都会发生动作事件。

Java 处理事件涉及几个重要的概念：事件源、监听者、事件接口。

（1）事件源

能够产生事件的对象称为事件源，如按钮、文本框、菜单等，鼠标或键盘在事件源上操作将产生事件。不同的事件源会产生不同的事件，例如，单击按钮将产生动作事件，打开窗口将产生窗口事件。

（2）监听者

实现事件响应的关键是一旦产生事件，监听者必须自动执行响应程序。监听者是指对事件进行监听，以便对产生的事件进行处理的对象。事件源通过调用相应的方法将某个对象注册为监听者。每个事件源都有注册监听者的方法，例如，通过调用如下方法为按钮类 JButton 注册动作事件监听者：按钮变量名.addActionListener(监听者);。

如果动作事件监听者是当前对象，则“监听者”为“this”，即代码形式为变量名.addActionListener(this);。

这样，一旦单击按钮，就会产生一个动作事件，如果按钮注册了监听者，则事件对象将传送到监听者的 actionPerformed()方法，并且监听者会自动执行这个方法。

（3）事件接口

事件接口规定了监听者需要实现的用于处理事件的方法。如果一个类的对象能作为监听者，那么该类必须实现相应的事件接口，即必须在类体中给出该接口中所有方法的方法体。动作事件的接口为 ActionListener，该接口只有一个方法：public void actionPerformed(ActionEvent e)。该方法就是响应单击按钮事件的方法。

因为接口不能直接创建实例对象，所以最终负责监听事件的是实现该接口的类的对象。与实现其他接口一样，实现监听接口必须重写接口中的抽象方法。重写的方法体就是事件响应程序，即事件产生后自动运行的程序。

下面对按钮 button 的事件处理方法进行分析。窗口中有两个按钮【登录】（对象名为 btnOK）和【取消】（对象名为 btnCancel），单击按钮时将显示对应按钮的文本内容，实现的步骤如下。

① 定义实现事件监听接口的类，在响应事件的方法中编写响应程序。

按钮组件的动作事件的接口是 ActionListener，事件处理方法是 actionPerformed()。

```
class ButtonListener implements ActionListener {
    public void actionPerformed(ActionEvent e) {
        if (e.getSource() == btnOK)
            System.out.println("单击了【登录】按钮");
        else
            System.out.println("单击了【取消】按钮");
    }
}
```

② 创建事件监听者对象。如果组件负责自己进行监听，则可以使用 this 引用自己。

```
ButtonListener btnListener = new ButtonListener();
```

③ 事件源对象调用方法注册监听者对象。

```
btnOK.addActionListener(btnListener);
btnCancel.addActionListener(btnListener);
```

如果创建的类继承自 JFrame 类且实现了 ActionListener 接口，则不必单独定义实现事件监听接口的类，其实现方法如下。

① 创建继承自 JFrame 类的子类，并实现事件监听接口。

```
public class Java7_1_4 extends JFrame implements ActionListener
```

② 为按钮组件注册事件监听者对象。

```
btnCancel.addActionListener(this);
```

③ 在响应事件的方法中编写响应程序代码。

```
public void actionPerformed(ActionEvent e) {
    ……  //程序代码
}
```

2. 鼠标事件

鼠标动作引起的事件称为鼠标事件。鼠标事件的事件源一般为容器。当鼠标按下、释放、单击时会引发鼠标事件（对应 MouseEvent 类），MouseEvent 类存于 java.awt.event 包中。可以通过实现 java.awt.event 包中的 MouseListener 接口和 MouseMotionListener 接口处理鼠标事件。

MouseEvent 类的常用方法如下。

① int getX()：返回鼠标事件发生时坐标点的 x 值。

② int getY()：返回鼠标事件发生时坐标点的 y 值。

③ Point getPoint()：返回 Point 对象，包含鼠标事件发生的坐标点，使用 Point 类的 getX()方法和 getY()方法可得到坐标点的 x、y 值。

④ int getClickCount()：获取单击鼠标的次数，如果单击，则返回整数值 1；如果双击，则返回整数值 2。

3. 事件适配器

Java 提供了鼠标适配器（MouseAdapter）类和鼠标移动适配器（MouseMotionAdapter）类来处理鼠标事件。MouseAdapter 类实现了 MouseListener 接口；MouseMotionAdapter 类实现了 MouseMotionListener 接口，这些类称为适配器（Adapter）类。适配器类重写了接口中的所有方法，但方法体都为空，这样通过继承适配器类实现事件响应时就不必实现接口中的所有方法了，只需重写需要的方法。事件适配器为人们提供了一种简单的实现监听的手段，可以适当减少程序代码的编写量。

下面以窗口适配器（WindowAdapter）类为例加以说明。在响应 WindowEvent 的 WindowListener 接口中定义了 7 个方法，分别响应打开窗口、激活窗口、关闭窗口和最小化窗口等事件。在类库中定义了 WindowAdapter 类实现 WindowListener 接口，该类重写了接口中的方法，且方法体为空，这样通过继承适配器类实现事件响应就不必实现接口中的所有方法了。示例代码如下。

```
class WindowListener extends WindowAdapter {          //定义监听类
        public void windowOpened(WindowEvent e) {
          ……  //程序代码
        }
}

WinListener wl=new WinListener(this) ;  //创建监听对象
this.addWindowListener(wl) ;              //注册窗口自身为监听对象
```

【任务实现】

电子活页 7-5

在项目 Unit07 的 unit07 包中创建类 Java7_1_4。扫描二维码，浏览电子活页 7-5，熟悉并理解文件 Java7_1_4.java 的程序代码。

【程序运行】

程序 Java7_1_4.java 的运行结果如图 7-10 所示。

单击【取消】按钮，会弹出图 7-11 所示的【提示信息】对话框，单击【是】按钮将退出登录，并关闭用户登录窗口。

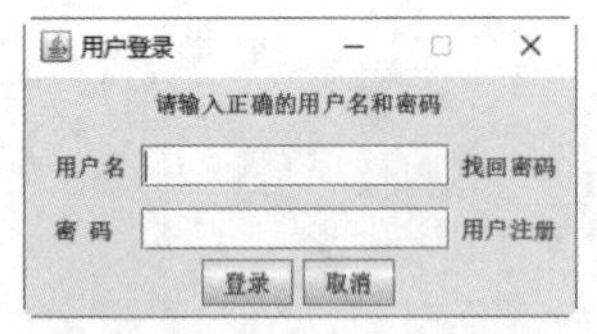

图 7-10　程序 Java7_1_4.java 的运行结果

图 7-11　【提示信息】对话框

【代码解读】

电子活页 7-5 中的程序代码解读如下。

（1）03 行导入 java.awt.event 包中所有与事件处理相关的类。

（2）08 行定义的类 Java7_1_4 继承自 JFrame 类，并通过“implements ActionListener”实现监听接口 ActionListener。

（3）59～65 行使用 addWindowListener()方法注册窗口自身为监听对象，59 行中的 WindowAdapter 为窗口适配器，61 行中的 windowClosing 为响应事件的方法，WindowEvent 为窗口事件。

（4）62 行和 83 行的“dispose()；”表示关闭当前窗口，63 行和 84 行的“System.exit(0)；”表示正常退出程序，结束当前正在运行中的 JVM，并释放内存。

（5）67 行注册动作事件监听者（即【取消】按钮）为当前对象。

（6）76～86 行实现了动作事件处理方法。77～81 行调用 JOptionPane 类的 showConfirmDialog() 方法弹出【提示信息】对话框供用户进行选择，82～85 行表示如果方法的返回值为 JOptionPane.YES_OPTION，则关闭当前窗口，正常退出程序。

（7）76 行动作事件处理方法中的参数 e 是事件名，当用户单击窗口中的按钮组件时会产生名称为 e 的事件。

7.3 在 JFrame 窗体中创建并使用菜单

【任务 7-2】设计基于图形用户界面的记事本程序

【任务 7-2-1】创建记事本主窗口

【任务描述】

（1）创建一个 450px × 300px 的 JFrame 窗口【我的记事本】。

（2）在该窗口中添加一个 10 行 10 列的 JTextArea 文本域，用来显示多行信息。

（3）创建一个 JScrollPane 组件，将 JTextArea 文本域作为其显示组件。

（4）向 JFrame 窗口【我的记事本】中添加 JScrollPane 组件。

电子活页 7-6

【任务实现】

在项目 Unit07 的 unit07 包中创建类 Java7_2_1。扫描二维码，浏览电子活页 7-6，熟悉并理解文件 Java7_2_1.java 的程序代码。

【程序运行】

运行程序 Java7_2_1.java，在文本域中输入文字“自定义的记事本”，运行结果如图 7-12 所示。

图 7-12 程序 Java7_2_1.java 的运行结果

【任务 7-2-2】创建记事本主窗口并添加菜单

【任务描述】

（1）创建 1 个【我的记事本】窗口。

（2）在【我的记事本】窗口中添加 1 个菜单栏，在菜单栏容器中添加 4 个菜单：【文件】【编辑】【格式】和【帮助】。

（3）在【文件】菜单中添加【新建】【打开】【另存为】【退出】4 个菜单项和 1 根分隔线，在【编辑】菜单中添加【复制】【剪切】【粘贴】【全选】【清除】5 个菜单项和 1 根分隔线，在【格式】菜单中添加 1 个复选框菜单项【自动换行】，在【帮助】菜单中添加 1 个菜单项【帮助】。

（4）设置各个菜单和菜单项的热键。

（5）设置各个菜单项的快捷键。

（6）为【退出】菜单项编写事件处理程序，实现退出功能。

【知识必备】

【知识 7-10】在 JFrame 窗体中创建并使用菜单

菜单组件可以使窗口显示菜单项。Swing 提供了 3 个层次的菜单类，第 1 层的菜单栏 JMenuBar 是存放菜单的容器；第 2 层为菜单 JMenu，可以直接添加到 JMenuBar 中创建顶层菜单，也可以作为其他菜单的子菜单；第 3 层为菜单项 JMenuItem，其中 JCheckBoxMenuItem 为带复选框的菜单项，JRadioButtonMenuItem 为带单选按钮的菜单项。

创建菜单时，首先要使用 JMenuBar 建立一个菜单栏，然后使用 JMenu 建立菜单，并使用 JMenuItem 为每个菜单建立菜单项。

（1）菜单栏

菜单栏（JMenuBar）是菜单的容器，其构造方法为 JMenuBar()。

（2）菜单

菜单（JMenu）是用来存放和整合菜单项的组件，它可以是单一层次的结构，也可以是一个层次化的结构。

JMenu 类的常用构造方法如下。

① JMenu()。

② JMenu(String text)。

③ JMenu(String text , boolean b)。

其中，参数 text 用于指定菜单的文本内容；参数 b 用于确定菜单是否具有下拉的属性。

（3）菜单项

JMenuItem 类继承自 AbstractButton 类，因此 JMenuItem 对象具有许多 AbstractButton 类的特性，也可以说 JMenuItem 是一种特殊的按钮。同时，可以在 JMenuItem 中添加图标，当选择某一个菜单项时就如同按下按钮一样，会触发动作事件。

JMenuItem 类的常用构造方法如下。

① JMenuItem()。

② JMenuItem(String text)。

③ JMenuItem(Icon icon)。

④ JMenuItem(String text , Icon icon)。

⑤ JMenuItem(String text , int mnemonic)。

其中，参数 text 用于指定菜单项的文本内容；参数 icon 用于指定菜单项的图标；参数 mnemonic 用于指定热键。

JMenuItem 类的常用方法如下。

① void setIcon(Icon icon)：设置图标。

② void setHorizontalTextPosition()：设置文字与图标的相对位置。

③ void setMnemonic(char mnemonic)：设置热键。

④ void setAccelerator(KeyStroke keyStroke)：设置快捷键，其中 KeyStroke 类用于管理键盘上的各种信息。

（4）复选框菜单项

JCheckBoxMenuItem 类用于建立一个复选框菜单项（JCheckBoxMenuItem），其常用的构造方法如下。

① JCheckBoxMenuItem()。

② JCheckBoxMenuItem(String text)。

③ JCheckBoxMenuItem(Icon icon)。

④ JCheckBoxMenuItem(String text , Icon icon)。

⑤ JCheckBoxMenuItem(String text , boolean b)。

⑥ JCheckBoxMenuItem(String text , Icon icon , boolean b)。

其中，参数 text 用于指定菜单项的文本内容；参数 icon 用于指定菜单项的图标；参数 b 用于设置复选框菜单项的选择状态。

（5）单选按钮菜单项

JRadioButtonMenuItem 类用于建立一个单选按钮菜单项（JRadioButtonMenuItem），其常用的构造方法如下。

① JRadioButtonMenuItem()。

② JRadioButtonMenuItem(String text)。

③ JRadioButtonMenuItem(Icon icon)。

④ JRadioButtonMenuItem(String text , Icon icon)。

⑤ JRadioButtonMenuItem(Icon icon , boolean selected)。

⑥ JRadioButtonMenuItem(String text , boolean selected)。

⑦ JRadioButtonMenuItem(String text , Icon icon , boolean selected)。

其中，参数 text 用于指定菜单项的文本内容；参数 icon 用于指定菜单项的图标；参数 selected 用于设置单选按钮菜单项的选择状态。

【任务实现】

在项目 Unit07 的 unit07 包中创建类 Java7_2_2。

扫描二维码，浏览电子活页 7-7，熟悉并理解文件 Java7_2_2.java 的程序代码。

电子活页 7-7

【程序运行】

程序 Java7_2_2.java 的运行结果如图 7-13 所示。

在【我的记事本】窗口中，选择【文件】菜单后弹出的下拉菜单如图 7-14 所示，选择【格式】菜单后弹出的下拉菜单如图 7-15 所示。

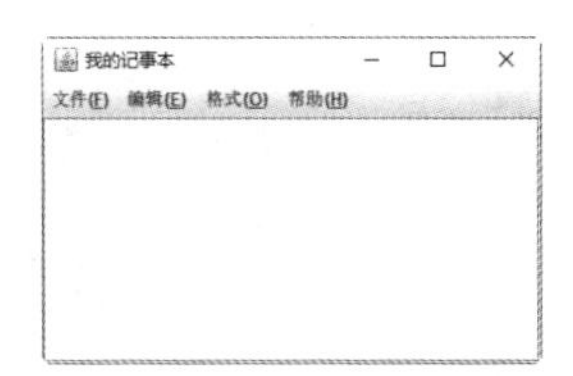

图 7-13 程序 Java7_2_2.java 的运行结果

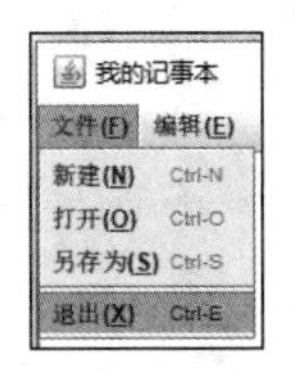

图 7-14 选择【文件】菜单后弹出的下拉菜单

图 7-15 选择【格式】菜单后弹出的下拉菜单

选择【文件】菜单中的【退出】菜单项，可以关闭【我的记事本】窗口，退出程序。

【代码解读】

电子活页 7-7 中的程序代码解读如下。

（1）02 行、03 行用于导入 java.awt 包中的类，05 行、06 行用于导入 javax.swing 包中的类。

（2）27 行声明菜单栏对象，28 行声明多个菜单对象，29～32 行声明多个菜单项对象。

（3）34 行创建菜单栏对象，86 行将菜单栏添加到【我的记事本】窗口中。

（4）36～39 行分别创建 4 个菜单对象，41～51 行分别创建多个菜单项对象。

（5）53～67 行使用 setMnemonic()方法设置菜单项的热键。

（6）69～84 行使用 setAccelerator()方法设置菜单项的快捷键，KeyStroke 类用于管理键盘上的各种信息。

（7）88～91 行用于将菜单添加到菜单栏中，92～104 行用于将菜单项添加到菜单中。

（8）105 行实现了【退出】菜单项的动作事件处理。

7.4 在 JFrame 窗体中创建并使用快捷菜单

【任务 7-2-3】为记事本窗口添加快捷菜单

【任务描述】

（1）创建 1 个【我的记事本】窗口。

（2）在【我的记事本】窗口中添加 1 个快捷菜单栏，在快捷菜单栏容器中添加 1 个菜单【文件】、3 个单选按钮菜单项【复制】【剪切】【粘贴】、2 根分隔线和 1 个菜单项【退出】，【文件】菜单中包含 3 个菜单项——【新建】【打开】【另存为】。

（3）设置菜单项的快捷键。

（4）为 JFrame 窗口的文本域添加鼠标事件监听器，实现右击文本域后弹出快捷菜单的功能。

（5）为【退出】菜单项编写事件处理程序，实现退出功能。

【知识必备】

【知识 7-11】在 JFrame 窗体中创建与使用快捷菜单

快捷菜单（JPopupMenu）是一种特殊的菜单，其性质与菜单基本一致，但是 JPopupMenu 并不固定在窗口中的固定位置，而是由鼠标和系统决定其位置。

JPopupMenu 的构造方法如下。

① JPopupMenu()。

② JPopupMenu(String text)。

其中，参数 text 用于指定弹出快捷菜单的文本内容。

弹出快捷菜单一般通过鼠标事件实现，示例代码如下。

```
public void mouseReleased(MouseEvent e) {
        if (e.isPopupTrigger()) {
            popupMenu.show(e.getComponent(), e.getX(), e.getY());
        }
    }
```

【任务实现】

在项目 Unit07 的 unit07 包中创建类 Java7_2_3。

扫描二维码，浏览电子活页 7-8，熟悉并理解文件 Java7_2_3.java 的程序代码。

电子活页 7-8

【程序运行】

程序 Java7_2_3.java 运行成功后，先调整多行文本框的尺寸，使其进入编辑状态，在多行文本框中右击，在弹出的快捷菜单中选择【复制】单选按钮菜单项，再在多行文本框中右击，在弹出的快捷菜单中选择【文件】菜单中的【新建】菜单项，如图 7-16 所示。在快捷菜单中选择【退出】菜单项，可以关闭【我的记事本】窗口，并退出程序。

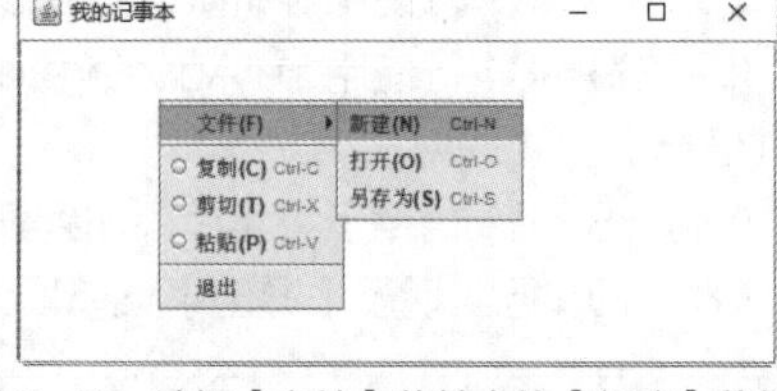

图 7-16 选择【文件】菜单中的【新建】菜单项

【代码解读】

电子活页 7-8 中的程序代码解读如下。

（1）30 行创建了 JPopupMenu 对象，32 行创建了菜单对象，33～36 行创建了菜单项。

（2）31 行创建了按钮组对象，37～39 行创建了单选按钮菜单项，58～60 行将单选按钮菜单项添加到按钮组中。

（3）56 行用于将菜单添加到快捷菜单中，61～63 行、65 行用于将菜单项添加到快捷菜单中。

（4）57 行、64 行用于添加分隔线。

（5）67～74 行为 JFrame 窗口的文本域添加鼠标事件监听器。

（6）75 行为【退出】菜单项添加事件代码。

7.5 在 JFrame 窗体中创建并使用工具栏

【任务 7-2-4】为记事本窗体添加工具栏

【任务描述】

（1）创建 1 个【我的记事本】窗口。

（2）在【我的记事本】窗口中添加 1 个工具栏，在工具栏中添加【新建文件】【打开文件】【保存文件】【复制文件】【剪切文件】【粘贴文件】和【退出】7 个按钮、2 根分隔线。要求鼠标指针移动到按钮上时出现边框。

（3）为工具栏中的【新建文件】和【退出】按钮编写事件处理程序。

【知识必备】

【知识 7-12】在 JFrame 窗体中创建与使用工具栏

使用 JToolBar 类创建一个工具栏对象，然后使用 add()方法将按钮添加到工具栏中。JToolBar 类的构造方法如下。

① JToolBar()。

② JToolBar(String text)。

③ JToolBar(int orientation)。

④ JToolBar(String text , int orientation)。

其中，参数 text 用于设置工具栏中按钮的文本内容；参数 orientation 用于设置工具栏中按钮的位置。

JToolBar 类的常用方法如下。

① void setFloatable(boolean b)：设置工具栏是否可以浮动。

② void setRollover(boolean rollover)：鼠标指针移动到按钮上时是否出现边框。

③ void setOrientation(int o)：设置工具栏方向。

④ void setToolTipText()：设置按钮提示文字。

⑤ void addSeparator()：添加分隔线。

【任务实现】

在项目 Unit07 的 unit07 包中创建类 Java7_2_4。

扫描二维码，浏览电子活页 7-9，熟悉并理解文件 Java7_2_4.java 的程序代码。

【程序运行】

运行程序 Java7_2_4.java，先调整多行文本框的尺寸，使其进入编辑状态，将鼠标指针指向工具按钮时显示对应的提示信息。这里指向【新建文件】按钮，显示“新建文件”的提示信息，如图 7-17 所示。

单击工具栏中的【新建文件】按钮，在多行文本框中输入文本内容“新建一个文件”，如图 7-18 所示。单击工具栏中的【退出】按钮，关闭【我的记事本】窗口，并退出程序。

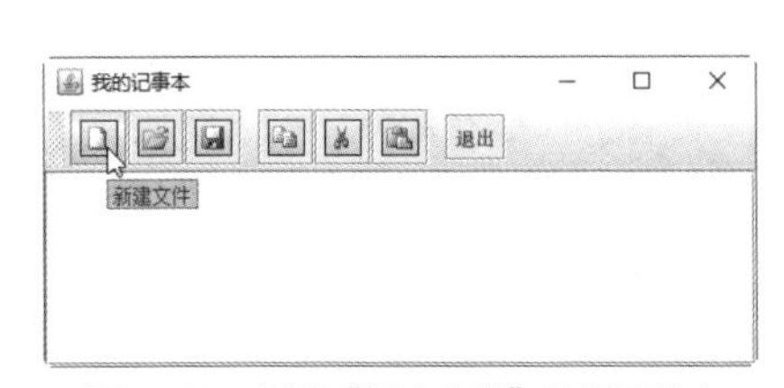

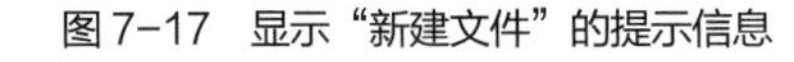
图 7-17　显示“新建文件”的提示信息

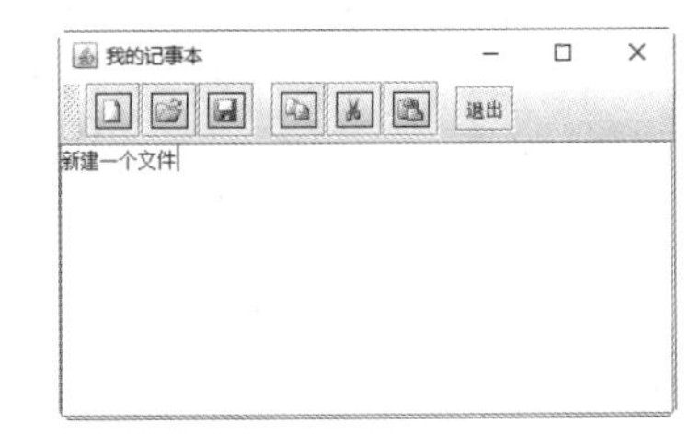

图 7-18　在多行文本框中输入文本内容“新建一个文件”

【代码解读】

电子活页 7-9 中的程序代码解读如下。

（1）30 行、36 行、38 行、40 行、42 行、44 行和 46 行创建了按钮对象。

（2）31～35 行用于设置工具按钮的属性，37 行、39 行、41 行、43 行、45 行分别用于设置工具按钮的提示文字。

（3）47～55 行用于将工具按钮添加到工具栏中，57 行用于将工具栏添加到窗口中。

7.6 在可视化设计环境中设计窗口并添加组件

【任务 7-3】可视化设计用户登录程序

【任务描述】

在 Apache NetBeans IDE 可视化设计环境中创建图 7-19 所示的【用户登录】窗口，在“用户名”文本框中输入正确的用户名，在“密码”文本框中输入正确的密码，单击【登录】按钮，弹出“成功登录系统”的提示信息对话框，否则弹出“用户名有误”或者“密码不正确”的提示信息对话框。单击【取消】按钮，会弹出一个供用户进行选择的对话框。

图 7-19 【用户登录】窗口

【知识必备】

【知识 7-13】创建与使用 Java 中的包

1. 初识包

利用面向对象程序设计技术开发软件时，程序员需要定义许多类并使其共同工作，有些类可能要反复被使用。为了使这些类易于查找和使用、避免命名冲突以及限定类的访问权限，程序员可以将一组功能相关的类与接口打包成一个包（Package）。Java 通过包可以方便地管理程序的类和接口。

包是类和接口的集合，或者说包是类和接口的容器，它将一组类或接口集中到一起。在文件系统中，包被转换成一个文件夹。包中还可以有包，形成一种层次结构。包的优点主要体现在以下几个方面。

（1）程序员可以很容易地确定包中的类是相关的，并且根据所需要的功能找到对应的类。

（2）包可以防止类命名混乱。每个包都创建了一个独立的命名空间，因此位于不同包中的相同类名不会产生冲突。

（3）包可以控制内部类、接口、成员变量和方法的可见性。在包中，除了访问权限声明为 private 的成员变量和方法之外，类中所有的成员变量和方法还可以被同一包中的其他类和方法访问。

2. 使用 package 创建包

创建包就是将类与接口放入指定的包中，创建包可通过在类和接口的源文件中使用 package 相应语句实现。

声明包的语句格式如下。

```
package  包名称1[. 包名称2……];
```

其中，符号“.”代表分隔符；“包名称 1”为最外层的包；“包名称 2”为内层的包。示例代码如下。

```
package package7_3;
```

在 Apache NetBeans IDE 中，可以快捷创建包。

注意 ① 创建一个包就是在当前文件夹下创建一个子文件夹，包可以嵌套使用，即一个包中可以含有类的定义，也可以含有子包。

② 每个 Java 源程序中只能有一条 package 语句。

③ package 语句必须位于程序的开始位置（即 package 语句为程序代码中的第一行可执行代码），package 语句前只能包含注释和空格，不能出现 Java 语句。

④ 如果 Java 程序中没有 package 语句，则指定为无包名，此时会把源文件中的类存储在当前文件夹中，并放置到默认包中，但默认包无法被其他包引用。

3. Java 中常用的包

Java 提供了以下几个常用的包。

（1）java.lang：该包包含 Java 编程所需要的基础类和接口，如 Object 类、Math 类、String 类、StringBuffer 类、Thread 类、Throwable 类和 Runnable 接口等。这个包是唯一一个可以不用导入就可以使用的包。

（2）java.io：该包包含标准 I/O 类，如文件操作等。

（3）java.nio：为了完善 io 包的功能，提高 io 包性能而创建的一个新包。

（4）java.util：该包包含丰富的常用工具类，包括自成体系的集合框架、事件模型、日期时间、国际化支持工具等许多有益的工具，如 Date 类、Vector 类等。

（5）java.net：该包包含实现网络功能的类，如 URL、URLConnection 等。

（6）java.sql：该包包含访问数据库的类和接口，如 Connection、Statement、ResultSet 等。

（7）java.awt：该包包含所有创建用户界面（User Interface，UI）、绘图及图像处理的类，其部分功能正在被 java.swing 取代。

（8）java.awt.event：该包包含事件处理的类。

（9）java.applet：该包包含创建 Applet 以及 Applet 与其运行上下文环境进行通信所需要的类。

（10）javax.servlet：该包包含 JSP、Servlet 等使用到的类。

4. 使用 import 导入包中的类

将类组织成包是为了更好地利用包中的类。通常一个类只能直接引用与它在同一个包中的类。如果要使用其他包中的类，则可以在类名前面加上完整的包名，即使用“包名称.类名”的形式，但这种方式有些烦琐，一般只有两个包中含有同名的类时，为了对两个同名类加以区分时才使用。更简便的方法是使用 import 语句导入需要的类，在随后的程序中直接使用类名进行操作。

（1）从包中导入指定类的语法格式如下。

```
import  包名称.类名
```

其中，包名称对应文件夹名称；类名用于指明要导入的类。包名称可以包含多个层次，形式如“父包名称 1.子包名称 2”。示例代码如下。

```
import java.util.Calendar;
```

（2）从包中导入该包全部类的语法格式如下。

```
import  包名称.*
```

其中，“*”表示导入该包中的所有类、接口和异常等。示例代码如下。

```
import javax.swing.*;。
```

Java 编译器默认为所有的 Java 程序导入 JDK 的 java.lang 包中所有的类（import java.lang.*；），该包中定义了一些编程时常用的类，如 System 类、String 类、Object 类、Math 类等，在进行程序设计时，这些类可以直接使用。但使用其他包中的类时，必须先导入后使用。

导入包的代码书写在类声明语句的上方、创建包语句的下方，import 语句在一个源代码文件中可以书写任意多句。注意，import 语句只会导入指定包中的类，而不会导入该包中子包中的类。

电子活页 7-10

【任务实现】

扫描二维码，浏览电子活页 7-10，熟悉本任务的实现过程。

【程序运行】

程序 Java7_3.java 的运行结果如图 7-20 所示，单击【登录】按钮后将弹出图 7-21 所示的【消息】对话框，单击【取消】按钮后将弹出图 7-22 所示的【提示信息】对话框。

图 7-20 程序 Java7_3.java 的运行结果

图 7-21 【消息】对话框

图 7-22 【提示信息】对话框

7.7 应用 JTable 组件设计 Java GUI 程序

【任务 7-4】可视化设计【购物车管理】窗口

【任务描述】

在 Apache NetBeans IDE 可视化设计环境中创建图 7-23 所示的【购物车管理】窗口，该窗口运行时，JTable 组件中将显示商品数据，包括商品编码、商品名称、商品价格和购买数量 4 列。在 JTable 组件中单击某一行，在该组件的下方将显示对应的商品编码，如果单击【删除】按钮，则将从 JTable 组件中删除对应的行。在窗口下方的“商品编码”文本框、“商品名称”文本框、“商品价格”文本框和“购买数量”文本框中分别输入相应的数据，单击【添加】按钮，可将新的商品数据添加到 JTable 组件的商品数据表中。单击【清空】按钮，将会清空 JTable 组件中的所有商品数据。

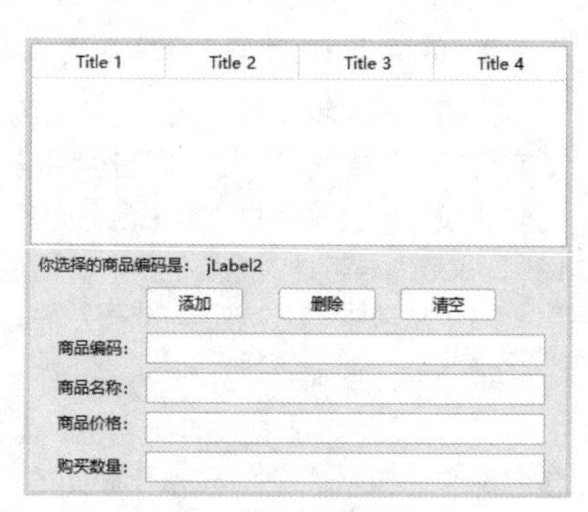

图 7-23 【购物车管理】窗口

【知识必备】

【知识 7-14】认知 JTable 组件

表（JTable）组件以行和列的形式显示数据，并允许对表格中的数据进行编辑。使用表格时，首先会生成一个 TableModel 类的对象来表示该数据，然后以该 TableModel 类的对象作为参数生成 JTable 类的对象，并将 TableModel 类的对象中的数据以表格形式显示出来。

JTable 类的构造方法如下。

① JTable()。

② JTable(int rows , int cols)。

③ JTable(Object[ ][ ] rowData , Object[ ][ ] columnNames)。

④ JTable(TableModel dm)。

⑤ JTable(TableModel dm , TableColumnModel tcm)。

⑥ JTable(TableModel dm , TableColumnModel tcm , ListSelectionModel lsm)。

⑦ JTable(Vector vectorData , Vector columnNames)。

其中，参数 rows 用于设置表格的行数；参数 cols 用于设置表格的列数；参数 rowData 用于设置二维数组的数据；参数 columnNames 用于设置表格的列名称；参数 dm 用于设置数据模型；参数 tcm 用于设置表格的字段模型；参数 lsm 用于设置表格的选择模型；参数 vectorData 用于设置 Vector 对象。

JTable 类的常用方法如下。

① void setAutoResizeMode(int mode)：设置自动调整列宽的模式。

② int getRowCount()：获取表格的行数。

③ int getColumnCount()：获取表格的列数。

④ String getColumnName(int column)：获取表格的列名称。

⑤ Object getValueAt(int row , int col)：获取表格中特定位置的值。

⑥ void setValueAt(Object obj , int row , int col)：设置表格中特定位置的值。

⑦ void setGridColor(Color c)：设置网格颜色。

⑧ void setRowHeight(int h)：设置表格的行高。

⑨ TableModel getModel()：获取表格的数据类。

⑩ TableColumnModel getColumnModel()：获取表格的列数据模型。可以先利用该方法获取 TableColumnModel 对象，再利用 TableColumnModel 类定义的 getColumn()方法获取 TableColumn 对象，并利用此对象的 setPreferredWidth()方法设置列宽。示例代码如下。

```
column=table.getColumnModel().getColumn(1);
column.setPreferredWidth(100);
```

JTable 的事件接口主要是 ListSelectionListener 和 TableModelListener。ListSelectionListener 包含方法 valueChanged(ListSeletionEvent e)，在选择表格中的单元格时触发。TableModelListener 包含方法 tableChanged(TableModelEvent e)，当表格中的内容改变时触发。

电子活页 7-11

【任务实现】

扫描二维码，浏览电子活页 7-11，熟悉本任务的实现过程。

【程序运行】

程序 Java7_4.java 的运行结果如图 7-24 所示。

图 7-24　程序 Java7_4.java 的运行结果

在“商品数据”表中单击某一行，表格下方会显示该行对应的商品编码，如图 7-25 所示，在“商品数据”表中单击商品编码为“185038089998”对应的行，表格下方会显示该商品编码。

分别在【购物车管理】窗口下方的“商品编码”“商品名称”“商品价格”和“购买数量”文本框中输入商品数据，单击【添加】按钮，即可在“商品数据”表中添加一行商品数据，如图 7-26 所示。

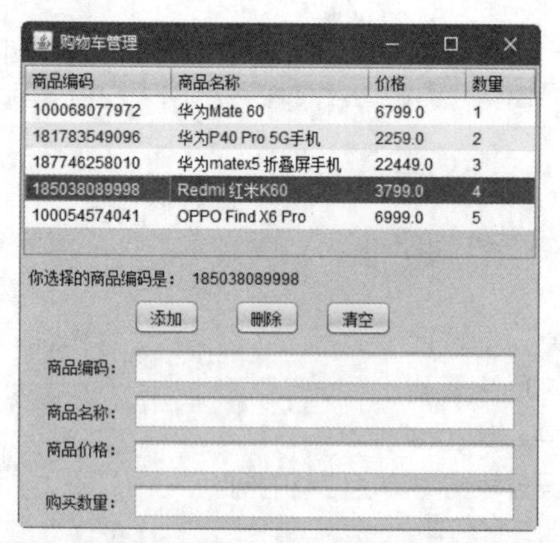

图 7-25 单击数据行且显示该行对应的商品编码

图 7-26 在“商品数据”表中添加数据

在该窗口的“商品数据”表中可以选择一行商品数据，然后单击【删除】按钮，从“商品数据”表中删除选择的商品数据，还可以单击【清空】按钮，删除“商品数据”表中全部的商品数据。

编程拓展

【任务 7-5】设计创建和管理银行账户窗口并实现其功能

【任务 7-5-1】设计【创建银行账户】窗口并编写实现其功能的程序

【任务描述】

编写 Java 程序 AccountOperate.java，在该程序运行时打开【创建银行账户】窗口，输入指定的账户数据，单击【创建账户】按钮可创建一个银行账户，单击【取消】按钮可退出程序。

【任务实现】

扫描二维码，浏览电子活页 7-12，熟悉本任务的实现过程。

电子活页 7-12

【程序运行】

运行 Java 程序 AccountOperate.java，打开图 7-27 所示的【创建银行账户】窗口，输入图 7-27 所示的账户数据，单击【创建账户】按钮创建一个银行账户，并弹出图 7-28 所示的【提示信息】对话框，在该对话框中单击【确定】按钮即可关闭【提示信息】对话框。在【创建银行账户】窗口中单击【取消】按钮，即可关闭该窗口并退出程序。

图 7-27 【创建银行账户】窗口

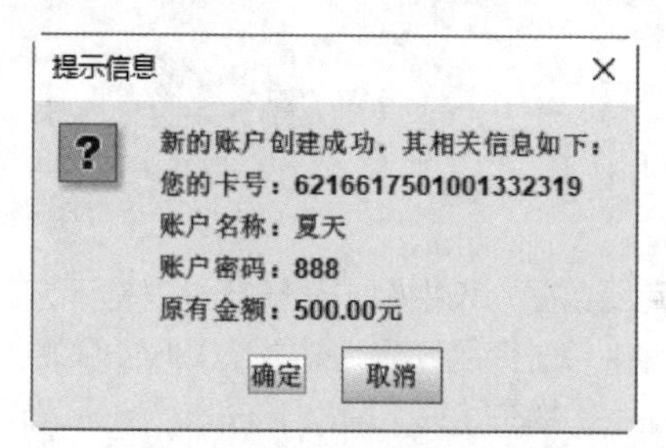

图 7-28 【提示信息】对话框

【任务 7-5-2】设计【银行账户管理】窗口并编写实现其功能的程序

【任务描述】

编写 Java 程序 AccountTransaction.java，该程序运行时会打开图 7-29 所示的【银行账户管理】窗口，该窗口包括【账户创建】【账户操作】【帮助】菜单，该窗口的工具栏中包括 7 个按钮和 1 条分隔线。

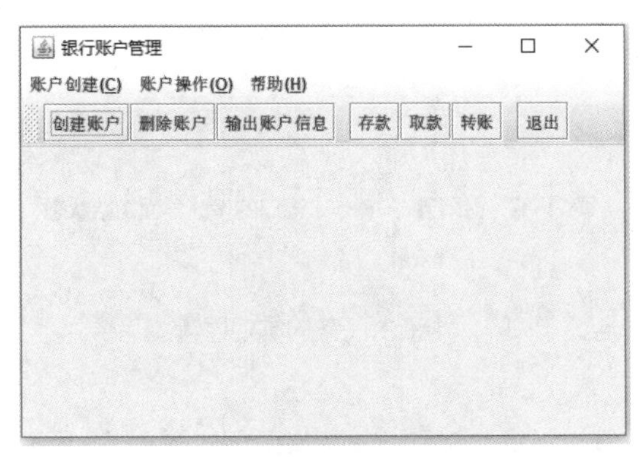

图 7-29 【银行账户管理】窗口

【任务实现】

扫描二维码，浏览电子活页 7-13，熟悉本任务的实现过程。

【程序运行】

运行 Java 程序 AccountTransaction.java，打开图 7-29 所示的“银行账户管理”窗口，该窗口中包括【账户创建】【账户操作】【帮助】主菜单，选择【账户创建】菜单，会弹出图 7-30 所示的下拉菜单，右击【银行账户管理】窗口的空白区域会弹出图 7-31 所示的快捷菜单。

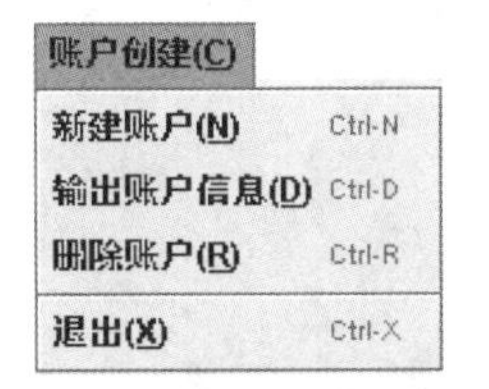

图 7-30 【账户创建】下拉菜单

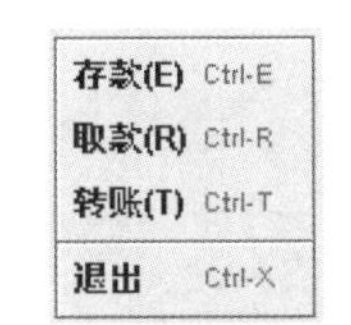

图 7-31 【银行账户管理】窗口的快捷菜单

【任务 7-6】使用 Apache NetBeans IDE 可视化编程环境设计【银行账户操作】窗口并实现其功能

【任务描述】

在 Apache NetBeans IDE 可视化编程环境中设计【银行账户操作】窗口，该窗口包括多个组件，编写程序并设置运行时的初始数据，其中“货币种类”包括 RMB、USD、GBP、EUR 等 4 种，账户名称为“高兴”，账户密码为“666”。该窗口的设计界面初始状态如图 7-32 所示。

在【创建账户】【查找账户】【删除账户】【显示账户信息】【存款操作】【取款操作】【转账操作】和【退出】等按钮的事件过程中编写响应程序，实现相应的功能。

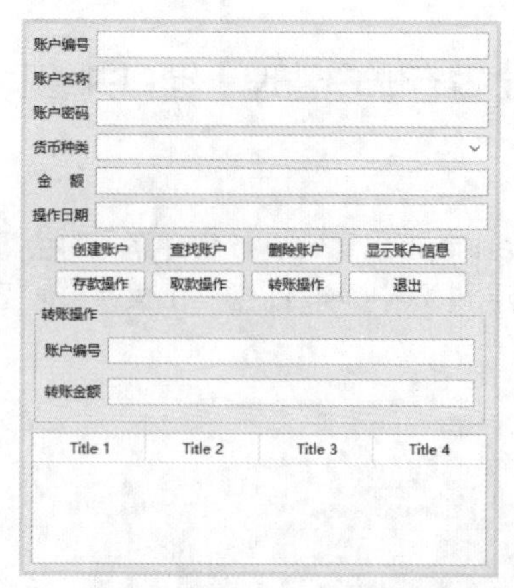

图 7-32 【银行账户操作】窗口的设计界面初始状态

【任务实现】

扫描二维码，浏览电子活页 7-14，熟悉本任务的实现过程。

【程序运行】

程序 BankAccountOperation.java 运行时的初始界面如图 7-33 所示，初始界面中的【转账操作】按钮为不可用状态。

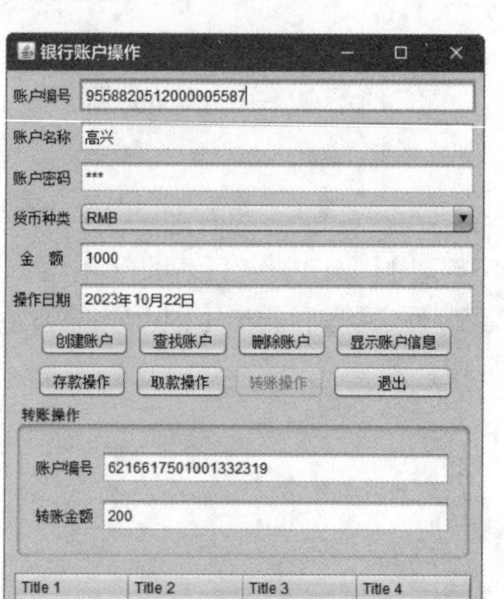

图 7-33 程序 BankAccountOperation.java 运行时的初始界面

其可以实现以下功能。

（1）单击【创建账户】按钮，可以创建新账户，此时【转账操作】按钮变成可用状态，单击【显示账户信息】按钮，可以显示指定账户的相关信息。

（2）单击【查找账户】按钮，可以查找指定账户的信息。

（3）单击【删除账户】按钮，可以删除指定账户。

（4）单击【存款操作】按钮，可以实现存款，单击【取款操作】按钮，可进行取款。

（5）单击【转账操作】按钮，可以实现转账。

（6）单击【退出】按钮，可以关闭窗口并退出程序。

考核评价

本模块的考核评价表如表 7-5 所示。

表 7-5　模块 7 的考核评价表

<table>
<tr><td rowspan="8">考核要点</td><td>考核项目</td><td colspan="2">考核内容描述</td><td>标准分</td><td>评分</td></tr>
<tr><td>编程思路</td><td colspan="2">编程思路合理，恰当地声明了变量或对象，选用了合理的实现方法</td><td>2</td><td></td></tr>
<tr><td>程序代码</td><td colspan="2">程序逻辑合理，程序代码编译成功，实现了规定功能</td><td>6</td><td></td></tr>
<tr><td>运行结果</td><td colspan="2">程序运行正确，测试数据选用合理，运行结果符合要求</td><td>2</td><td></td></tr>
<tr><td>编程规范</td><td colspan="2">命名规范，能做到见名知意；缩进规范，方便阅读；注释规范，有助于理解程序；语句规范，表达清晰、容易理解</td><td>1</td><td></td></tr>
<tr><td>界面设计</td><td colspan="2">使用常用组件进行界面设计，并且界面布局合理、美观</td><td>2</td><td></td></tr>
<tr><td>事件监听</td><td colspan="2">在响应事件的方法中编写响应程序，实现事件监听</td><td>2</td><td></td></tr>
<tr><td colspan="3">小计</td><td>15</td><td></td></tr>
<tr><td>评价方式</td><td colspan="2">自我评价</td><td>小组评价</td><td colspan="2">教师评价</td></tr>
<tr><td>考核得分</td><td colspan="2"></td><td></td><td colspan="2"></td></tr>
</table>

归纳总结

本模块介绍了 Java GUI 应用程序的设计方法，主要包括创建 JFrame 窗口，在 JFrame 窗口中添加组件，合理布局容器中的组件，事件监听机制，创建并使用菜单、快捷菜单、工具栏，使用对话框，组件的拖曳，窗体与组件的属性设置，事件过程程序的编写等方面的内容。本模块还介绍了应用 JTable 组件设计 Java GUI 程序的方法。本模块的重点是以编码方式实现 JFrame 窗口的创建、组件的添加与布局、菜单与工具栏的创建、使用 Apache NetBeans IDE 可视化设计 Java GUI 程序，难点是实现事件监听与响应动作事件。

模块习题

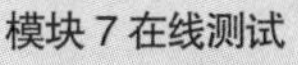

1. 选择题

扫描二维码，完成本模块的在线测试。

2. 编程题

（1）创建一个 400px × 300px 的窗口，标题为“登录窗口”。

（2）创建一个用户登录窗口，在该窗口中添加两个标签——“用户名”和“密码”；添加两个文本框，其中一个文本框用于输入用户名，另一个文本框用于输入密码；添加两个按钮——【确定】和【取消】，单击【确定】按钮，弹出一个对话框，在该对话框中输出用户输入的用户名和密码，单击【取消】按钮，也弹出一个对话框，根据用户的选择返回用户登录窗口或者关闭窗口。

（3）仿照 Windows 自带的计算器编写一个简易计算器，如图 7-34 所示，该计算器的菜单栏中包括【编辑】【查看】和【帮助】3 个菜单，其中，【编辑】菜单中包括【复制】和【粘贴】2 个选项。

图7-34 简易计算器

（4）创建一个学生信息管理窗口，该窗口可用于输入以下数据：学号、姓名、性别、政治面貌和班级。性别使用单选按钮（JRadioButton）实现，政治面貌使用组合框（JComboBox）实现，班级使用列表框（JList）实现，学号和姓名使用文本框（JTextField）实现。在窗口中添加 1 个表（JTable）和 2 个按钮（JButton），按钮名称分别为【确定】和【取消】，单击【确定】按钮，可以将所输入的学生信息显示在表中，单击【取消】按钮则关闭该窗口。运行该 Java 程序，窗口中各相关组件中显示如下初始数据：1001、余文、男、团员、软件 2402 班。

模块 8 网络通信程序设计

Java 作为一种适用于 Internet 开发的程序设计语言，提供了丰富的网络编程功能，这些功能的实现方法都封装在 java.net 包中。

教学导航

教学目标	（1）了解网络通信的基本概念和 Java 网络通信的支持机制 （2）了解基于 TCP 的通信、基于 UDP 的通信和基于 URL 的通信的实现方法 （3）掌握服务器端与客户端套接字的创建与连接方法 （4）学会设计基于 TCP 单向通信的网络应用程序 （5）学会设计基于 TCP 双向通信的网络应用程序 （6）学会设计基于 TCP 多客户端与服务器通信的网络应用程序
教学重点	（1）服务器端与客户端套接字的创建及连接方法 （2）基于 TCP 双向通信的网络应用程序设计 （3）基于 TCP 多客户端与服务器通信的网络应用程序设计

身临其境

在线客服与客户互动交流的界面如图 8-1 所示，客服可以通过该界面与客户进行实时互动交流。

石头剪子布小游戏的操作界面如图 8-2 所示，单击【重新开始】按钮，可以重新开始玩石头剪子布小游戏。

图 8-1　在线客服与客户互动交流的界面

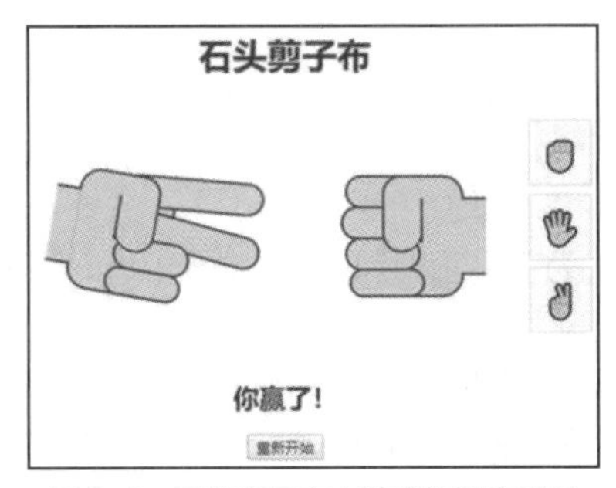

图 8-2　石头剪子布小游戏的操作界面

前导知识

【知识 8-1】认知网络通信的基本概念

在进行网络编程之前，有必要了解网络通信的基本概念，主要包括 IP 地址、端口、协议（其中 TCP/IP 和 UDP 为两项重要协议，单独介绍）等。为了实现两台计算机通信，必须有一条网络线路连接两台计算机，如图 8-3 所示。服务器是指提供信息的计算机或者程序，客户端是指请求信息的计算机或程序，网络用于连接服务器与客户端，实现相互通信。

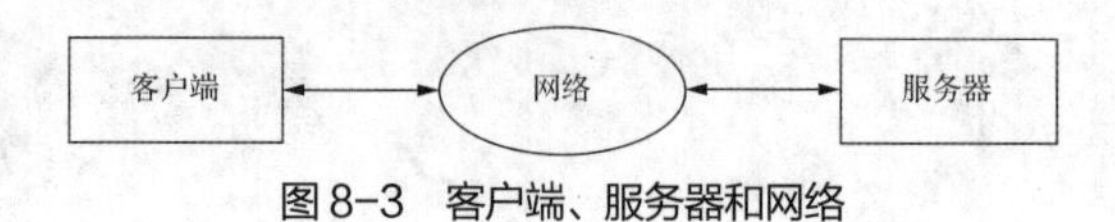

图 8-3 客户端、服务器和网络

（1）IP 地址

互联网中连接了无数的服务器和客户端，但它们并不是处于无序状态，而是每一台主机都有唯一的地址，作为该主机在互联网中的唯一标志，这个地址称为网际协议（Internet Protocol，IP）地址。IP 地址是一种在 Internet 上给主机编址的方式。IP 地址由 4 个十进制数组成，每个数的取值范围是 0～255，各数之间用一个点号“.”分隔，如 127.0.0.1。

（2）端口

端口（Port）是计算机数据 I/O 的接口。例如，个人计算机上都有的串行口，它是 I/O 设备上的一个物理接口。计算机接入通信网络或 Internet 时也需要一个端口，但这个端口不是物理端口，而是一个由 16 位数标识的逻辑端口，即一个假想的连接装置，且这个端口是 TCP/IP 的一部分，通过这个端口可以进行数据 I/O。端口号是一个 16 位的二进制数，其范围是 0～65535。在实际应用中，计算机中的 1～1024 端口被保留为系统使用，在 Java 程序中不应使用这些保留端口，而应该使用 1025～65535 端口中的一个来进行通信，以免发生端口冲突。

如图 8-4 所示，HTTP 服务器一般使用 80 端口，FTP 服务器一般使用 21 端口，客户端 1 通过 80 端口才可以连接到服务器系统的 HTTP 服务器，而客户端 2 通过 21 端口才可以连接到服务器系统的 FTP 服务器。

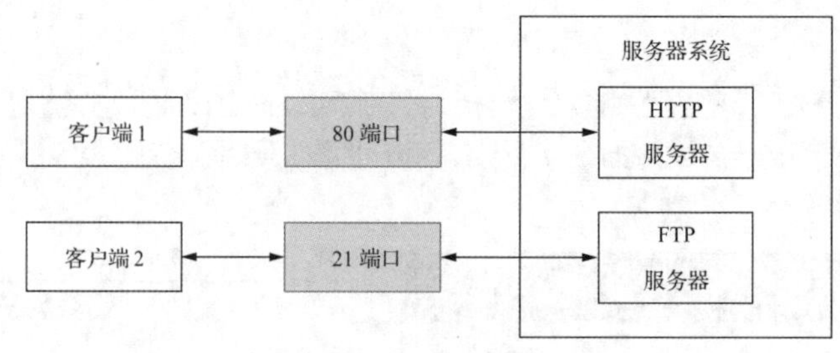

图 8-4 端口示意

（3）协议

为了保证两台以上的计算机之间能正确通信，必须有某种计算机都遵守的规则和约定，将这种规则和约定称为协议（Protocol）。协议是描述数据交换时必须遵循的规则和数据格式。网络协议规定了在网络上传输的数据类型，并规定了怎样解释这些数据类型和怎样请求传输这些数据。在 Internet 中控制复杂服务的协议有很多，其中较为常用的协议有 FTP（文件传送协议，端口号为 21）、HTTP（超文本传送协议，端口号为 80）、SMTP（简单邮件传送协议，端口号为 25）、POPv3（邮局协议第 3 版，端口号为 110）。

（4）TCP/IP

传输控制协议（Transmission Control Protocol，TCP）是一种基于连接的传输层协议，它为两台计算机提供了点对点的可靠数据流，保证从连接的一个端点发送的数据能够以正确的顺序到达连接的另一个端点。TCP 与 IP 一起使用时，将两者合称为 TCP/IP。TCP 负责数据或文件的分组与重组，IP 负责发送与接收数据或文件。数据或文件在网络中传输时会被分成许多块，将这些块称为包（Packet）。TCP 是可靠的、面向连接的协议，非常适用于可靠性要求比较高的场合。

（5）UDP

用户数据报协议（User Datagram Protocol，UDP）是应用层提供的一种简单、高效的用户数据传输服务，但是它并不对连接状态与数据损失做检查。UDP 从一个应用程序向另一个应用程序发送独立的数据报（对应 TCP 中的包），但并不保证这些数据报一定能到达另一个应用程序，并且这些数据报的传输顺序不可靠，即后发送的数据报可能先到达目的地。因此，使用 UDP 时，任何必需的可靠性都必须由应用层自身提供。UDP 适用于对通信可靠性要求较低且对通信性能要求较高的应用，如域名服务（Domain Name Service，DNS）、路由信息协议（Routing Information Protocol，RIP）、普通文件传送协议（Trivial File Transfer Protocol，TFTP）等应用层协议都建立在 UDP 的基础上。

【知识 8-2】认知 Java 网络通信的支持机制

Java 提供了强大的网络支持功能，Java 程序网络通信功能的实现位于应用层，Java 的网络编程 API 隐藏了网络通信编程的一些烦琐细节，为用户提供了与平台无关的使用接口，使程序员不需要关心传输层中 TCP/UDP 的实现细节就能够实现网络编程。Java 支持网络通信的类位于 java.net 包中，其中 URL 类、URLConnection 类、Socket 类和 ServerSocket 类使用 TCP 实现网络通信，DatagramPacket 类、DatagramSocket 类、MulticastSocket 类使用 UDP 实现网络通信。

生活中，我们通常将可以用来插插头的装置称为插座，其一般用于连接电器与电源，与此类似，网络程序中的套接字（Socket）用于将应用程序与端口连接起来。套接字是一个软件实现，是一个假想的连接装置，如图 8-5 所示。

Java 主要提供了两种网络支持机制。

（1）基于 URL 的通信编程

Java 支持使用统一资源定位符（Uniform Resource Locator，URL）访问网络资源，这种方法适用于访问 Internet，尤其是 WWW 上的资源。Java 提供了使用 URL 访问网络资源的类，使用户不需要考虑 URL 中各种协议的处理过程，就可以获得 URL 资源。

（2）基于套接字的通信编程

套接字表示应用程序与网络之间的接口，套接字通信过程是基于 TCP/IP 中的传输层接口套接字实现的。Java 提供了对应套接字机制的一组类，并支持流和数据报两种通信过程，程序设计者只需创建 Socket 类对象，即可使用套接字。

在使用基于 TCP 的双向通信时，网络中的两个应用程序之间必须先建立一个连接，这个连接的两个端点称为套接字。从应用编程的角度来看，应用程序可以将一个输入流或输出流绑定到某一个套接字上，读写这些 I/O 流即可实现基于 TCP 的通信。如图 8-6 所示，如果要向套接字的输出流写数据，则只需另一方从套接字的输入流中读取数据。

套接字通信机制有两种：基于 TCP 的通信机制和基于 UDP 的通信机制。在基于 TCP 的通信机制中，通信双方在开始时必须进行一次连接过程，通过建立一条通信链路提供可靠的字节流服务。在基于 UDP 的通信机制中，通信双方不存在连接过程，一次网络 I/O 以一个数据报形式进行，且每次网络 I/O 可以和不同主机的不同进程同时进行。基于 UDP 的通信机制的开销较小，但提供的数据传输服务不可靠，不能保证数据报一定能到达目的地。

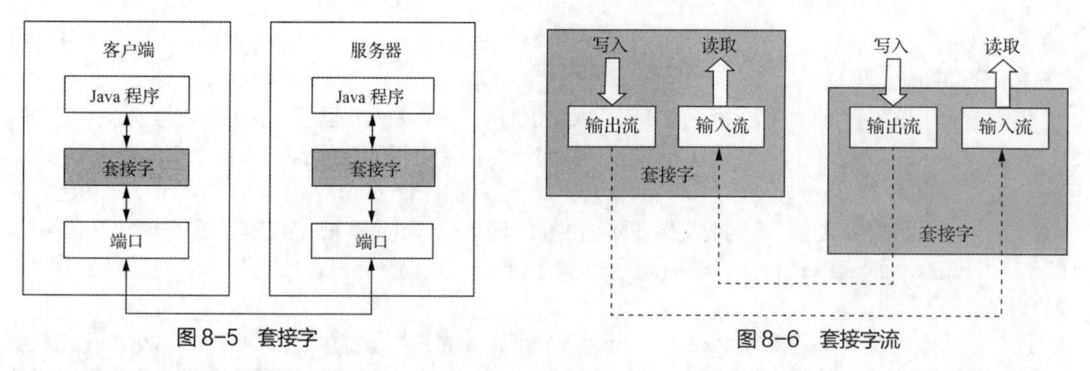

图 8-5　套接字　　图 8-6　套接字流

Java 同时支持基于 TCP 和基于 UDP 的这两种通信机制，并且在这两种机制中都采用了套接字表示通信过程中的端点。在基于 TCP 的通信机制中，java.net 包中的 Socket 类和 ServerSocket 类分别表示连接的客户端和服务器端；在基于 UDP 的通信机制中，DatagramSocket 类表示发送和接收数据包的端点。当不同计算机中的两个程序要进行网络通信时，无论是哪一种机制都需要知道远程主机的地址或主机名，以及端口号，且网络通信中的服务器端必须运行程序等待连接或等待接收数据报。

【知识 8-3】认知基于 TCP 的通信

（1）客户端编程模式

Socket 类提供了以下重载的构造方法在客户端程序中创建 Socket 类的实例对象。

① Socket(String host , int port)。

② Socket(InetAddress address , int port)。

③ Socket(String host , int port , InetAddress localAddress , int localPort)。

④ Socket(InetAddress address , int port , InetAddress localAddress , int localPort)。

上述 Socket 类的构造方法中各个参数的含义如下：host 表示服务器主机名；port 表示服务器的端口号；address 表示服务器的 IP 地址；localAddress 表示本地主机的 IP 地址；localPort 表示本地主机的端口号。

基于 TCP 通信的客户端编程模式的基本流程如下。

① 客户端程序通过指定的主机名（或者 InetAddress 的实例对象）和端口号构造一个套接字。

② 调用 Socket 类的 getInputStream()方法和 getOutputStream()方法分别打开与该套接字关联的输入流和输出流，依照服务程序约定的协议读取输入流中的数据或将数据写入输出流。

③ 依次关闭 I/O 流和套接字。

在以下示例程序中，客户端先从标准输入读取数据，再将数据发送给服务器端。

```
Socket socket = new Socket("127.0.0.1", 1280);
PrintWriter pWriter = new PrintWriter(socket.getOutputStream());
InputStreamReader isr=new InputStreamReader(System.in);
BufferedReader br=new BufferedReader(isr);
String str=br.readLine();
pWriter.println(str);
pWriter.close();
br.close();
socket.close();
```

（2）服务器端编程模式

ServerSocket 类也提供了多种重载的构造方法以在程序中创建 ServerSocket 类的实例对象。

① ServerSocket(int port)：创建一个服务器套接字，并将其绑定到指定端口上。

② ServerSocket(int port , int backlog)：首先创建一个服务器套接字，然后将其绑定到指定的端口上，并指出连接请求队列的最大长度。

在 ServerSocket 类中最重要的方法是 accept()，该方法可以建立并返回一个已与客户端程序连接的套接字。

基于 TCP 通信的服务器端编程模式的基本流程如下。

① 服务器端程序通过指定的监听端口创建一个 ServerSocket 类的实例对象，然后调用该对象的 accept()方法。

② 调用 accept()方法程序会发生阻塞，直至有一个客户端程序发送连接请求到服务器端程序监听的端口。服务器端程序接收到连接请求后，将分配一个新端口号建立与客户端程序的连接并返回该连接的一个套接字。

③ 服务器端程序可以调用该套接字的 getInputStream()方法和 getOutputStream()方法获取与客户端程序的连接关联的输入流和输出流，并依照预先约定的协议读取输入流中的数据或将数据写入输出流。

④ 完成所有的通信后，服务器端程序依次关闭所有的输入流、输出流、已建立连接的套接字以及用于监听的套接字。

在以下示例程序中，服务器端先读取客户端发送的数据，再在自己的标准输出并显示这些数据。

```
ServerSocket server = new ServerSocket(1280);
Socket socket = server.accept();
InputStreamReader isr=new InputStreamReader(socket.getInputStream());
BufferedReader br = new BufferedReader(isr);
System.out.println("客户端传送的数据为: " + br.readLine());
br.close();
socket.close();
server.close();
```

【知识 8-4】认知基于 UDP 的通信

UDP 是传输层的无连接通信协议，数据报是一种在网络中独立传播的包含地址信息的消息。UDP 采用数据报进行通信。数据报是否可以到达目的地，以什么顺序到达目的地，到达目的地时内容是否依然正确等是未经校验的。因而 UDP 是一种不可靠的点对点通信，适用于对通信性能要求较高但对通信可靠性要求较低的应用。

java.net 包为实现 UDP 通信提供了两个类：DatagramSocket 类和 DatagramPacket 类。其中，DatagramSocket 类对象代表一个被传送的 UDP 数据报，DatagramSocket 类封装了被传送数据报的内容、源主机和端口号、目的主机和端口号等信息，且支持该 UDP 套接字发送和接收 UDP 数据报；DatagramPacket 类对象代表一个用于传送 UDP 数据报的 UDP 套接字。

基于 UDP 的通信是将数据报从一个发送方传输给单个接收方。在基于 UDP 实现客户端/服务器通信时，无论是在客户端还是服务器端，首先都要创建一个 DatagramSocket 对象，用来表示数据报通信的端点，然后使用 DatagramPacket 对象封装数据报。UDP 套接字面向一个个独立的数据报，既可用于发送 UDP 数据报，又可用于接收 UDP 数据报。

在创建 DatagramSocket 类的实例对象时，可以通过不同形式的构造方法指定 UDP 套接字绑定的主机地址和端口号。DatagramSocket 类常用的构造方法如下。

① DatagramSocket()：与本机任何可用的端口绑定。

② DatagramSocket(int port)：与指定的端口绑定。

③ DatagramSocket(int port , InetAddress address)：与指定本机地址的端口绑定。

DatagramPacket 类既可以描述客户端程序发送的 UDP 数据报，又可以描述服务器端程序接收的 UDP 数据报。DatagramPacket 类常用的构造方法如下。

① DatagramPacket(byte[ ] buf , int length)。

② DatagramPacket(byte[ ] buf , int offset , int length)。

③ DatagramPacket(byte[ ] buf , int length , InetAddress address , int port)。

④ DatagramPacket(byte[ ] buf , int offset , int length , InetAddress address , int port)。

上述构造方法中各个参数的含义：buf 表示存储数据报的数组；length 表示数据报的长度；offset 表示数据报在缓冲区 buf 中的偏移量；address 表示目的地址；port 表示目的端口号。

基于 UDP 的通信的主要过程如下。

① 创建 UDP 套接字。

② 构造用于接收或发送的数据报，并调用创建套接字的 receive()方法进行数据报接收或调用 send()方法发送数据报。

③ 通信结束，关闭套接字。

【知识 8-5】认知基于 URL 的通信

URL 表示 Internet 上一个资源的引用或地址，Java 网络应用程序也是使用 URL 来定位要访问的 Internet 上的资源的。

（1）熟悉 URL 地址

URL 地址使 Java 网络应用程序能够在通信双方之间以某种方式建立连接，从而完成相应的操作。一个完整的 URL 的语法格式如下。

```
<通信协议>://<主机名>:<端口号>/<文件名>
```

① 通信协议：数据交换使用的协议，常用的有 HTTP、FTP 等。

② 主机名：资源所在的计算机，它有两种表示方法，即 IP 地址和域名。

③ 端口号：该计算机上的某个特定服务，其有效范围是 0～65535。

④ 文件名：该资源在目的计算机上的位置，即路径。

URL 的示例代码如下。

```
https://www.vmall.com/index.html
```

（2）创建 URL 对象

在 java.net 包中定义的 URL 类提供了最简单的网络编程接口，只需使用一次方法调用即可下载 URL 对象指定的网络资源的内容。

使用 URL 对象下载网络资源内容之前必须创建一个 URL 类的实例对象，URL 类提供的重载形式的构造方法如下。

① public URL(String protocol , String host , int port , String file)。

② public URL(String protocol , String host , String file)。

③ public URL(String spec)。

④ public URL(URL context , String spec)。

其中，protocol 表示资源的协议名（通常为 HTTP）；host 表示主机名（使用 IP 地址或域名表示）；port 表示端口号；file 表示文件名；spec 表示一个完整的 URL 地址或一个相对 URL 地址；context 表示以相对路径创建一个 URL 对象。

上述构造方法都可能抛出 java.net.MalformedURLException 异常。

利用一个完整的 URL 地址创建一个 URL 对象的示例代码如下。

```
URL url=new URL("https://www.vmall.com/index.html ");
```

（3）获取 URL 对象的状态

URL 类提供的获取 URL 对象状态的方法如表 8-1 所示，可以从一个字符串描述的 URL 地址中提取协议名、主机名、端口号和文件名等信息。

表 8-1　URL 类提供的获取 URL 对象状态的方法

方法名称	功能说明
getProtocol()	获取该 URL 中的协议名
getHost()	获取该 URL 中的主机名
getPort()	获取该 URL 中的端口号，如果没有设置端口，则返回-1
getFile()	获取该 URL 中的文件名
getRef()	获取该 URL 中文件的相对位置

获取 URL 对象状态的示例代码如下。

```
package unit08;
import java.net.*;
public class Example8_1 {
    public static void main(String[ ] args) {
        try {
            URL url=new URL("https://www.vmall.com/index.html ");
            System.out.println(url.getProtocol());
            System.out.println(url.getHost());
            System.out.println(url.getPort());
            System.out.println(url.getFile());
            System.out.println(url.getRef());
        } catch (MalformedURLException e) {
            }
    }
}
```

程序 Example8_1.java 的运行结果如下。

```
https
www.vmall.com
-1
/index.html
null
```

（4）使用 URL 类的 openStream()方法读取 URL 地址标识的资源内容

创建一个 URL 对象以后，可以通过 URL 类的 openStream()方法获取一个绑定到该 URL 地址资源的输入流（java.io.InputStream）对象，并通过读取该输入流访问整个资源的内容。

以下程序使用 URL 地址创建一个 URL 对象，并通过该对象获取一个输入流，然后从该输入流中读取并显示 URL 地址标识的资源内容。

```
import java.io.*;
import java.net.MalformedURLException;
```

```
import java.net.URL;
public class TestUrlRead {
    public static void main(String[ ] args) {
        try {
            URL url=new URL("https://www.vmall.com/index.html ");
            InputStreamReader isr=new InputStreamReader(url.openStream());
            BufferedReader br=new BufferedReader(isr);
            String inputLine;
            while((inputLine=br.readLine())!=null){
                System.out.println(inputLine);
            }
            br.close();
        } catch (MalformedURLException e) {
            e.printStackTrace();
        } catch (IOException e) {
            e.printStackTrace();
        }
    }
}
```

在运行程序时，如果网络连接正常，则可以在输出窗口中看到位于 https://www.vmall.com/index.html 的 HTML 文件中的 HTML 标记和文字内容，即将资源以一种字符流的形式读出并显示在屏幕上。

（5）使用 URLConnection 类的 openConnection()方法实现对 URL 资源的读/写操作

访问一个指定的 URL 数据，除了使用 URL 类的 openStream()方法实现读操作之外，还可以通过 URLConnection 类提供的 openConnection()方法在应用程序与 URL 之间创建一个连接，从而实现对 URL 所表示资源的读/写操作。

URLConnection 类提供了多个进行连接设置和操作的方法，其中获取连接上 I/O 流的方法如下，通过返回的 I/O 流就可以实现对 URL 数据的读/写。

① InputStream getInputStream()。

② OutputStream getOutputStream()。

除了读取 URL 资源内容之外，URLConnection 类还提供了多个方法访问 URL 资源的属性，例如，getContentLength()方法可以获得资源内容的长度，getContentType()方法可以获取资源的内容类型，getContentEncoding()方法可以获取资源的内容编码等。

以下示例代码中，首先利用 URL 地址创建一个 URL 对象，并通过该 URL 对象创建一个 URLConnection 对象，然后从 URLConnection 对象中获取一个输入流，从该输入流中读取数据并加以处理，最后关闭输入流。

```
import java.io.*;
import java.net.*;
public class TestUrlConnectionRead {
    public static void main(String[ ] args) {
        try {
```

```
            URL url=new URL("https://www.vmall.com/index.html");
            URLConnection uc=url.openConnection();
            InputStreamReader isr=new InputStreamReader(uc.getInputStream());
            BufferedReader br=new BufferedReader(isr);
            String inputLine;
            while((inputLine=br.readLine())!=null){
                System.out.println(inputLine);
            }
            br.close();
        } catch (MalformedURLException e) {
            e.printStackTrace();
        } catch (IOException e) {
            e.printStackTrace();
        }
    }
}
```

编程实战

8.1 服务器端与客户端套接字的创建及连接

【任务 8-1】单客户端与服务器的信息交互程序设计

【任务 8-1-1】创建并连接套接字

【任务描述】

编写程序并完成以下任务。

（1）按事先指定的端口号创建服务器套接字。

（2）按待连接服务器的 IP 地址和端口号创建客户端套接字，与服务器套接字连接，若与服务器套接字连接成功，则输出提示信息。

（3）首先启动服务器端的程序，然后启动客户端的程序。服务器端程序启动成功后，监听客户端的连接请求，若检测到客户端的连接请求，则创建新的套接字，并使其与客户端套接字连接，而服务器继续等待其他客户端的连接请求。客户端创建套接字后，将马上向指定的 IP 地址及端口进行连接尝试。服务器套接字与客户端套接字连接成功后，就可以获取套接字的输入输出流，进行数据交换。但本任务暂不要求进行数据交换。

（4）InetAddress 类是与 IP 地址相关的类，利用此类可以获取并输出主机名、主机 IP 地址和本机的 IP 地址。

【知识必备】

【知识 8-6】认知创建并连接套接字的方法

1. InetAddress 类

在基于 TCP 的网络通信中，Java 应用程序需要直接使用 IP 地址或域名指定运行在 Internet 上的某一台主机。java.net 包中定义的 InetAddress 类是一个 IP 地址或域名的抽象类。在创建 InetAddress 类的一个实例对象时，可以使用字符串表示的域名，也可以使用字节数组表示的 IP 地址。InetAddress 类没有提供普通的构造方法，而是提供了用于获取 InetAddress 实例对象的静态方法。InetAddress 类的常用方法如下。

① public synchronized static InetAddress getLocalHost()：返回本地主机的 IntetAddress 对象。

② public static InetAddress getByName(String host)：获取与参数 host 对应的 IntetAddress 对象。

③ public String getHostAddress()：返回表示主机 IP 地址的字符串。

④ public String getHostName()：返回表示主机名的字符串。

以上方法都会抛出 UnknownHostException 异常，这个异常会在主机不存在或网络连接错误时发生，必须进行相应的异常处理。

【实例验证】

在项目 Unit08 的 unit08 包中创建类 TestIPAddress8_1_1，在文件 TestIPAddress8_1_1.java 中输入以下代码。

```
import java.net.*;
public class TestIPAddress8_1_1 {
    public static void main(String[ ] args) {
        InetAddress ip;
        try {
            ip=InetAddress.getLocalHost();
            System.out.println("主机名："+ip.getHostName());
            System.out.println("主机 IP 地址："+ip.getHostAddress());
            System.out.println("本机的 IP 地址："+
                                InetAddress.getLocalHost().getHostAddress());
        } catch (UnknownHostException ex) {
            System.out.println(ex);
        }
    }
}
```

2. ServerSocket 类

ServerSocket 类用于表示服务器套接字，通过指定的端口来等待套接字的连接。服务器套接字一次只与一个套接字进行连接，如果有多台客户端同时提出连接请求，则服务器套接字会将请求连接的客户端套接字存入队列中，并从队列中取出一个套接字，使其与服务器套接字连接。所以队列的大小即服务器可同时接收的连接请求数。

如图 8-7 所示，先按事先指定的端口号创建服务器套接字。服务器套接字等待客户端的连接请求，并创建新的套接字使其与客户端套接字连接，而本身继续等待其他客户端的连接请求。

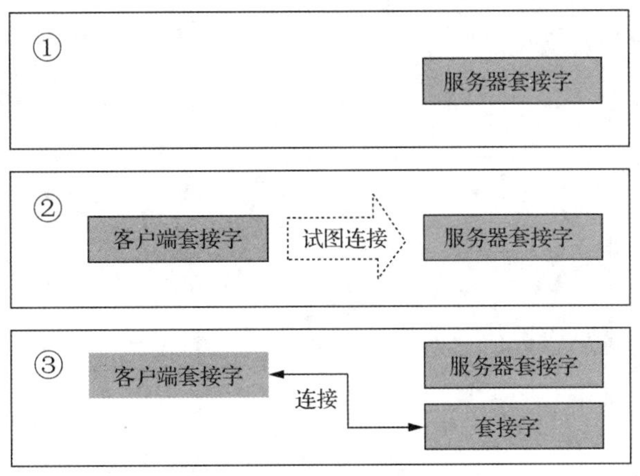

图 8-7　服务器套接字

（1）ServerSocket 类的常用构造方法如下。

① public ServerSocket(int port) throws IOException:使用指定的端口号创建服务器套接字。

② public ServerSocket(int port , int backlog) throws IOException:使用指定的端口号和队列大小创建服务器套接字。

③ public ServerSocket(int port , int backlog , InetAddress bindAddr) throws IOException：使用指定的端口号、队列大小和 IP 地址创建服务器套接字。

（2）ServerSocket 类的常用方法如下。

① public Socket accept() throws IOException：等待客户端的连接请求，若连接，则创建一个套接字，并将其返回。

② public void close() throws IOException：关闭服务器套接字。

③ public boolean isClosed()：若服务器套接字成功关闭，则返回 true，否则返回 false。

④ public InetAddress getInetAddress()：获取服务器的 IP 地址和域名。

⑤ public int getLocalPort()：获取服务器套接字等待的端口号。

⑥ public boolean isBound()：若服务器套接字已经与某个套接字地址绑定，则返回 true，否则返回 false。

3. Socket 类

Socket 类用于表示套接字，使用 Socket 类时，需要指定待连接服务器的 IP 地址及端口号。客户端创建套接字以后，将马上与指定的 IP 地址及端口号进行连接尝试。服务器套接字会创建新的套接字，使其与客户端套接字连接。服务器套接字与客户端套接字成功连接后，就可以获取套接字的输入输出流，进行数据交换了。

（1）Socket 类的常用构造方法如下。

① public Socket(String host , int port) throws UnknownHostException , IOException:创建连接指定主机与端口号的服务器套接字。

② public Socket(InetAddress address , int port) throws IOException:创建连接指定 IP 地址和端口号的服务器套接字。

其中，参数 host 表示主机；参数 address 表示 IP 地址；参数 port 表示端口号。

【实例验证】

在项目 Unit08 的 unit08 包中创建类 TestSocket8_1_1，在文件 TestSocket8_1_1.java 中输入以下代码。

```
import java.io.IOException;
import java.net.*;
public class TestSocket8_1_1 {
    public static void main(String[ ] args) {
        Socket client = null;
        System.out.println("尝试与服务器连接");
        try {
            client = new Socket("127.0.0.1", 1080);
            System.out.println("连接完成");
        } catch (IOException ex) {
            System.out.println("连接失败");
        } finally {
            try {
                if (client != null)
                    client.close();
            } catch (IOException ex) {
            }
        }
    }
}
```

（2）Socket 类的常用方法如下。

① public InetAddress getInetAddress()：获取被连接的服务器地址。

② public int getPort()：获取端口号。

③ public InetAddress getLocalAddress()：获取本地地址。

④ public int getLocalPort()：获取本地端口号。

⑤ public InputStream getInputStream() throws IOException：获取套接字的输入流。

⑥ public OutputStream getOutputStream() throws IOException：获取套接字的输出流。

⑦ public synchronized void close() throws IOException：关闭套接字。

⑧ public boolean isClosed()：判断套接字是否关闭。

⑨ public boolean isConnected()：若套接字被连接，则返回 true，否则返回 false。

电子活页 8-1

【任务实现】

扫描二维码，浏览电子活页 8-1，熟悉本任务的实现过程。

【程序运行】

为了方便观察服务器端程序和客户端程序的运行结果，在 Apache NetBeans IDE 中创建两个输出视图。其中，一个输出视图用于查看服务器端程序的运行结果，如图 8-8 所示；另一个输出视图用于查看客户端程序的运行结果，如图 8-9 所示。

（1）运行服务器端程序 Server8_1_1.java，其初始运行结果如下。

```
服务器套接字已创建
```

```
服务器套接字端口号：1080
等待客户端的连接
```

图 8-8　查看服务器端程序的运行结果的输出视图

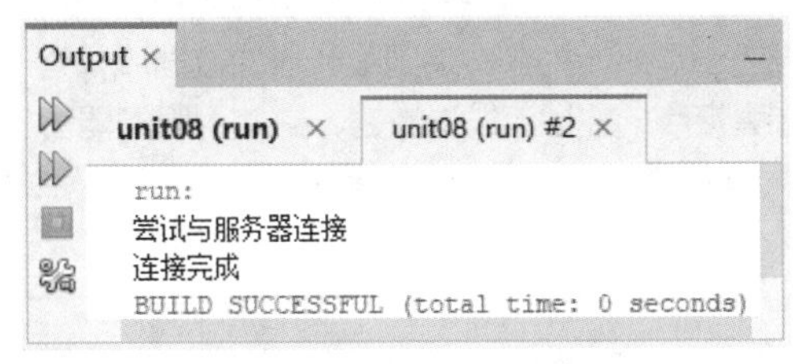

图 8-9　查看客户端程序的运行结果的输出视图

（2）运行客户端程序 TestSocket8_1_1.java，服务器端输出视图中新增的内容如下。

```
已与客户端连接
客户端的主机名为：activate.navicat.com
客户端的 IP 地址为：127.0.0.1
等待客户端的连接
```

① 如果服务器端程序 Server8_1_1.java 成功启动，则运行客户端程序 TestSocket8_1_1.java 时，客户端输出视图中显示的运行结果如下。

```
尝试与服务器连接
连接完成
```

② 如果服务器端程序 Server8_1_1.java 没有成功启动，而是直接运行客户端程序 TestSocket8_1_1.java，则客户端输出视图中显示的运行结果如下。

```
尝试与服务器连接
连接失败
```

（3）运行程序 TestIPAddress8_1_1.java，其运行结果如下。

```
主机名：DESKTOP-595T906
主机 IP 地址：192.168.56.1
本机的 IP 地址：192.168.56.1
```

注意　**务必先启动服务器端程序 Server8_1_1.java，再启动客户端程序 TestSocket8_1_1.java。因为如果客户端想成功连接服务器，则服务器必须先做出动作。本模块各个任务都需按此方法执行。**

8.2 基于 TCP 单向通信的网络应用程序设计

【任务 8-1-2】实现单客户端向服务器发送字符串

【任务描述】

编写一个单向通信的 Java 程序，实现客户端向服务器发送字符串的功能，即实现单向通信功能。只要求客户端向服务器发送字符串，不要求服务器向客户端发送任何信息。客户端套接字与服务器套接字连接成功后，通信程序会通过客户端套接字的输出流发送数据，并使用服务器套接字的输入流接收数据。

【知识必备】

【知识 8-7】认知单客户端向服务器发送字符串的实现方法

图 8-10 所示为客户端到服务器的数据流，客户端套接字与服务器套接字成功连接后，程序会通过客户端套接字的输出流发送数据，并使用服务器套接字的输入流接收数据。

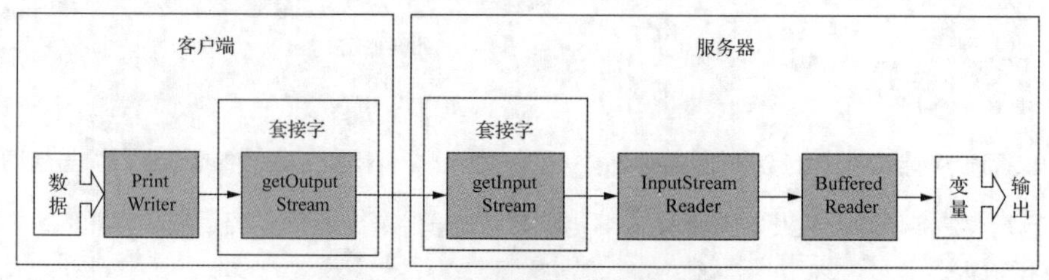

图 8-10　客户端到服务器的数据流

在输入输出操作中，常用的类有 PrintWriter 类、getOutputStream 类、getInputStream 类和 BufferedReader 类。其中，PrintWriter 类具有自动刷新功能，能保证数据按时输出。

服务器端程序从与客户端连接的套接字中读取字符串，并将其输出到屏幕上。服务器将反复进行以下过程。

① 等待客户端连接请求。

② 连接客户端。

③ 接收并读取字符串。

④ 断开与客户端的连接。

⑤ 返回至步骤①。

客户端套接字首先要成功连接服务器，然后使用其输出流向服务器发送数据。

电子活页 8-2

【任务实现】

扫描二维码，浏览电子活页 8-2，熟悉本任务的实现过程。

【程序运行】

（1）运行服务器端程序 Server8_1_2.java，其初始运行结果如下。

```
服务器套接字创建完成
等待客户端的连接
```

（2）运行客户端程序 TestClient8_1_2.java，服务器端的控制台中新增的内容如下。

```
完成与客户端的连接
客户端传送的数据为：123456
```

① 如果服务器端程序 Server8_1_2.java 成功启动，则运行客户端程序 TestClient8_1_2.java 时，客户端控制台的输出结果如下。

```
尝试与服务器连接
连接完成
```

② 如果服务器端程序 Server8_1_2.java 没有成功启动，而是直接运行客户端程序 TestClient8_1_2.java，则客户端控制台会出现如下运行结果。

```
尝试与服务器连接
连接失败
```

8.3 基于 TCP 双向通信的网络应用程序设计

【任务 8-1-3】实现单客户端和服务器相互通信

【任务描述】

编写一个双向通信的 Java 程序，实现客户端与服务器的相互通信。当客户端向服务器发送文件名并请求返回文件内容时，服务器将请求的文件内容回送给客户端。

【知识必备】

【知识 8-8】认知单客户端和服务器互相通信的实现方法

客户端与服务器双向通信的过程如图 8-11 所示。这里使用 DataInputStream 类和 DataOutputStream 类代替 BufferedReader 类和 PrintWriter 类，使用 getInputStream 类的 readUTF()方法读取数据，使用 getOutputStream 类的 writeUTF()方法写入数据。

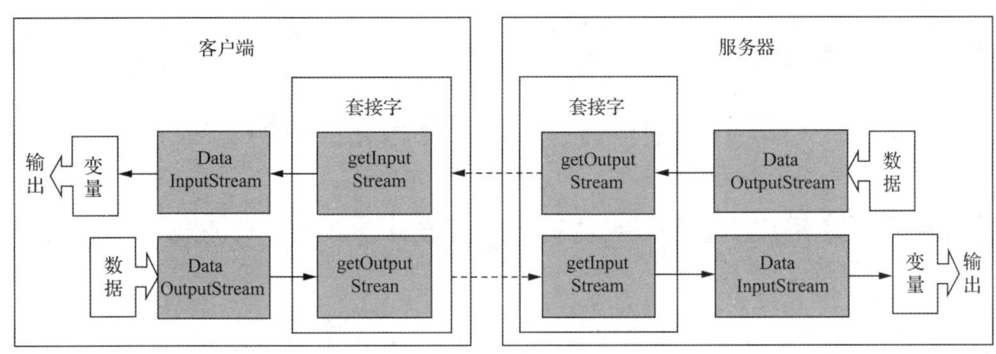

图 8-11 客户端与服务器双向通信的过程

【任务实现】

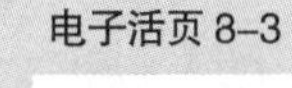

（1）在项目 Unit08 的 unit08 包中创建类 Server8_1_3。

扫描二维码，浏览电子活页 8-3，熟悉并理解文件 Server8_1_3.java 的程序代码。

（2）在项目 Unit08 的 unit08 包中创建类 TestClient8_1_3。

扫描二维码，浏览电子活页 8-4，熟悉并理解文件 TestClient8_1_3.java 的程序代码。

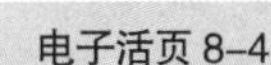

【程序运行】

（1）运行服务器端程序 Server8_1_3.java，其初始运行结果如下。

```
服务器套接字成功创建
等待客户端的连接
```

（2）运行客户端程序 TestClient8_1_3.java，服务器端输出视图中新增的内容如下。

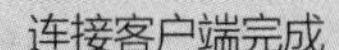

```
连接客户端完成
文件"D:\JavaProject\Unit08\text\8_1_3.txt"的路径和名称传送完成
等待客户端的连接
```

① 如果服务器端程序 Server8_1_3.java 成功启动，则在运行客户端程序 TestClient8_1_3.java 时，客户端控制台的输出结果如下。

```
尝试与服务器连接
在客户端输出文件的内容为：Bidirectional communication between client and server
```

说明 文本文件 8_1_3.txt 的内容为“Bidirectional communication between client and server”。

② 如果服务器端程序 Server8_1_3.java 没有成功启动，而是直接运行客户端程序 TestClient8_1_3.java，则客户端输出视图中会出现如下运行结果。

```
尝试与服务器连接
连接失败
```

③ 如果文件夹 text 中的文本文件 8_1_3.txt 不存在，则在运行客户端程序 TestClient8_1_3.java 时，客户端输出视图中会出现如下运行结果。

```
尝试与服务器连接
在客户端输出文件的内容为：文件不存在
```

8.4 基于 TCP 多客户端与服务器通信的网络应用程序设计

【任务 8-2】通过多客户端与服务器通信设计石头剪子布游戏

【任务描述】

编写多客户端与服务器通信的 Java 程序，实现石头剪子布游戏，具体要求如下。

（1）服务器收到客户端的连接请求时，会创建新的套接字，并使之与提出连接请求的客户端连接，并启动负责数据交换的线程与客户端实现数据交换。

（2）使用一个 Vector 对象作为套接字管理器，负责管理套接字的个数及连接状态，套接字管理器将与客户端连接的套接字添加到列表中，在客户端断开连接后，再将对应的套接字从列表中删除，以保证客户端连接数与列表中添加的套接字数一致。

（3）使用线程实现客户端与服务器的通信，客户端从石头、剪子、布中做出选择并完成“单击”动作后，客户端将向服务器发送信息，并等待服务器的应答。服务器的线程收到客户端发送的选择信息后，向客户端传送 0～2 的整型随机数。客户端收到服务器的应答后，将比较客户端与服务器的选择，并将结果显示在屏幕上。

（4）各个客户端之间不需要进行通信。

游戏规则如下：布优先于石头，石头优先于剪子，剪子优先于布。

【知识必备】

【知识 8-9】多客户端与服务器互相通信的实现方法

多客户端与服务器的通信如图 8-12 所示。每个客户端都与服务器的一个套接字进行连接，但是各个客户端之间并不进行通信。

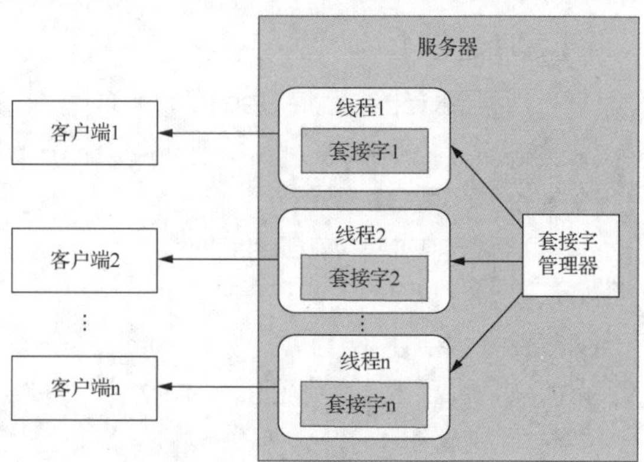

图 8-12　多客户端与服务器的通信

服务器收到客户端的连接请求时，会创建新的套接字，并使之与提出连接请求的客户端连接，然后启动线程与客户端进行数据交换。套接字管理器使用 Vector 对象管理套接字的个数及连接状态。

电子活页 8-5

电子活页 8-6

【任务实现】

（1）在项目 Unit08 的 unit08 包中创建类 Server8_2。

扫描二维码，浏览电子活页 8-5，熟悉并理解文件 Server8_2.java 的程序代码。

（2）在项目 Unit08 的 unit08 包中创建类 TestClient8_2。

扫描二维码，浏览电子活页 8-6，熟悉并理解文件 TestClient8_2.java 的程序代码。

【程序运行】

（1）运行服务器端程序 Server8_2.java，其初始运行结果如下。

```
等待客户端的连接
服务器套接字已创建
```

（2）第 1 次运行客户端程序 TestClient8_2.java，服务器端输出视图中新增的内容如下。

```
已与客户端连接
当前客户端连接数: 1
```

（3）第 2 次运行客户端程序 TestClient8_2.java，服务器端输出视图中新增的内容如下。

```
已与客户端连接
当前客户端连接数: 2
```

其余操作以此类推。

如果服务器端程序 Server8_2.java 没有成功启动，而是直接运行客户端程序 TestClient8_2.java，则会出现图 8-13 所示的运行结果。

如果服务器端程序 Server8_2.java 成功启动，则客户端程序 TestClient8_2.java 成功运行后，单击【石头】、【剪子】或【布】按钮即可开始游戏，游戏的结果如图 8-14 所示。

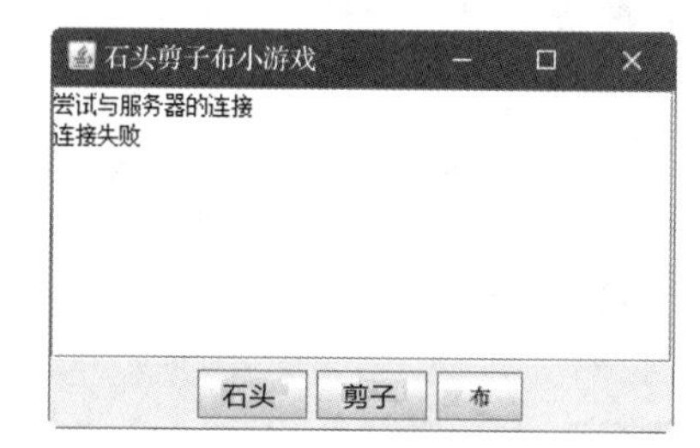

图 8-13　服务器端程序没有成功启动时，客户端程序的运行结果

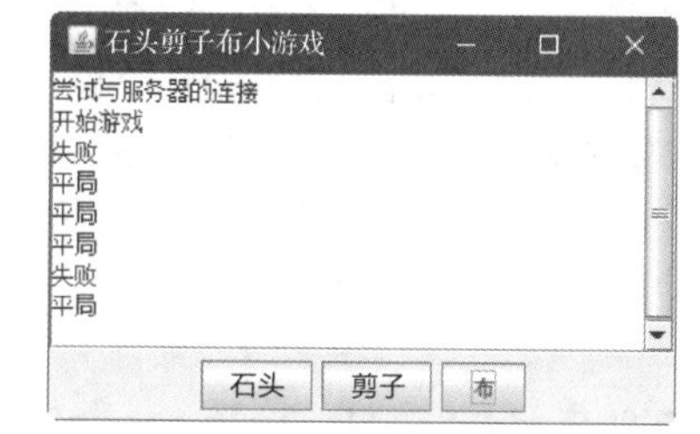

图 8-14　游戏的结果

【代码解读】

（1）电子活页 8-5 中 Server8_2.java 的程序代码解读如下。

① 23 行中使用套接字管理器（Vector）将与客户端连接的套接字添加到列表中。

② 47 行服务器端使用 readUTF()方法读取数据。

③ 52 行服务器端使用 writeInt()方法输出数据。

④ 60 行客户端断开连接后，从套接字管理器列表中删除对应的套接字。

（2）电子活页 8-6 中 TestClient8_2.java 的程序代码解读如下。

① 14～16 行约定整数 0、1、2 分别对应剪子、石头、布。如果客户端从服务器接收到整数 0，则表示服务器选择了剪子；如果客户端从服务器接收到整数 1，则表示服务器选择了石头；如果客户端从服务器接收到整数 2，则表示服务器选择了布。

② 72 行客户端使用 writeUTF()方法输出数据。

③ 75 行客户端使用 readInt()方法读取数据。

8.5 基于 UDP 客户端相互通信的网络应用程序设计

【任务 8-3】设计基于 UDP 的聊天程序

【任务描述】

编写基于 UDP 的聊天程序，该程序不分服务器和客户端，在两台主机上运行的程序基本相同。如果用 1 台计算机测试，则需使用不同的端口。

【知识必备】

UDP 通信不同于流式通信方式，它是建立在 IP 上的无连接协议，使用数据报传输信息，虽然传输信息的可靠性无法保证，但开销小、传输速度快。

使用 UDP 也可以实现客户端/服务器程序，UDP 的套接字编程不提供监听功能，也就是说，通信双方更为平等，面对的接口是完全一样的。为了使用 UDP 实现客户端/服务器结构，可以使用 DatagramSocket 类中的 receive()方法实现类似监听的功能。

Java 提供了对 UDP 通信的支持，java.net 包提供了 DatagramSocket 和 DatagramPacket 两个类来支持数据报通信，DatagramSocket 类用于在程序之间传送数据报的通信连接，DatagramPacket 类用于表示一个数据报。

用数据报方式实现数据通信时，无论是客户端还是服务器，都要先建立一个 DatagramSocket 对象，用来接收或发送数据，再使用 DatagramPacket 类对象作为传输数据的载体。

【知识 8-10】认知 DatagramSocket 类的构造方法

DatagramSocket 类的构造方法如下。

（1）DatagramSocket()：创建与本地主机某个可用端口相连的 DatagramSocket 对象。

（2）DatagramSocket(int port)：创建与指定端口相连的 DatagramSocket 对象。

（3）DatagramSocket(int port , InetAddress address)：创建与本地地址绑定的 DatagramSocket 对象。

【知识 8-11】认知 DatagramPacket 类的构造方法

DatagramPacket 类的构造方法如下。

（1）DatagramPacket(byte[ ] buf , int length)。

（2）DatagramPacket(byte[ ] buf , int length , InetAddress address , int port)。

（3）DatagramPacket(byte[ ] buf , int offset , int length)。

（4）DatagramPacket(byte[ ] buf , int offset , int length ,InetAddress address , int port)。

其中，参数 buf 用于存放数据报数据；参数 length 用于指定数据报中数据的长度；参数 address 用于指定目的地址；参数 port 用于指定端口号；参数 offset 用于指定数据报的位移量。

【知识 8-12】认知基于 UDP 通信的发送数据与接收数据

1. 发送数据

发送数据时，利用 DatagramSocket 类创建用于发送数据报的套接字，再利用 DatagramPacket 类创建对象，指定要发送的数据内容、长度、目的地址及端口号，并利用 DatagramSocket 类的 send() 方法完成数据报发送。

示例代码如下。

```
byte[ ] buf = jtfText2.getText().getBytes();
DatagramSocket dSocket = new DatagramSocket();      // 创建数据报套接字
InetAddress address = InetAddress.getByName("localhost");
DatagramPacket dPacket = new DatagramPacket(buf, buf.length, address, 5080);
dSocket.send(dPacket);    // 发送数据
```

在创建数据报时，要给出 InetAddress 类的参数，该类用来表示一个 Internet 地址，可以通过 getByName()方法从一个表示主机名的字符串中获取该主机的 IP 地址，并获取相应的地址信息。

2. 接收数据

在接收数据时，利用 DatagramSocket 类创建用于接收数据报的套接字，再利用 DatagramPacket 类创建对象，指定接收数据的数据缓冲区及其长度，并利用 DatagramSocket 类中的 receive()方法接收数据报。

示例代码如下。

```
byte[ ] buf = new byte[256];    // 创建缓冲区
DatagramSocket dSocket = new DatagramSocket(5088);  // 创建数据报套接字
DatagramPacket dgPacket = new DatagramPacket(buf, buf.length);
dSocket.receive(dgPacket); // 接收数据报
```

基于 UDP 通信的发送数据与接收数据的过程如图 8-15 所示。

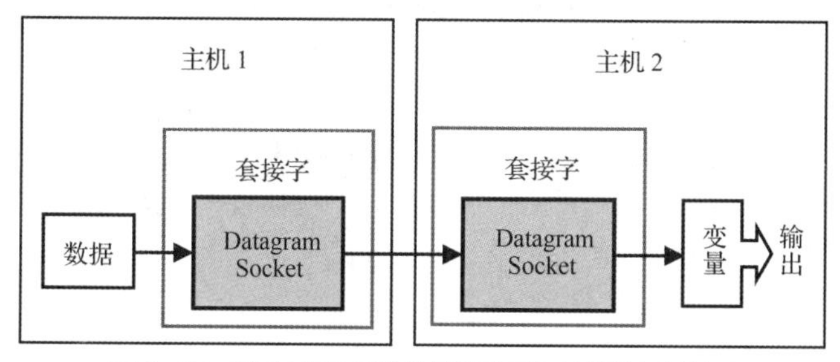

图 8-15 基于 UDP 通信的发送数据与接收数据的过程

【任务实现】

在项目 Unit08 的 unit08 包中创建类 ChatUDP8_3。扫描二维码，浏览电子活页 8-7，熟悉并理解文件 ChatUDP8_3.java 的程序代码。

在项目 Unit08 的 unit08 包中创建类 ChatUDP8_3_1。扫描二维码，浏览电子活页 8-8，熟悉并理解文件 ChatUDP8_3_1.java 的程序代码。

电子活页 8-7

电子活页 8-8

【程序运行】

先运行程序 ChatUDP8_3.java，其运行结果如图 8-16 所示。再运行程序 ChatUDP8_3_1.java，其运行结果如图 8-17 所示。

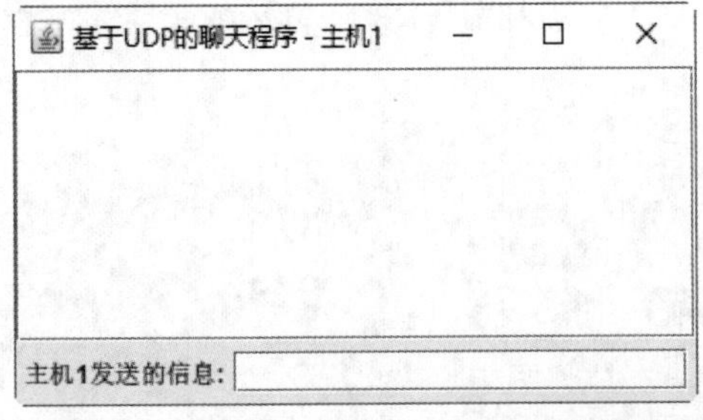

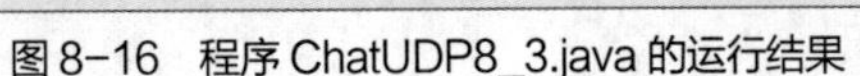

图 8-16　程序 ChatUDP8_3.java 的运行结果

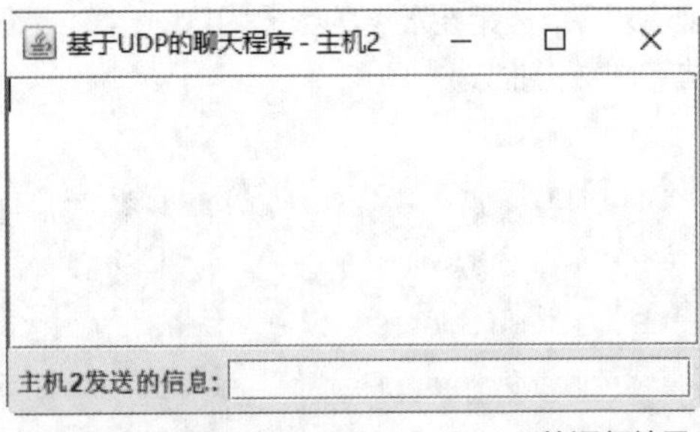

图 8-17　程序 ChatUDP8_3_1.java 的运行结果

在图 8-16 所示的主机 1 界面下方的文本框中输入“夏同学，你好!”，按【Enter】键发送数据，主机 1 发送数据的结果如图 8-18 所示，主机 2 接收数据的结果如图 8-19 所示。

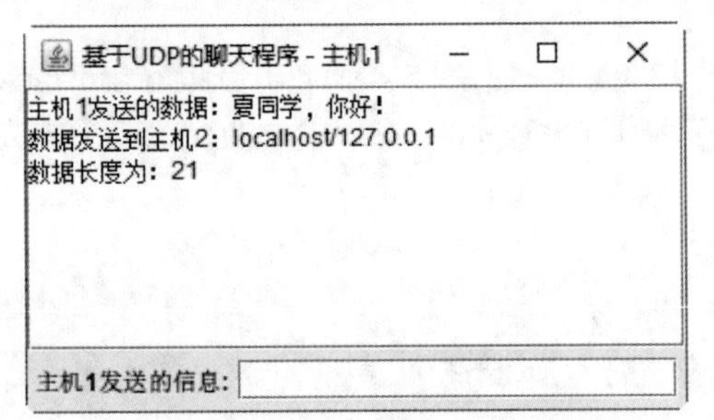

图 8-18　主机 1 发送数据的结果

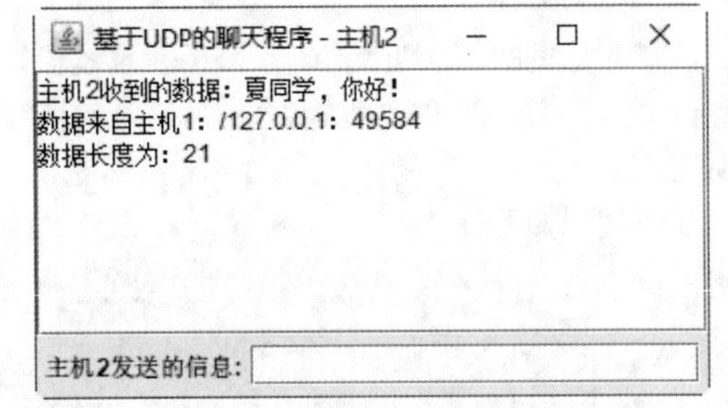

图 8-19　主机 2 接收数据的结果

在主机 2 界面下方的文本框中输入“张同学，节日快乐!”，按【Enter】键发送数据，主机 2 发送数据的结果如图 8-20 所示，主机 1 接收数据的结果如图 8-21 所示。

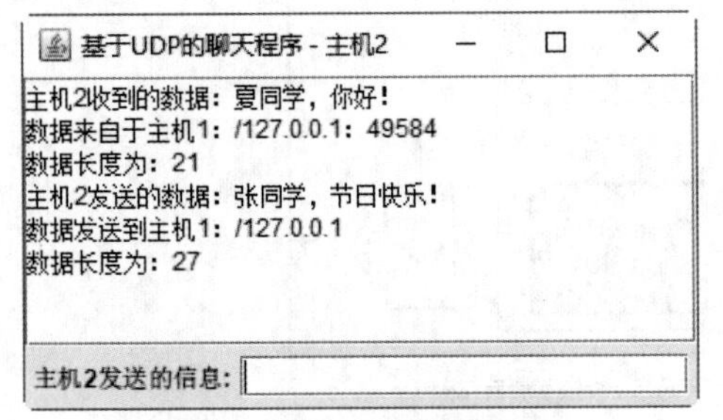

图 8-20　主机 2 发送数据的结果

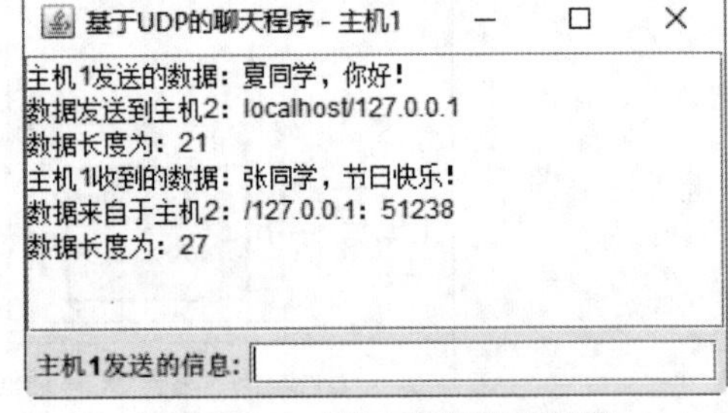

图 8-21　主机 1 接收数据的结果

发送数据的端口号和接收数据的端口号在程序 ChatUDP8_3.java 中的以下两条语句中设置，这里分别设置为“5080”和“5088”。

```
DatagramPacket dPacket = new DatagramPacket(buf, buf.length, address, 5080);
DatagramSocket dSocket = new DatagramSocket(5088);
```

如果这两条语句中的端口号相同，则主机发送的数据和收到的数据在同一个窗口中输出，不符合聊天程序的要求。

【任务 8-4】设计多客户端互相通信的聊天程序

【任务描述】

编写能实现多个客户端之间相互通信的聊天程序，其中，服务器担任连接各个客户端的中间角色，具体要求如下。

（1）服务器端创建一个继承自 Vector 类的消息广播者类，该类的对象向所有客户端发送指定的消息。

（2）套接字输出流中负责消息传递的方法应实现同步化，当客户端同时连接或离开时，套接字管理器的 add()方法和 remove()方法也必须实现同步化。

（3）客户端向输出流发送数据，并从输入流中读取数据，然后将数据显示在屏幕上。

【知识必备】

【知识 8-13】认知多客户端与服务器的通信过程

多客户端与服务器的通信过程如图 8-22 所示。消息广播者必须包含拥有套接字列表的套接字管理器，以及能够多次引用连接客户端的所有套接字。

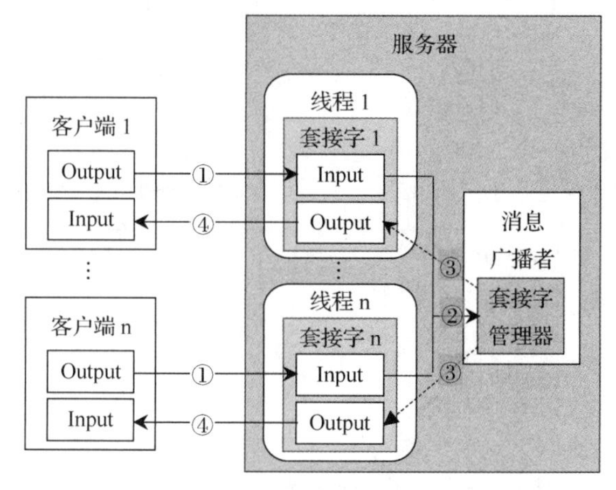

图 8-22　多客户端与服务器的通信过程

①客户端向连接的套接字发送消息；②套接字将接收到的消息转发给消息广播者；③消息广播者使用自己引用的所有套接字的输出流传播消息；④消息被传送到各个客户端。

消息广播者必须包含拥有套接字列表的套接字管理器，如果多个客户端几乎同时进行步骤①，那么套接字输出流中负责消息传送的方法必须实现同步化。此外，客户端同时连接或离开时，套接字管理器的 add()方法和 remove()方法必须实现同步化。事实上，Vector 对象内部方法已经实现了同步化，可以放心使用。

【任务实现】

在项目 Unit08 的 unit08 包中创建类 ChatProgram8_4。扫描二维码，浏览电子活页 8-9，熟悉并理解文件 ChatProgram8_4.java 的程序代码。

在项目 Unit08 的 unit08 包中创建类 ChatProgram8_4_1。扫描二维码，浏览电子活页 8-10，熟悉并理解文件 ChatProgram8_4_1.java 的程序代码。

电子活页 8-9

电子活页 8-10

【程序运行】

首先，运行程序 ChatProgram8_4.java，其运行结果如下。

```
服务器套接字创建完成
等待客户端的连接
```

其次，第 1 次运行程序 ChatProgram8_4_1.java，聊天者发送的信息为“张珊同学，你好！”，第 1 次运行程序 ChatProgram8_4_1.java 时显示的窗口及聊天内容如图 8-23 所示。

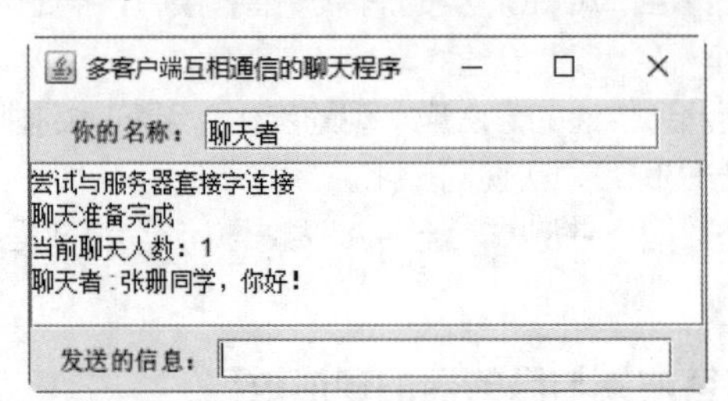

图 8-23　第 1 次运行程序 ChatProgram8_4_1.java 时显示的窗口及聊天内容

此时，服务器端输出视图中新增的内容如下。

```
当前聊天人数：1
等待客户端的连接
聊天者 ：张珊同学，你好！
```

再次，第 2 次运行程序 ChatProgram8_4_1.java，聊天者发送的信息为“李斯同学，你好！”，第 2 次运行程序 ChatProgram8_4_1.java 时显示的窗口及聊天内容如图 8-24 所示。

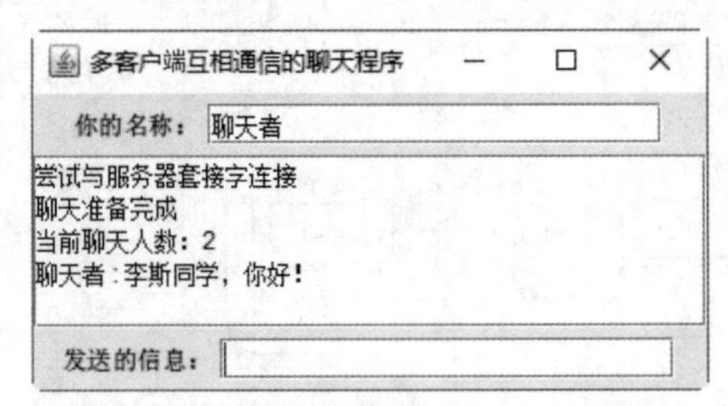

图 8-24　第 2 次运行程序 ChatProgram8_4_1.java 时显示的窗口及聊天内容

前 2 次运行程序 ChatProgram8_4_1.java 时，第 1 位聊天者的窗口及聊天内容如图 8-25 所示。

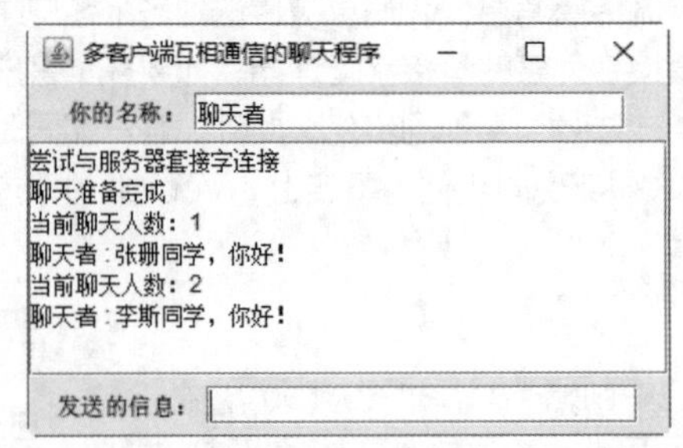

图 8-25　前 2 次运行程序 ChatProgram8_4_1.java 时，第 1 位聊天者的窗口及聊天内容

由图 8-25 可以看出，第 2 位聊天者发送的信息也显示在第 1 位聊天者的窗口中。

此时，服务器端输出视图中的新增内容如下。

```
当前聊天人数：2
```

```
等待客户端的连接
聊天者 ：李斯同学，你好!
```

以此类推，多次运行程序 ChatProgram8_4_1.java，会打开多个聊天者窗口，聊天者在对应窗口中发送信息时，聊天内容会显示在其他聊天者的窗口和服务器端的输出视图中。

编程拓展

【任务 8-5】设计客户端获取并输出服务器端文件内容的网络应用程序

【任务描述】

（1）创建服务器端程序，实现以下功能。

① 创建服务器套接字。

② 等待客户端的连接请求。

③ 与客户端进行通信，读取客户端传送的文件名。

④ 读取文件中的数据，并在读取的数据中添加必要的空格和换行符。

⑤ 通过输出流进行输出，将读取的数据传送到客户端。

（2）创建客户端程序，实现以下功能。

① 创建客户端套接字。

② 获取套接字的输出流，向服务器端传送文件名。

③ 获取套接字的输入流，接收服务器端传送的数据。

④ 获取从服务器端传送的数据，并在客户端输出数据。

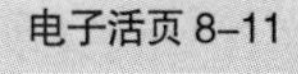

【任务实现】

扫描二维码，浏览电子活页 8-11，熟悉本任务的实现过程。

【程序运行】

（1）运行服务器端程序 AccountInfoServer8_5.java，其初始运行结果如下。

```
服务器套接字成功创建
等待客户端的连接
```

（2）运行客户端程序 AccountInfoClient8_5.java，服务器端输出视图中新增的内容如下。

```
连接客户端完成
文件"D:\JavaProject\Unit08\text\accountData.txt"的路径和名称传送完成
等待客户端的连接
```

如果服务器端程序 AccountInfoServer8_5.java 成功启动，则运行客户端程序 AccountInfoClient8_5.java 时，客户端控制台的输出结果如下。

```
尝试与服务器连接
在客户端输出文件的名称为：D:\JavaProject\Unit08\text\accountData.txt
在客户端输出文件的内容为：
账户编码                 账户名称    账户密码    账户余额
9558820512000005587      高兴        666         100.0
```

【任务 8-6】设计从 ATM 取款的网络应用程序

【任务 8-6-1】设计从一台 ATM 取款的网络应用程序

【任务描述】

编程模拟用户通过一台 ATM 对同一个账户进行取款的操作，要求在服务器屏幕中输出执行取款操作客户端的 IP 地址，并在客户端输出取款的相关信息。

（1）创建服务器端程序，实现以下功能。

① 创建服务器套接字。

② 等待客户端的连接请求。

③ 与客户端进行通信，读取客户端传送的数据。

④ 在服务器屏幕中输出执行取款操作的客户端的 IP 地址。

⑤ 通过输出流进行输出，将数据传送到客户端。

（2）创建客户端程序，实现以下功能。

① 创建客户端套接字。

② 获取套接字的输出流，向服务器端传送数据，如果在客户端输入 exit，则向服务器端传送程序退出信息，否则向服务器传递取款信息。

③ 获取套接字的输入流，接收服务器端传送的数据。

④ 获取从服务器端传送的数据，并在客户端输出数据。

电子活页 8-12

【任务实现】

扫描二维码，浏览电子活页 8-12，熟悉本任务的实现过程。

【程序运行】

（1）运行服务器端程序 AccountOperateServer8_6_1.java，其初始运行结果如下。

```
等待 ATM 的连接
```

（2）运行客户端程序 DrawClient8_6_1.java，客户端控制台的输出结果如下。

```
正在与服务器连接
请输入取款金额（输入 exit 则退出）:
```

服务器端输出视图中新增的内容如下。

```
客户端的 IP 地址为：/127.0.0.1
```

（3）在客户端控制台输入取款金额，这里输入 100。

客户端输出视图中新增的内容如下。

```
请输入取款金额（输入 exit 则退出）：100
取款成功！具体信息如下：
取款账号为：9558820512000005588
第 1 次取款，取款金额为：100 元
取款日期为：2023-10-15
请输入取款金额（输入 exit 则退出）:
```

服务器端输出视图中新增的内容如下。

```
等待 ATM 的连接
客户端的 IP 地址为：/127.0.0.1
```

（4）在客户端控制台中输入 exit。

客户端输出视图中新增的内容如下。

```
请输入取款金额（输入 exit 则退出）：exit
```

输入 exit 退出。

服务器端输出视图中新增的内容如下。

```
客户端【/127.0.0.1】选择了退出
```

【任务 8-6-2】设计从多台 ATM 取款的网络应用程序

【任务描述】

编程模拟用户通过多台 ATM 对同一个账户进行取款的操作，要求在服务器屏幕中输出取款卡号、取款金额和多次取款小计金额，在客户端屏幕中输出执行取款操作客户端的 IP 地址、第几次取款、取款卡号和取款金额。

ATM 取款规则要求取款金额不能超出该账户的余额，同一天多次取款的总金额不能超过 2 万元，如果出现余额不足或同一天取款总金额超过 2 万元的情况，则在客户端屏幕中输出相应的提示信息。如果因违反取款规则导致取款失败，则在服务器和客户端屏幕中显示“由于异常原因，取款被终止”，并在客户端显示取款不成功的具体原因。

【任务实现】

扫描二维码，浏览电子活页 8-13，熟悉本任务的实现过程。

电子活页 8-13

【程序运行】

（1）运行服务器端程序 AccountThreadServer8_6_2.java，其初始运行结果如下。

```
等待 ATM 的连接
```

（2）运行客户端程序 DrawClient8_6_2.java，客户端控制台的输出结果如下。

```
正在与服务器连接
请输入取款金额（输入 exit 则退出）：
```

（3）在客户端控制台中输入取款金额，这里输入 1000。

客户端输出视图中新增的内容如下。

```
第 1 台 ATM【IP 地址为：/127.0.0.1】，第 1 次取款成功
卡号为：9558820512000005588
取款金额为：1000 元
请输入取款金额（输入 exit 则退出）：
```

服务器端输出视图中新增的内容如下。

```
卡号：9558820512000005588   金额：1000.0 元
取款小计：1000.0 元
```

（4）在客户端控制台中输入取款金额，这里输入 2000。

客户端输出视图中新增的内容如下。

```
请输入取款金额（输入 exit 则退出）：2000
```

```
第 1 台 ATM【IP 地址为：/127.0.0.1】，第 2 次取款成功
卡号为：9558820512000005588
取款金额为：2000 元
请输入取款金额（输入 exit 则退出）：
```

服务器端输出视图中新增的内容如下。

```
卡号：9558820512000005588　金额：1000.0 元
卡号：9558820512000005588　金额：2000.0 元
取款小计：3000.0 元
```

（5）在客户端控制台中输入 exit。

客户端输出视图中新增的内容如下。

```
请输入取款金额（输入 exit 则退出）：exit
```

输入 exit 退出。

服务器端输出视图中新增的内容如下。

```
ATM【IP 地址为：/127.0.0.1】选择了退出
```

考核评价

本模块的考核评价表如表 8-2 所示。

表 8-2　模块 8 的考核评价表

	考核项目	考核内容描述	标准分	得分
考核要点	编程思路	编程思路合理，恰当地声明了变量或对象，选用了合理的实现方法	2	
	程序代码	程序逻辑合理，程序代码编译成功，实现了规定功能，对可能出现的异常情况进行了预期处理	5	
	运行结果	程序运行正确，测试数据选用合理，运行结果符合要求	2	
	编程规范	命名规范、语句规范、注释规范、缩进规范，代码可读性较强	1	
	小计		10	
评价方式	自我评价	相互评价	教师评价	
考核得分				

归纳总结

JDK 提供的 java.net 包为编写基于 TCP 或 UDP 通信的网络应用程序提供了强有力的支持，极大地降低了 Java 网络应用程序的开发难度。Java 程序处理网络通信的主要优势在于完善的异常处理机制、内建的多线程机制以及使用 I/O 流作为网络应用程序统一的 I/O 接口。Java 网络编程主要分为 URL 和套接字两个层次，并通过强大的类和接口实现网络的基本通信。URL 相关的类适用于访问 Internet 中的资源，支持套接字编程的 Java 类可用于开发基于自定义通信协议的网络应用。

模块习题

模块 8 在线测试

1. 选择题

扫描二维码，完成本模块的在线测试。

2. 编程题

编写程序实现以下功能。

（1）设置服务器端程序的监听端口为 8068，当收到客户端信息后，服务器端程序判断是否为 END，若是，则立即向对方发送 BYE，并关闭监听，结束程序；若不是，则在屏幕上输出收到的信息。

（2）客户端向服务器端的 8068 端口发出连接请求，与服务器进行信息交流，当收到服务器端发来的 GOOD BYE 时，立即向对方发送 BYE，并关闭连接；否则，继续由键盘输入信息，并向服务器发送该信息。

提 示　**为了便于测试程序，使用同一台计算机测试客户端和服务器端的程序，本机的 IP 地址为 127.0.0.1。**

模块 9
数据库应用程序设计

对于一个数据库应用系统，一般会有多个程序需要访问数据库，从而实现从数据表中查询数据记录、向数据表中新增数据记录，或者修改、删除数据表中的数据记录等功能。如果每一个需要访问数据库的程序都建立独立的连接对象、命令对象、数据适配器对象和数据集对象，就会出现大量重复的代码，这样做既不符合面向对象编程的要求，又不利于程序模块的维护和扩展。为了提高编程效率、共享程序代码，可设计用于实现数据访问的类，各功能模块调用该类的方法即可对数据库实现读、写、查询等操作。

Java 提供了对数据库访问与应用的支持，用户可以执行结构查询语言（Structure Query Language，SQL）语句或者对数据库进行操作，Java 支持大多数主流数据库的访问与操作，如 MySQL、SQL Server、Oracle 等。

教学导航

教学目标	（1）了解 JDBC 的实现原理、框架结构和 JDBC 驱动程序的类型 （2）掌握使用 JDBC 访问数据库的方法和过程 （3）熟悉 JDBC 的 DriverManager 类、Connection 对象、Statement 对象、ResultSet 对象、PreparedStatement 对象和 CallableStatement 对象 （4）学会应用 JDBC 编写程序实现查询数据表中数据的功能 （5）学会应用 JDBC 编写程序实现向数据表中新增数据记录的功能 （6）学会应用 JDBC 编写程序实现修改数据表中的数据记录的功能
教学重点	（1）使用 JDBC 访问数据库的方法和过程 （2）JDBC 的 DriverManager 类、Connection 对象、Statement 对象、ResultSet 对象、PreparedStatement 对象和 CallableStatement 对象 （3）应用 JDBC 编写程序实现查询、新增与修改数据记录等操作

身临其境

华为手机参数浏览界面如图 9-1 所示，这些数据来自网站后台的商品数据表。

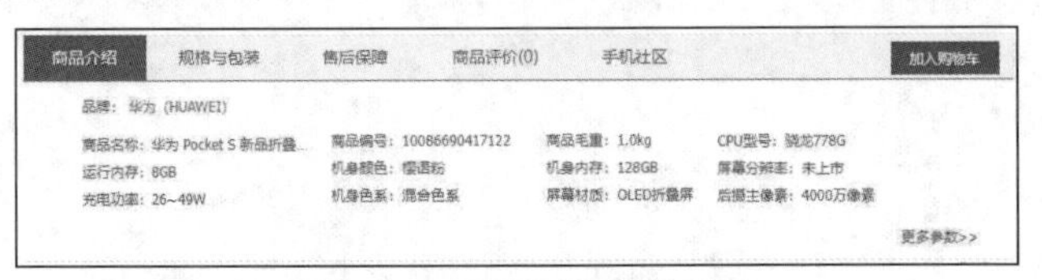

图 9-1　华为手机参数浏览界面

图书数据浏览界面如图 9-2 所示，这些数据来自网站后台的图书数据表。

图书基本信息			
图书名称	Python程序设计任务驱动式教程（微课版）	作者	陈承欢
定价	59.8元	出版社	人民邮电出版社
ISBN	9787115555618	出版日期	2021-09-01
开本	16开	页码	296

图 9-2　图书数据浏览界面

QQ 注册界面如图 9-3 所示，注册成功后，在后台数据库的用户表中会新增一条记录，该记录用于存放新注册用户的数据。“京东商城”设置新密码界面如图 9-4 所示，密码修改完成时，会同步修改后台数据库的用户表中当前用户的密码。

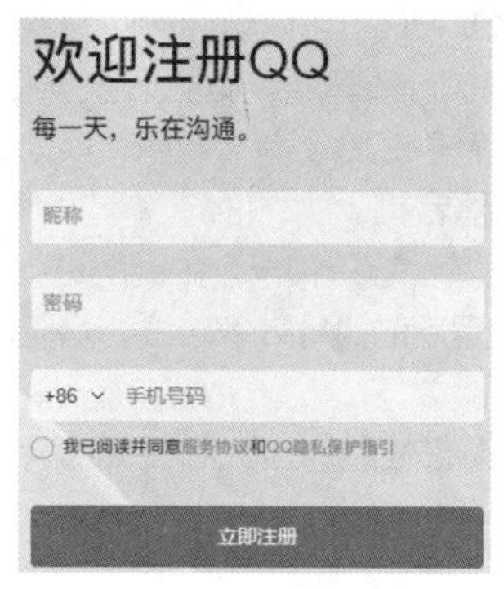

图 9-3　QQ 注册界面

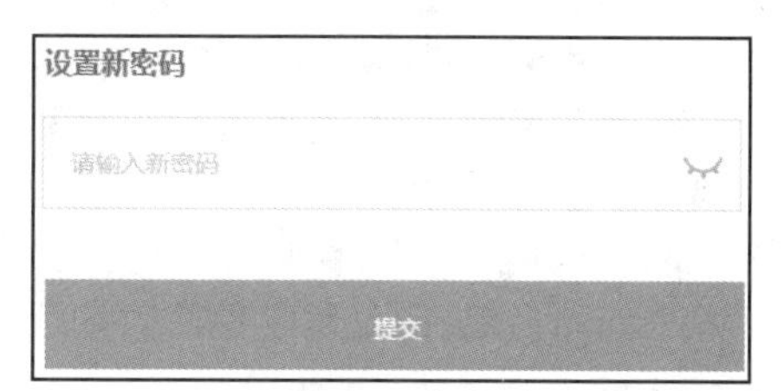

图 9-4　“京东商城”设置新密码界面

前导知识

【知识 9-1】熟知 JDBC

Java 数据库互连（Java Database Connectivity，JDBC）是 Java 程序连接关系数据库的标准，由一组用 Java 编写的类和接口组成。对 Java 程序开发者来说，JDBC 是一套用于执行 SQL 语句的 Java API，通过调用 JDBC 可以在独立于后台数据库的基础上完成对数据库的操作；对数据库厂商而言，JDBC 类似接口模型，数据库厂商只需开发相应的 JDBC 驱动程序，就可以使用 Java 程序操作数据库。

1. JDBC 的实现原理

JDBC 主要提供 API 供 Java 程序开发者使用，数据库厂商则通过这些接口，封装各种对数据库的操作。JDBC 为多种关系数据库提供统一访问接口，它可以向相应数据库发送 SQL 调用，并将 Java 和 JDBC 结合起来，因此程序员只需编写一次程序，该程序就可以在任何平台上运行。JDBC 可以说是 Java 程序开发者和数据库厂商之间的“桥梁”，Java 程序开发者和数据库厂商可以在统一的 JDBC 标准之下，负责各自的工作。同时，任何一方的改变对另一方都不会产生明显影响。

JDBC 的作用概括起来包括以下几方面。

① 建立与数据库的连接。

② 向数据库发出 SQL 请求。

③ 处理数据库的返回结果。

2. JDBC 的框架结构

JDBC 的框架结构包括 4 个部分，即 Java 应用程序、JDBC API、JDBC Driver Manager 和 JDBC 驱动程序。Java 应用程序调用统一的 JDBC API，再由 JDBC API 通过 JDBC Driver Manager 装载 JDBC 驱动程序，建立与数据库的连接，向数据库提交 SQL 请求，并将数据处理结果返回给 Java 应用程序。

在 JDBC 的框架结构中，供程序员编程调用的接口与类集成在 java.sql 包和 javax.sql 包中，如 java.sql 包中常用的有 DriverManager 类、Connection 对象、Statement 对象和 ResultSet 对象。

3. JDBC 驱动程序的类型

JDBC 驱动程序有以下 4 种类型。

① JDBC-ODBC 桥。JDBC-ODBC 桥能将对 JDBC API 的调用转换为对 ODBC API 的调用，能够访问开放式数据库互连（Open Database Connectivity，ODBC）可以访问的所有数据库，如 Microsoft Access、Visual FoxPro 数据库等。但是这种驱动程序执行效率低、功能不够强大。

② 本地 JDBC API 调用和部分 Java 驱动程序。这种驱动程序将 JDBC API 调用转换为数据库厂商专用的 API，再去访问数据库，其访问效率较低，容易导致服务器宕机。

③ 中间数据库访问服务器。中间数据库访问服务器独立于数据库，它只和一个中间层进行通信，由中间层实现多个数据库的访问。与前两种驱动程序相比，这种驱动程序的执行效率较高，且驱动程序可以动态地被下载，但是不同的数据库需要下载不同的驱动程序。

④ 纯 Java 驱动程序。纯 Java 驱动程序由数据库厂商提供，是最成熟的 JDBC 驱动程序之一，所有数据的存取操作都直接由驱动程序完成，存取速度快，还可以跨平台。

4. 使用 JDBC 访问数据库

使用 JDBC 访问数据库的主要步骤如下。

① 注册并加载连接数据库的驱动程序。使用 Class.forName（JDBC 驱动程序类）的方式显式加载一个驱动程序类。

② 创建与数据库的连接。创建与数据库的连接要用到 java.sql.DriverManager 类和 java.sql.Connection 对象，使用 getConnection()方法建立与数据库的连接。

③ 通过连接对象获取实例对象。Connection 对象的 3 个方法可以用于创建类的实例，它们分别是 Statement()方法、PreparedStatement()方法和 CallableStatement()方法。

④ 使用实例对象执行 SQL 语句。

⑤ 获取结果集，并对结果集进行相应处理。

⑥ 释放资源。

【知识 9-2】熟知 JDBC 的 DriverManager 类

DriverManager 类是 java.sql 包中用于管理数据库驱动程序的类，用户需要根据数据库的不同，注册、装载相应的 JDBC 驱动程序，JDBC 驱动程序负责直接连接相应的数据库。在 DriverManager 类中有已注册的驱动程序清单，当调用 DriverManager 类的 getConnection()方法时，它将检查清单中所有的驱动程序，直到找到可与 URL 中指定的数据库进行连接的驱动程序为止。只要加载了合适的驱动程序，DriverManager 对象就开始管理连接。

使用 Class.forName（JDBC 驱动程序类）的方式显式加载一个驱动程序类时，由驱动程序负责向 DriverManager 类登记注册，在连接数据库时，DriverManager 类将使用该驱动程序。

（1）其基本语法格式如下。

```
Class.forName（"JDBC 驱动程序类"）;
```

（2）连接 MySQL 的驱动程序的示例代码如下。

```
Class.forName("com.mysql.cj.jdbc.Driver");
```

（3）连接 SQL Server 的驱动程序的示例代码如下。

```
Class.forName("com.microsoft.sqlserver.jdbc.SQLServerDriver");
```

（4）连接 Oracle 的驱动程序的示例代码如下。

```
Class.forName("oracle.jdbc.driver.OracleDriver");
```

【知识 9-3】熟知 JDBC 的 Connection 对象

JDBC 的 Connection 对象负责连接数据库并完成传送数据的任务。其与特定数据源建立连接是进行数据库访问操作的前提。一个 Connection 对象代表与数据库的一个连接，连接过程包括执行 SQL 语句和在该连接上返回执行结果。只有在成功建立连接的前提下，SQL 语句才能被传递到数据库中，最终被执行并返回结果。

（1）Connection 对象的主要方法

Connection 对象的主要方法如下。

① Statement createStatement()：创建一个 Statement 对象。

② Statement createStatement(int resultSetType, int resultSetConcurrency)：创建一个 Statement 对象，它将生成具有特定类型和并发性的结果集。

③ void commit()：提交对数据库的修改并释放当前连接持有的数据库的锁。

④ void rollback()：回滚当前事务中的所有操作并释放当前连接持有的数据库的锁。

⑤ boolean isClose()：判断连接是否已关闭。

⑥ boolean isReadOnly()：判断连接是否为只读模式。

⑦ void setReadOnly()：设置连接的只读模式。

⑧ void clearWarning()：清除连接的所有警告信息。

⑨ void close()：立即释放连接对象的数据库和 JDBC 资源。

（2）使用 getConnection()方法建立与数据库的连接

使用 DriverManager 类的 getConnection()方法建立与数据库的连接，并返回一个 Connection 对象，该方法的参数包括目的数据库的 URL、当前数据库用户名和密码。

getConnection()方法的定义如下。

```
static Connection getConnection(String url , String username , String password)
```

使用 getConnection()方法的基本语法格式如下。

```
Connection conn = DriverManager.getConnection("JDBC URL", "当前数据库用户名", "密码");
```

连接 MySQL 的示例代码如下。

```
Connection conn = DriverManager.getConnection("jdbc:mysql://localhost:3306/
                GoodsManage?useSSL=false & characterEncoding=utf-8");
```

连接 SQL Server 的示例代码如下。

```
Connection conn = DriverManager.getConnection("jdbc:sqlserver://localhost:1433;
                        DatabaseName= GoodsManage", "sa", "123456");
```

连接 Oracle 的示例代码如下。

```
Connection conn = DriverManager.getConnection("jdbc:oracle:thin:@localhost:1521:
                              GoodsManage ", "system", "123456");
```

（3）使用 getMetaData()方法获取数据库的元数据

数据库的元数据主要包括数据表的基本信息、表中列的信息、索引信息、存储过程信息等。获取数据库元数据可以更加方便地访问数据库。利用这些信息，用户不必完全了解数据库结构就可以访问数据库。

数据库的元数据可以通过 DatabaseMetaData 对象获得，但要使用 Connection 对象的 getMetaData()方法创建 DatabaseMetaData 对象，从该对象中获取数据库的基本信息。

DatabaseMetaData 对象的主要方法如下。

① String getURL()：获取数据库系统的 URL。

② String getDatabaseProductName()：获取数据库产品名。

③ String getDriverName()：获取驱动程序名。

④ ResultSet getTables(String catalog, String schemaPattern, String tableNamePattern, String[ ] types)：获取数据表的信息。返回一个结果集，主要的字段有 TABLE_NAME、TABLE_TYPE 等。

⑤ ResultSet getColumns(String catalog , String schemaPattern , String tableNamePattern , String columnNamePattern)：获得表的列信息，返回的结果集中每一行都是一个列描述，主要的字段有 COLUMN_NAME、COLUMN_SIZE、TYPE_NAME 等。

⑥ ResultSet getProcedures(String catalog, String schemaPattern, String procedureNamePattern)：获取存储过程的信息，返回的结果集中每一行都是一个存储过程的描述，主要的字段有 PROCEDURE_NAME 等。

⑦ ResultSet getProcedureColumns(String catalog , String schemaPattern , String procedureNamePattern , String columnNamePattern)：获取存储过程结果集中的列信息。

对于记录集对象，也可以使用 ResultSet 的 getMetaData()获取表的元数据。该方法返回的是 ResultSetMetaData 对象。ResultSetMetaData 对象的主要方法如下。

① int getColumnCount()：返回结果集的列数。

② String getColumnName(int column)：返回指定列的名称。

③ int getColumnType(int column)：返回指定列的类型。

④ boolean isAutoIncrement(int index)：判断指定字段是否为自增字段。

【知识 9-4】熟知 JDBC 的 Statement 对象

Statement 对象用于在已经建立连接的基础上向数据库发送 SQL 语句，包括查询、新增、修改和删除数据记录等操作。

1. 创建 Statement 对象

Statement 对象使用 Connection 对象的 createStatement()方法创建，用来执行静态的 SQL 语句并返回执行结果。

示例代码如下。

```
statement stmt = conn.createStatement();
```

如果要建立可滚动的结果集，则基本语法格式如下。

```
public Statement createStatement(int resultSetType , int resultSetConcurrency)
```

其中，参数 resultSetType 可以取静态类，其常量如下。

① TYPE_FORWARD_ONLY：只能使记录指针向前移动，为默认值。

② TYPE_SCROLL_INSENSITIVE：可以操作数据集的记录指针，但不能反映数据的变化。

③ TYPE_SCROLL_SENSITIVE：可以操作数据集的记录指针，能反映数据的变化。

参数 resultSetConcurrency 可以取静态类，其常量如下。

① CONCUR_READ_ONLY：不可进行更新操作。

② CONCUR_UPDATABLE：可以进行更新操作，为默认值。

创建 Statement 对象的示例代码如下。

```
Statement statement = conn.createStatement ( ResultSet.TYPE_SCROLL_SENSITIVE ,
                                             ResultSet.CONCUR_READ_ONLY ) ;
```

其中，参数 ResultSet.TYPE_SCROLL_SENSITIVE 表示滚动方式，即允许记录指针向前或向后移动，且当其他 ResultSet 对象改变记录指针时，不影响记录指针的位置；参数 ResultSet.CONCUR_READ_ONLY 表示不可以用结果集更新数据库，即表示 ResultSet 对象中的数据仅能读，不能修改。

2. 使用 Statement 对象执行 SQL 语句

Statement 对象提供了 3 种执行 SQL 语句的方法：executeQuery()、executeUpdate()和 execute()。使用哪一种方法由 SQL 语句产生的内容决定。

① ResultSet executeQuery(String strSql)：返回单个结果集，主要用于在 Statement 对象中执行 SQL 查询语句，并返回查询生成的 ResultSet 对象。

使用 executeQuery()方法的示例代码如下。

```
String strSql = "Select MAX(价格) From 商品数据表";
ResultSet rs = statement.executeQuery(strSql);
```

② int executeUpdate(String strSql)：用于执行 Insert、Update、Delete 和 SQL 数据定义语言（Data Definition Language，DDL）语句，返回一个整数值，表示执行 SQL 语句影响的数据表行数。

使用 executeUpdate()方法的示例代码如下。

```
String strSql = "Update 用户表 Set 密码='" +password
                +"' Where 用户编号='" + code +"'" ;
int num = statement.executeUpdate(strSql);
```

③ boolean execute(String sql)：执行 SQL 语句的一般方法，其允许用户执行 SQL 数据定义语句，并获取一个布尔值，表示是否返回了 ResultSet 对象。

该方法可用于执行返回多个结果集、多个更新结果或两者组合的语句。

3. 关闭 Statement 对象

Statement 对象由 Java 垃圾收集程序自动关闭。而为了养成良好的编程习惯，应在不需要 Statement 对象时显式地关闭它们，这有助于避免潜在的内存问题。

关闭 Statement 对象的示例代码如下。

```
statement.close() ;
```

【知识 9-5】熟知 JDBC 的 ResultSet 对象

ResultSet 对象负责保存 Statement 对象执行后返回的查询结果。ResultSet 对象实际上是一个由查询结果构成的表。在 ResultSet 对象中隐含着一个记录指针，利用这个记录指针移动数据行，可以取得所需数据，或者对数据进行简单的操作。

JDBC 的 ResultSet 对象包含执行某个 SQL 语句后返回的所有行，表示返回结果集的数据表，该结果集可以由 Statement 对象、PreparedStatement 对象或 CallableStatement 对象执行 SQL 语句后返回。ResultSet 对象提供了对结果集中行的访问，借助记录指针的移动，可以遍历 ResultSet 对象内的每个数据项。因为一开始指针指向的是第一条记录之前，所以必须先调用 next()方法才能取出第一条记录，而第二次调用 next()方法时记录指针就会指向第二条记录，以此类推。

SQL 数据类型与 Java 数据类型并不完全匹配，需要一种转换机制，通过 ResultSet 对象提供的 getXxx()方法，可以取得数据项内的每个字段的值（Xxx 代表对应字段的数据类型，如 Int、String、Double、Boolean、Date、Time 等），可以使用字段的索引或字段的名称获取字段的值。一般情况下，使用字段的索引来获取字段的值，字段索引从 1 开始编号。为了获得最大的可移植性，应该按从左到右的顺序读取行数据，每列只能读取一次。假设 ResultSet 对象内包含两个字段，分别为整型和字符型，则可以使用 rs.getInt(1)与 rs.getString(2)来取得这两个字段的值（1、2 分别代表各字段的相对位置）。当然，也可以使用列的字段名来指定列，如 rs.getString("name")。

例如，下面的程序代码利用 while 语句输出 ResultSet 对象的所有数据项，因为当记录指针移动到有效的行时，next()方法返回 true，当超出了记录末尾或者 ResultSet 对象没有下一条记录时，next()方法返回 false。

```
while( rs.next() ) {
    System.out.println( rs.getInt(1) );
    System.out.println( rs.getString(2) );
}
```

ResultSet 对象提供了用于在结果集中自由移动记录指针的一系列方法，以增强应用程序的灵活性和提高程序执行的效率。

ResultSet 对象的常用方法如下。

① void first()：将记录指针移动到结果集的第一行。
② void last()：将记录指针移动到结果集的最后一行。
③ void previous()：将记录指针从当前位置向前移动一行。
④ void next()：将记录指针从当前位置向后移动一行。
⑤ void beforeFirst()：将记录指针移动到结果集的第一行之前。
⑥ void afterLast()：将记录指针移动到结果集的最后一行之后。
⑦ boolean absolute(int row)：将记录指针移动到结果集中给定编号的行。
⑧ boolean isFirst()：如果记录指针位于结果集的第一行，则返回 true，否则返回 false。
⑨ boolean isLast()：如果记录指针位于结果集的最后一行，则返回 true，否则返回 false。
⑩ boolean isBeforeFirst()：如果记录指针位于结果集的第一行之前，则返回 true，否则返回 false。
⑪ boolean isAfterLast()：如果记录指针位于结果集的最后一行之后，则返回 true，否则返回 false。
⑫ int getRow()：获取当前行的编号。

【知识 9-6】熟知 JDBC 的 PreparedStatement 对象

PreparedStatement 接口继承自 Statement 接口，由于 PreparedStatement 对象中要执行的 SQL 语句已经编译过，其执行速度要快于 Statement 对象。

PreparedStatement 对象是使用 Connection 对象的 prepareStatement()方法创建的。创建 PreparedStatement 对象的示例程序如下。

```
String strSql = "Select 用户编号 From 用户表 Where 用户编号=?";
PreparedStatement ps = conn.prepareStatement(strSql);
ps.setString(1, code);                //变量 code 用来存放用户编号
ResultSet rs = ps.executeQuery();
```

PreparedStatement 对象中要执行的 SQL 语句可以包含一个或多个输入参数，参数的值在 SQL 语句创建时未被指定，而为每个参数保留了一个占位符“?”，在执行 PreparedStatement 对象之前，必须设置每个占位符“?”的值，这个过程可以通过调用 setXxx()方法来完成，其中 Xxx 表示该参数

对应的数据类型。例如，若参数是 String 类型的，则使用 setString()方法设置占位符的值，即 ps.setString(1, code)。setString()方法中的第一个参数表示要设置值的占位符在 SQL 语句中的位置，第二个参数表示赋给该参数的值。

PreparedStatement 接口继承自 Statement 接口的 3 种方法：execute()、executeQuery()和 executeUpdate()。但这 3 种方法不需要参数。其中，execute()方法用于在 PreparedStatement 对象中执行 SQL 语句，该 SQL 语句可以是任何种类的 SQL 语句；executeQuery()方法用于在 PreparedStatement 对象中执行 SQL 查询语句，并返回查询生成的 ResultSet 对象；executeUpdate()方法用于在 PreparedStatement 对象中执行 SQL 语句，该 SQL 语句必须是 SQL 数据操作语句（如 Insert、Update、Delete 语句），或者是无返回值的 SQL 语句（如 DDL 语句）。

【知识 9-7】熟知 JDBC 的 CallableStatement 对象

以下存储过程中的 updateUserInfo 对象用于修改数据库“goodmanage”的“用户表”中指定编号的密码。

```
CREATE DEFINER='root'@'localhost' PROCEDURE `updateUserInfo' (IN 'userCode' char(6),
                                                    IN 'userPassword' varchar(20))
BEGIN
    UPDATE '用户表' SET 密码=strPassword WHERE 用户名=strName ;
END
```

CallableStatement 接口扩展了 PreparedStatement 接口，用于执行存储过程。

CallableStatement 对象是使用 Connection 对象的 prepareCall()方法创建的，创建 PreparedStatement 对象的示例程序如下，其中包含对存储过程 updateUserInfo 的调用，该存储过程包含两个输入参数，不包含输出参数。

```
package unit09;
import java.sql.*;
public class Example9_1 {
    public static void main(String[ ] args) throws SQLException {
        Connection conn;
        CallableStatement cs;
        int num;
        try {
            Class.forName("com.mysql.cj.jdbc.Driver");
            String url ="jdbc:mysql://localhost:3306/goodsmanage?useSSL=false&
                                    characterEncoding=utf-8";
            conn = DriverManager.getConnection(url, "root", "123456");
            cs = conn.prepareCall("{ call updateUserInfo( ?,? ) }");
            cs.setString(1, "100006");    //用户编号
            cs.setString(2, "258");        //密码
            num = cs.executeUpdate();
            System.out.println(num);
        } catch (ClassNotFoundException e) {
        }
```

```
    }
}
```

创建 CallableStatement 对象的基本语法格式如下。

```
Connection 对象名.prepareCall("{ call 存储过程名 }");
```

对存储过程的调用有以下 4 种语法格式。

① 调用无参数的存储过程：{ call 存储过程名 }。

② 调用仅有输入参数的存储过程：{ call 存储过程名(? , ? , …) }。

③ 调用有一个输出参数的存储过程：{ ? = call 存储过程名 }。

④ 调用既有输入参数又有输出参数的存储过程：{ ? = call 存储过程名(? , ? , …) }。

调用存储过程时，使用“?”作为输入参数的占位符，将输入参数的值传递给 CallableStatement 对象是通过 setXxx()方法完成的，该方法继承自 PreparedStatement 接口，传入参数的数据类型决定了所用的 setXxx()方法类型。例如，如果参数的数据类型是 String，则使用 setString()方法，即 cs.setString(1, name)，第一个参数表示要设置值的占位符的位置，第二个参数表示赋给该参数的值。

【实例验证】

连接 MySQL 数据库的示例程序 Example9_2.java 如表 9-1 所示。

表 9-1　连接 MySQL 数据库的示例程序 Example9_2.java

序号	程序代码
01	package unit09;
02	import java.sql.*;
03	public class Example9_2 {
04	public static void main(String[ ] args) throws SQLException {
05	Statement stmt = null;
06	ResultSet rs = null;
07	Connection conn = null;
08	try {
09	// 注册数据库的驱动
10	Class.forName("com.mysql.cj.jdbc.Driver");
11	// 声明数据库地址，通过 DriverManager 类获取数据库连接
12	String url ="jdbc:mysql://localhost:3306/test_db?useSSL=false&
13	characterEncoding=utf-8";
14	// 声明登录 MySQL 的用户名和密码
15	String username = "root";
16	String password = "123456";
17	// 调用 getConnection()方法进行连接
18	conn = DriverManager.getConnection(url, username, password);
19	// 通过 Connection 对象获取 Statement 对象
20	stmt = conn.createStatement();
21	// 使用 executeQuery()方法执行 SQL 语句
22	String sql = "Select * From user";
23	rs = stmt.executeQuery(sql);
24	//　操作 ResultSet 对象结果集
25	System.out.println("id\t username\t role");
26	while (rs.next()) {
27	int id = rs.getInt("id"); // 通过列名获取指定字段的值

序号	程序代码
28	String name = rs.getString("username");
29	int role = rs.getInt("role");
30	System.out.println(id + "\t " + name + "\t\t " +role);
31	}
32	} catch (ClassNotFoundException e) {
33	} finally {
34	// 回收数据库资源
35	if (rs != null) {
36	try {
37	rs.close();
38	} catch (SQLException e) {
39	}
40	rs = null;
41	}
42	if (stmt != null) {
43	try {
44	stmt.close();
45	} catch (SQLException e) {
46	}
47	stmt = null;
48	}
49	if (conn != null) {
50	try {
51	conn.close();
52	} catch (SQLException e) {
53	}
54	conn = null;
55	}
56	}
57	}
58	}

程序 Example9_2.java 的运行结果如下。

```
id    username    role
1     admin       0
2     test01      1
3     test02      1
```

【知识 9-8】数据库应用系统的多层架构

设计数据库应用系统时，可以将应用系统划分为 4 层：用户界面层、业务逻辑层、数据访问层和数据实体层。用户界面层用于向用户显示数据和接收用户的操作请求，通常表现为交互界面，如 Windows 窗口或 Web 页面；业务逻辑层是指根据应用程序的业务逻辑处理要求，对数据进行传递和处理，如验证处理、业务逻辑处理等，业务逻辑层的实现形式通常为类库；数据访问层是指对数据源中的数据进行读写操作，数据源包括关系数据库、数据文件或 XML 文档等，对数据源的访问操作都封装在该层，其他层不能越过该层直接访问数据库，数据访问层的实现形式也为类库；数据实体层包含各种实体类，通常情况下一个实体类对应数据库中的一张关系表，实体类中的属性对应关系表中的字段，通过实体类可以实现对数据表数据的封装，并将实体对象作为数据载体，有利于数据在各层之间的传递，数据实体层的实现形式也为类库。

在这种多层架构中，数据实体层中的实体类作为数据的载体，以实现数据的形式在各层之间传递。用户界面层接收用户的请求后，将请求向业务逻辑层传递。业务逻辑层接收请求后，会根据业务规格进行处理，并将处理后的请求转交给数据访问层。数据访问层接收请求后会访问数据库，在得到从数据库返回的请求结果后，数据访问层会将请求结果返回给业务逻辑层。业务逻辑层收到返回结果后，会对结果进行审核和处理，然后将请求的结果返回给用户界面层，用户界面层收到返回结果后会以适当的方式呈现给用户。

9.1 查询数据表中的数据

【任务 9-1】基于数据库设计用户类型查询应用程序

【任务描述】

（1）在 Apache NetBeans IDE 中创建 Java 应用程序项目 Unit09。

（2）在 Java 应用程序项目 Unit09 中添加 JAR 文件。

（3）在 Java 应用程序项目 Unit09 中创建一个 Java 类 BrowseUserData9_1，从“用户类型表”中查询所有用户类型数据，验证 JDBC 驱动程序的加载、数据库连接的创建、SQL 语句的执行是否顺利。

【知识必备】

【知识 9-9】熟知在 Apache NetBeans IDE 中正确连接 MySQL 数据库的条件

在 Apache NetBeans IDE 中正确连接 MySQL 数据库必备的条件如下。

（1）必须先正确安装好 MySQL 并设置好环境变量。

（2）必须在 Java 项目中创建库与添加 JAR 文件。

连接与访问 MySQL 数据库的 JDBC 驱动程序主要有 MySQL 5.0 的 JAR 包（如 mysql-connector-java-5.1.49.jar）和 MySQL 8.0 的 JAR 包（如 mysql-connector-java-8.0.29.jar）。

（3）正确编写注册驱动程序的代码。

使用 MySQL 5.0 的 JAR 包时，按如下所示的代码注册驱动程序。

```
Class.forName("com.mysql.jdbc.Driver");
```

使用 MySQL 8.0 的 JAR 包时，按如下所示的代码注册驱动程序。

```
Class.forName("com.mysql.cj.jdbc.Driver");
```

（4）建立好连接。

加载好 JDBC 驱动程序后，可以使用 DriverManager 类的 getConnection()方法来建立连接。

【知识 9-10】在 Java 项目中创建库与添加 JAR 文件

1. 创建 Java 应用程序项目和 Java 包

（1）在 Apache NetBeans IDE 中创建项目 Unit09。

（2）在项目 Unit09 中创建 Java 包 unit09。

2. 在 Java 应用程序项目 Unit09 中添加 JAR 文件

在文件夹 Unit09 下建立子文件夹 JDBCDrivers，并将 MySQL 驱动程序包 mysql-connector-java-8.0.29.jar 复制到文件夹 JDBCDrivers 中。

在项目 Unit09 中导入驱动程序库，在 Apache NetBeans IDE 的【Projects】窗口中右击节点“Libraries”，在弹出的快捷菜单中选择【Add Library】选项，如图 9-5 所示，弹出【Add Library】对话框。

在该对话框中单击【Create】按钮，弹出【Create New Library】对话框，在该对话框的“Library Name”文本框中输入新库的名称“MySQLLibrary”，“Library Type”下拉列表框中默认选择的是“Class Libraries”，如图 9-6 所示。

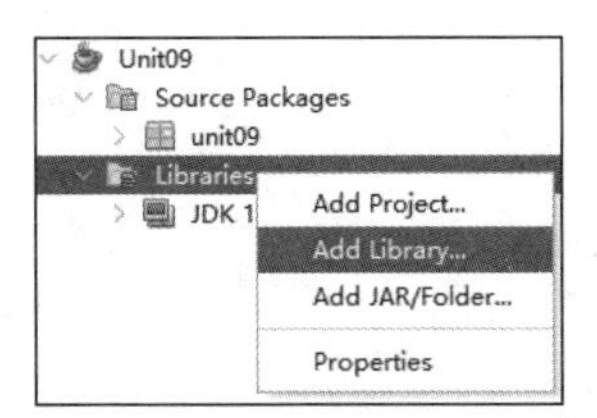

图 9-5　在快捷菜单选择【Add Library】选项

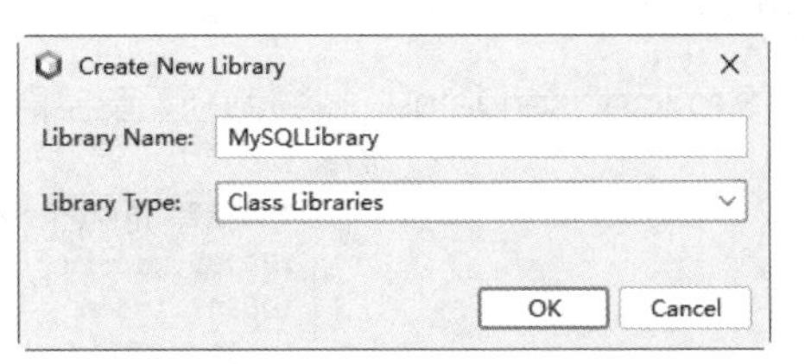

图 9-6　【Create New Library】对话框

单击【OK】按钮，关闭【Create New Library】对话框，弹出【Customize Library】对话框，在该对话框中单击【Add JAR/Folder】按钮，弹出【Browse JAR/Folder】对话框，在其中选择需要添加的 JAR 文件，这里选择“mysql-connector-java-8.0.29.jar”，如图 9-7 所示。

单击【Add JAR/Folder】按钮，返回【Customize Library】对话框，如图 9-8 所示。

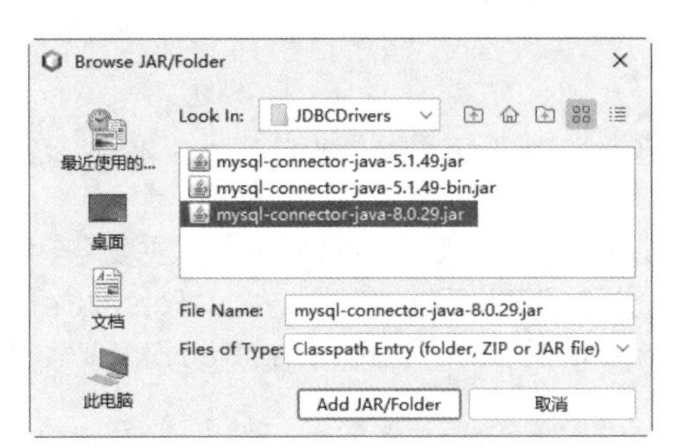

图 9-7　【Browse JAR/Folder】对话框

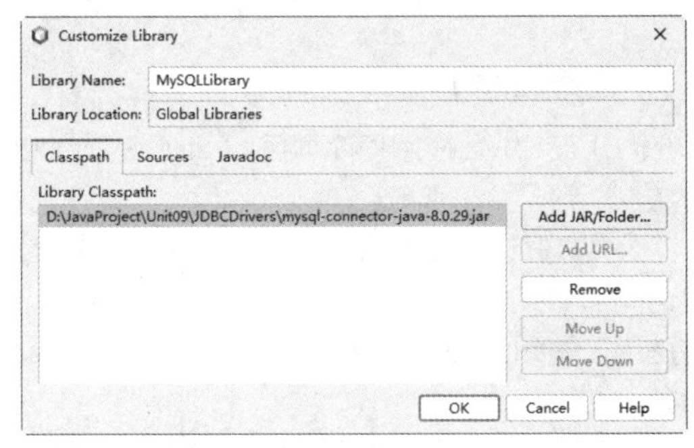

图 9-8　【Customize Library】对话框

> **提示**　在【Customize Library】对话框中选中 JAR 文件，单击【Remove】按钮，可以删除已添加的 JAR 文件。

在【Customize Library】对话框中单击【OK】按钮，关闭该对话框。在【Add Library】对话框中可以看到，已成功将所选择的 JAR 文件添加到“Available Libraries”列表框中，如图 9-9 所示。

在【Add Library】对话框中选择新创建的可用库“MySQLLibrary”，单击【Add Library】按钮，即可将新创建的库 MySQLLibrary 导入项目中。

成功添加新创建的库 MySQLLibrary 后，【Projects】窗口中项目 Unit09 的列表项如图 9-10 所示。

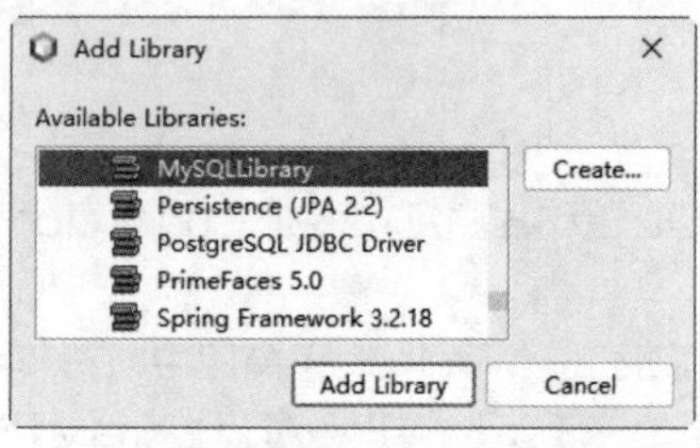

图 9-9 【Add Library】对话框

图 9-10 【Projects】窗口中项目 Unit09 的列表项

【任务实现】

电子活页 9-1

扫描二维码，浏览电子活页 9-1，熟悉本任务的实现过程。

【程序运行】

程序 BrowseUserData9_1.java 的运行结果如图 9-11 所示。

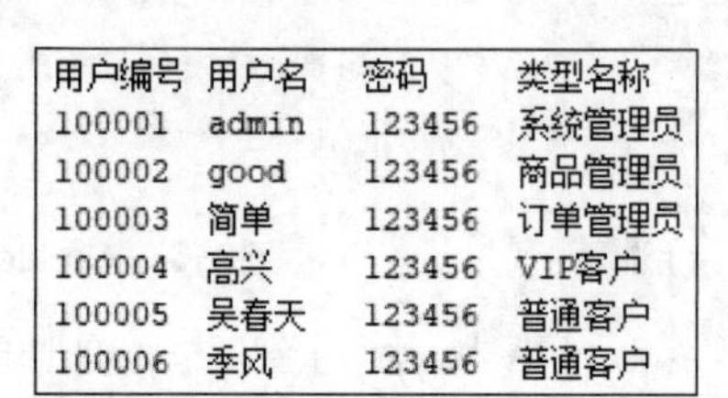

```
用户编号 用户名   密码     类型名称
100001  admin   123456  系统管理员
100002  good    123456  商品管理员
100003  简单     123456  订单管理员
100004  高兴     123456  VIP客户
100005  吴春天   123456  普通客户
100006  季风     123456  普通客户
```

图 9-11 程序 BrowseUserData9_1.java 的运行结果

【任务 9-2】基于数据库设计用户登录程序

【任务描述】

（1）在 Java 应用程序项目 Unit09 的 unit09 包中创建公共数据访问类 DataAccessClass 及其方法。

公共数据访问类 DataAccessClass 包括多个方法，其中 getSQLServerConn()方法主要用于创建访问 MySQL 数据库的连接对象，closeConnection()方法用于关闭连接对象，closeResultSet()方法用于关闭 ResultSet 对象，closePreparedStatement()方法用于关闭 PreparedStatement 对象。

连接并访问 MySQL 数据库，数据库名称为 GoodsManage，在该数据库中添加两个数据表，名称分别为用户表、用户类型表，其中用户表的结构如表 9-2 所示。

表 9-2 用户表的结构

字段名称	数据类型	初始长度	小数位
用户 ID	int	0	0
用户编号	char	6	0
用户名	varchar	20	0
密码	varchar	20	0
E-mail	varchar	50	0
用户类型	int	0	0
注册日期	date	0	0

用户表中的数据如表 9-3 所示。

表 9-3　用户表中的数据

用户 ID	用户编号	用户名	密码	E-mail	用户类型	注册日期
1	100001	admin	123456	admin@163.com	1	
2	100002	better	123456	good@163.com	2	
3	100003	简单	123	sali@126.com	3	
4	100004	高兴	456	gxl888@163.com	4	
5	100005	吴春天	666	wcht@qq.com	5	
6	100006	季风	888	jifeng@163.com	5	

用户类型表的结构如表 9-4 所示。

表 9-4　用户类型表的结构

字段名称	数据类型	初始长度	小数位
用户类型 ID	int	0	0
类型名称	varchar	10	0

用户类型表中的数据如表 9-5 所示。

表 9-5　用户类型表中的数据

用户类型 ID	类型名称
1	系统管理员
2	商品管理员
3	订单管理员
4	VIP 客户
5	普通客户

（2）在 Java 应用程序项目 Unit09 的 unit09 包中创建 JFrame 窗体 UserLogin9_2，窗体的设计外观如图 9-12 所示，该窗体用于实现用户登录功能。

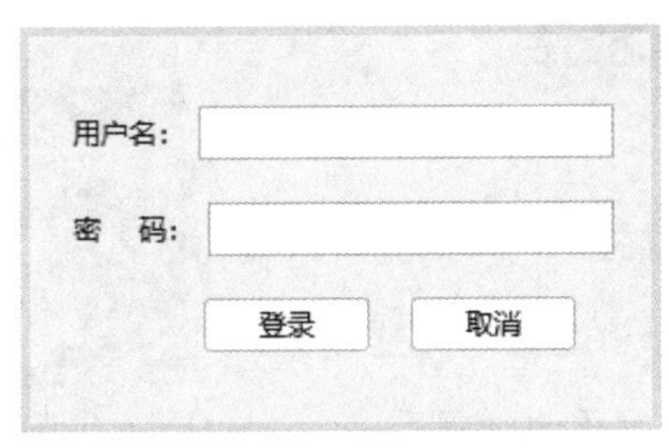

图 9-12　JFrame 窗体 UserLogin9_2 的设计外观

（3）编写程序并使用 JDBC 方式实现用户登录功能。

【任务实现】

扫描二维码，浏览电子活页 9-2，熟悉本任务的实现过程。

电子活页 9-2

【程序运行】

程序 UserLogin9_2.java 的运行结果如图 9-13 所示，单击【登录】按钮，将弹出图 9-14 所示的【消息】对话框，表示登录成功。

图 9-13　程序 UserLogin9_2.java 的运行结果

图 9-14 【消息】对话框（表示登录成功）

9.2 新增数据表中的数据

【任务 9-3】基于数据库设计用户注册程序

【任务描述】

（1）在 Java 应用程序项目 Unit09 的 unit09 包中创建 JFrame 窗体 UserRegister9_3，窗体的设计外观如图 9-15 所示。

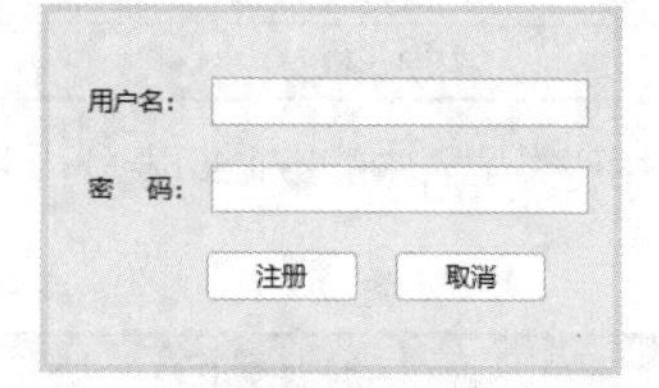

图 9-15　JFrame 窗体 UserRegister9_3 的设计外观

（2）编写程序并使用 JDBC 方式实现用户注册功能。

【任务实现】

扫描二维码，浏览电子活页 9-3，熟悉本任务的实现过程。

【程序运行】

运行程序 UserRegister9_3.java，在“用户名”文本框中输入用户名，这里输入“江南”，在“密码”文本框中输入密码，这里输入“123456”，如图 9-16 所示。单击【注册】按钮，弹出图 9-17 所示的【消息】对话框，表示注册成功。

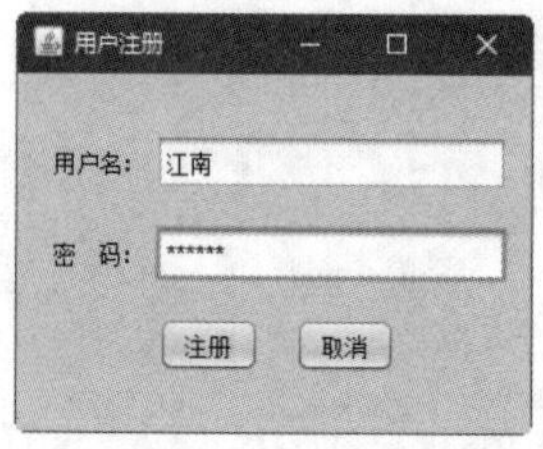

图 9-16　在【用户注册】窗口中输入用户名和密码

图 9-17 【消息】对话框（表示注册成功）

如果注册时，没有在“用户名”文本框中输入用户名，则在单击【注册】按钮时，会弹出图 9-18 所示的【消息】对话框，提示“用户名不能为空，请输入正确的用户名！”。

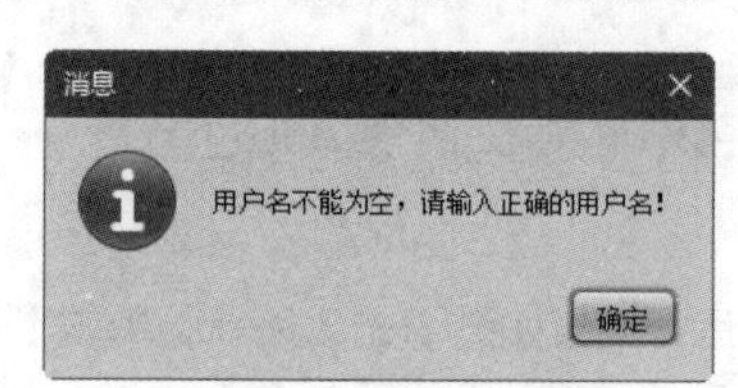

图 9-18 【消息】对话框（表示注册不成功）

9.3 修改数据表中的数据

【任务 9-4】基于数据库设计用户密码修改程序

【任务描述】

（1）在 Java 应用程序项目 Unit09 的 unit09 包中创建 JFrame 窗体 PasswordChange9_4，窗体的设计外观如图 9-19 所示。

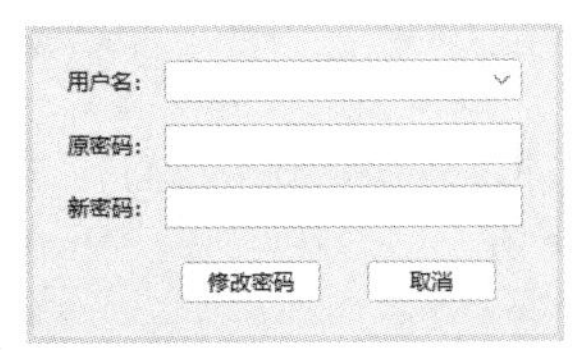

图 9-19　JFrame 窗体 PasswordChange9_4 的设计外观

（2）编写程序并使用 JDBC 方式实现修改用户密码功能。

【任务实现】

扫描二维码，浏览电子活页 9-4，熟悉本任务的实现过程。

电子活页 9-4

【程序运行】

运行程序 PasswordChange9_4.java，在“用户名”下拉列表框中选择需要修改密码的用户，如“admin”，在“原密码”文本框中将自动显示原有的密码，在“新密码”文本框中输入新的密码，如图 9-20 所示，单击【修改密码】按钮，弹出图 9-21 所示的【消息】对话框，单击【确定】按钮，即可完成密码修改操作。

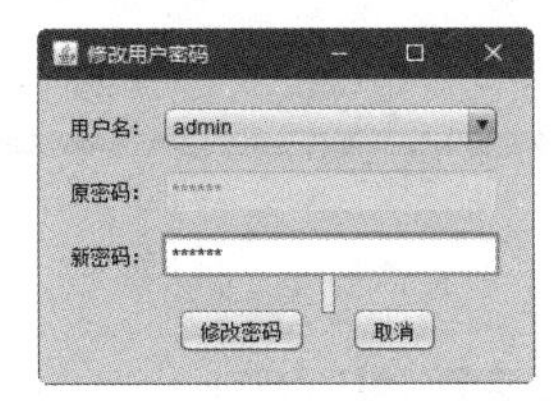

图 9-20　修改用户密码

图 9-21　【消息】对话框（完成密码修改操作）

【问题探究】

应用 JDBC 的 CallableStatement 对象实现用户密码修改操作。

【实例验证】

（1）创建存储过程。

以下存储过程 editUserPassword 用于修改用户表中指定用户的密码。

```
Create Definer='root'@'localhost' Procedure 'editUserPassword' (In 'strName' varchar(20),
                                                    In 'strPassword' varchar(20) )
Begin
    If(strName Is Not Null) Then
        Update '用户表' Set 密码=strPassword Where 用户名=strName ;
```

```
    End If;
End
```

（2）在 Java 应用程序项目 Unit09 的 DataAccessClass 类中添加 editPassword2()方法，其程序代码如表 9-6 所示，该方法用于调用 CallableStatement 对象实现用户密码的修改。

表 9-6　editPassword2()方法的程序代码

序号	程序代码
01	public int editPassword2(String name, String password) {
02	Connection conn = null;
03	CallableStatement cs;
04	int num = 0;
05	try {
06	String strSQL="{ call editUserPassword(?,?) }";
07	conn = getMySQLConn();
08	cs = conn.prepareCall(strSQL);
09	cs.setString(1, name);　　　　//设置输入参数
10	cs.setString(2, password);　　//设置输入参数
11	num=cs.executeUpdate();
12	} catch (SQLException ex) {
13	}
14	closeConnection(conn);
15	return num;
16	}

【问题探析】

使用 Connection 对象的 prepareCall()方法创建 CallableStatement 对象时，如果指定用户的密码修改成功，则表 9-6 中 11 行的 cs.executeUpdate()返回更新密码的记录行数。

编程拓展

【任务 9-5】基于数据库设计银行卡模拟系统管理程序

【任务描述】

创建图 9-22 所示的【银行卡与账户管理】窗口，该窗口中包括多个组件，单击各个按钮可以实现相应的操作，在【删除账户】【创建账户】【保存】【显示账户信息】【存款】【取款】【查找账户】【转账】和【退出】按钮的事件过程中编写响应程序，实现对应的功能。本任务要求使用基于多层架构的方式实现程序功能。

【任务实现】

扫描二维码，浏览电子活页 9-5，熟悉本任务的实现过程。

电子活页 9-5

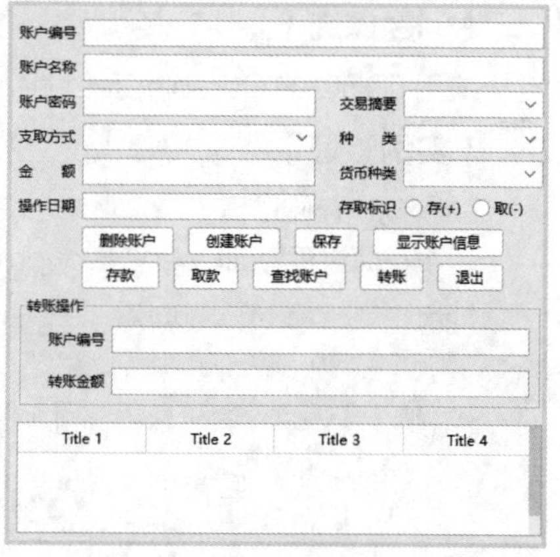

图 9-22　【银行卡与账户管理】窗口

【程序运行】

程序 BankAccountManage9_5.java 运行时的初始界面如图 9-23 所示。

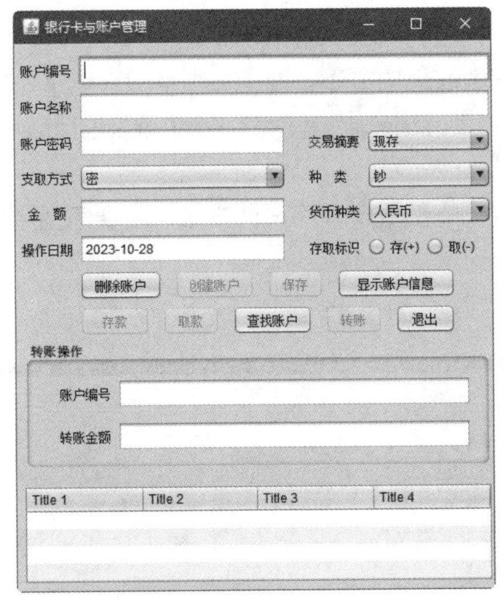

图 9-23　程序 BankAccountManage9_5.java 运行时的初始界面

在【银行卡与账户管理】窗口中可以实现以下功能。

（1）单击【显示账户信息】按钮可以显示指定账户的相关信息。

（2）单击【删除账户】按钮可以删除指定账户。

（3）单击【创建账户】按钮可以创建新账户，此时【保存】按钮变成可用状态。单击【保存】按钮可以保存新创建的账户。

（4）单击【存款】按钮可以实现存款，单击【取款】按钮可以实现取款。

（5）单击【查找账户】按钮可以查找指定账户的信息，单击【转账】按钮可以实现转账操作。

（6）单击【退出】按钮可以关闭窗口并退出程序。

考核评价

本模块的考核评价表如表 9-7 所示。

表 9-7　模块 9 的考核评价表

<table>
<tr><td rowspan="7">考核要点</td><td>考核项目</td><td colspan="2">考核内容描述</td><td>标准分</td><td>得分</td></tr>
<tr><td>编程思路</td><td colspan="2">编程思路合理，定义了必要的类，恰当地声明了变量或对象，选用了合理的实现方法</td><td>4</td><td></td></tr>
<tr><td>程序代码</td><td colspan="2">程序逻辑合理，程序代码编译成功，实现了规定功能，对可能出现的异常情况进行了预期处理。针对 MySQL 数据库访问的代码规范、正确</td><td>12</td><td></td></tr>
<tr><td>运行结果</td><td colspan="2">程序运行正确，测试数据选用合理，运行结果符合要求</td><td>2</td><td></td></tr>
<tr><td>编程规范</td><td colspan="2">命名规范、语句规范、注释规范、缩进规范，代码可读性较强</td><td>1</td><td></td></tr>
<tr><td>界面设计</td><td colspan="2">使用常用组件进行界面设计，界面布局合理、美观</td><td>1</td><td></td></tr>
<tr><td colspan="3">小计</td><td>20</td><td></td></tr>
<tr><td>评价方式</td><td colspan="2">自我评价</td><td>相互评价</td><td colspan="2">教师评价</td></tr>
<tr><td>考核得分</td><td colspan="2"></td><td></td><td colspan="2"></td></tr>
</table>

归纳总结

本模块介绍了 JDBC 的基本概念和工作原理，其中主要介绍了 JDBC 的 DriverManager 类、Connection 对象、Statement 对象、ResultSet 对象、PreparedStatement 对象和 CallableStatement 对象的基本知识及使用方法。

本模块还介绍了基于多层架构的数据库程序设计方法，主要包括用户登录程序、用户注册程序和用户密码修改程序的设计。

模块习题

1．选择题

扫描二维码，完成本模块的在线测试。

2．编程题

在 MySQL 数据库管理系统中创建一个数据库 test，在该数据库中创建一个数据表 student，该数据表包括 3 个字段：学号、姓名、性别。向该数据表中添加 2 条记录：1001、高兴、男；1002、安静、女。编写程序实现以下功能。

（1）在屏幕中显示数据表 student 中各个字段的名称。

（2）向数据表 student 中添加一条记录：1003、向海、男。

（3）将数据表 student 中学号为 1002 的学生姓名修改为“吉丽”。

（4）删除数据表 student 中学号为 1003 的记录。

（5）在屏幕中显示数据表 student 中的所有数据。

附录

附录 A　Java 程序设计综合项目实训

本附录设置了两个 Java 程序设计综合项目。综合项目主要强调功能完整性、架构多层性和编程综合性，以提升读者综合编程的能力。

【任务 A-1】在 Apache NetBeans IDE 中设计记事本程序

【任务描述】

在 Apache NetBeans IDE 中设计记事本程序，该记事本程序能实现新建文件、打开文件、保存文件的功能，在多行文本框中还能实现复制、剪切和粘贴等功能。在记事本窗体中添加 JMenuBar 菜单栏，系统自动添加两个 JMenu 菜单“File”和“Edit”，将“File”菜单的 text 属性值修改为“文件”，将“Edit”菜单的 text 属性值修改为“编辑”。在 JMenuBar 菜单栏中另外添加两个 JMenu 菜单“格式”和“帮助”。在“文件”菜单中添加多个 JMenuItem 菜单项和 1 条分隔线。

电子活页 A-1

【任务实现】

扫描二维码，浏览电子活页 A-1，熟悉本任务的实现过程。

【程序运行】

文件 NotepadA_1.java 运行时的初始界面如图 A-1 所示。

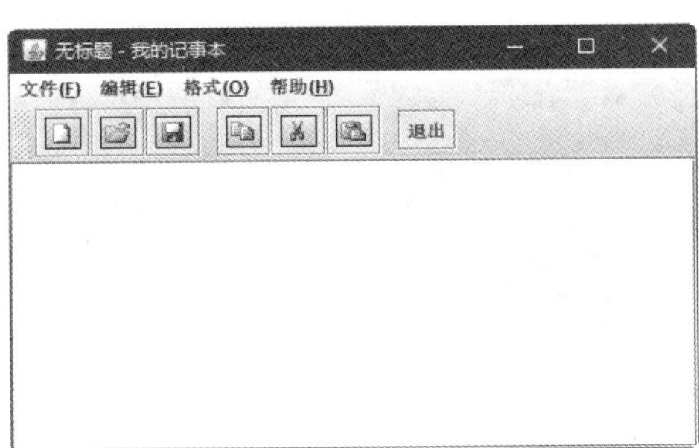

图 A-1　文件 NotepadA_1.java 运行时的初始界面

【任务 A-2】设计基于多层架构的商品信息管理程序

【任务描述】

（1）在 Java 应用程序项目 UnitA 的 unita 包中创建 JFrame 窗体 GoodsInfoManageA_2，其设计外观如图 A-2 所示。

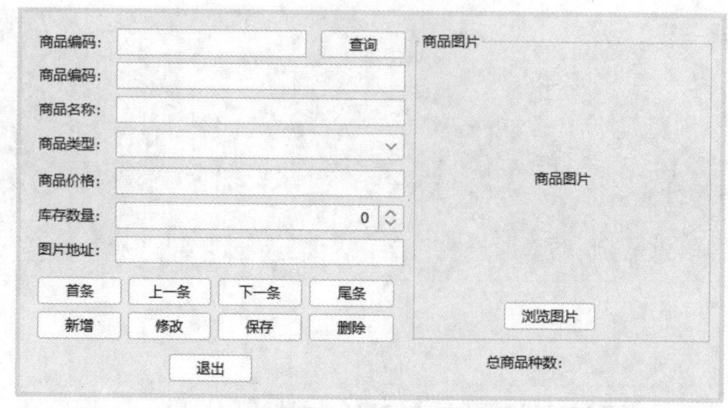

图 A-2　JFrame 窗体 GoodsInfoManageA_2 的设计外观

（2）编写程序并使用 JDBC 方式实现浏览、查询、新增、修改和删除商品信息等功能。

【任务实现】

扫描二维码，浏览电子活页 A-2，熟悉本任务的实现过程。

电子活页 A-2

【程序运行】

程序 GoodsInfoManageA_2.java 运行时的初始状态如图 A-3 所示。

【商品信息管理】窗口可以实现以下功能。

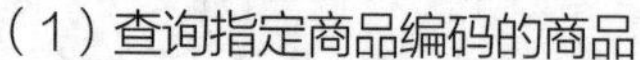

（1）查询指定商品编码的商品

在“商品编码”文本框中单击，自动选中“请输入查找的商品编码”提示文字，然后输入待查询的商品编码，如输入“100021267972”，单击【查询】按钮，即可在对应组件中显示查到的商品数据。

（2）查看商品数据

单击【首条】按钮，查看商品数据表中第一条商品数据；单击【上一条】按钮，查看商品数据表中当前记录的前一条商品数据；单击【下一条】按钮，查看商品数据表中当前记录的后一条商品数据；单击【尾条】按钮，查看商品数据表中最后一条商品数据。

（3）新增商品数据

单击【新增】按钮，此时【保存】按钮和【浏览图片】按钮变成可用状态，在各组件中输入新增商品的相应数据，单击【浏览图片】按钮，在弹出的图 A-4 所示的【打开】对话框中，选择所需的图片文件，单击【打开】按钮，再单击【保存】按钮，保存新增的商品数据。

图 A-3　程序 GoodsInfoManageA_2.java 运行时的初始状态

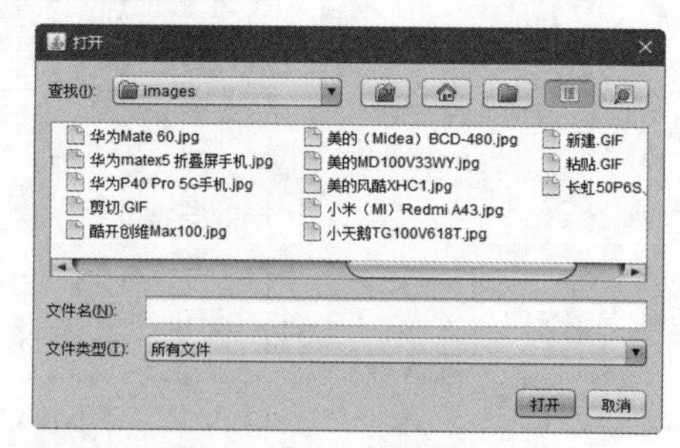

图 A-4　【打开】对话框

（4）修改商品数据

单击【修改】按钮，此时【保存】按钮和【浏览图片】按钮变成可用状态，在商品数据对应的组件中对原有数据进行修改，也可以选择新的商品图片，单击【保存】按钮，保存修改的商品数据。

（5）删除商品数据

先找到待删除商品的商品编码，再单击【删除】按钮，即可删除指定商品编码的商品数据。

（6）退出程序运行状态

单击【退出】按钮，即可关闭窗口，退出程序。

附录B Java的异常处理机制

异常（Exception）是Java程序在运行期间发生的非正常情况，它将中断指令的正常执行，是一类特殊的对象，对应Java特定的错误处理机制。Java的类库中定义了多种预定义的异常类，用于处理常见的异常。在Java程序运行期间出现异常情况时，系统会自动创建一个异常类的对象并提交给JVM，其中包含许多与错误有关的信息，如异常的类型、异常出现的位置、异常出现时程序的状态等。创建并提交异常对象的过程称为抛出异常。异常抛出后，程序中断正常流程，虚拟机查找异常处理的代码。如果程序中没有编写异常处理代码，则将由虚拟机按照默认的方法处理。

1. Java的异常类

Java提供了功能强大的异常处理机制，编写程序时通过主动处理异常来增强程序的健壮性。Java的类库提供了多个异常类，当程序出现异常时，会生成某个异常类的对象。Java.lang.Throwable类是所有异常类的父类，它有两个直接子类：Error类和Exception类。其中，Error类的异常与JVM本身发生的错误有关，用户程序不需要对其进行处理。例如，Java程序读取外部文件时，由于硬件故障无法读取文件。Exception类的子类有RuntimeException类（运行时异常，如数组索引越界、算术运算、空指针异常等）、IOException类（I/O操作异常）、SQLException类（数据库访问异常）等。

2. Java的try-catch-finally组合语句

Java的异常处理是指在程序中使用try-catch-finally组合语句捕获可能产生的异常并进行处理，使得程序的运行不被中断。为了保障Java程序的安全性，如果在程序中调用的方法可能会产生异常，那么调用方法的程序必须使用异常处理机制。

在Java程序运行过程中，如果出现异常，则会自动生成一个异常对象，该对象包含异常的相关信息，并自动提交给Java程序运行时系统。当Java程序运行时系统接收到异常对象时，将查询能处理这一异常的代码并把当前异常对象交给其处理，这个过程称为捕获异常。如果Java程序运行时系统查询不到可以捕获异常的代码，则终止Java程序的运行，并自动显示有关异常的信息，指明异常的类型和出现异常的语句位置等。

设计Java程序时，为了避免因程序引起的异常而终止程序的运行，将被监控的可能会引发异常的程序代码放置在try语句块中，当程序代码产生异常时，这个try语句块就启动Java异常处理机制并抛出一个异常对象，然后这个异常对象被在try语句块之后的catch语句块捕获。当异常对象被抛出后，程序的运行流程将按非线性的方式进行。如果此时在程序中没有匹配的catch语句块，那么程序将被终止并返回操作系统。为了避免发生类似情况，Java提供了finally语句块来解决这个问题，即无论异常对象是否被抛出，finally语句块都将被执行。

Java的try-catch-finally语句的语法格式如下。

```
try {
    一条或多条可能抛出异常的 Java 语句
} catch (异常类 变量) {
    当抛出异常后将要执行的代码
}
......
[ finally {
```

```
        无论是否发生异常，都将被执行的代码
    }]
```

try-catch-finally 语句使用说明如下。

① try-catch-finally 语句把可能产生异常的 Java 语句放入 try 语句块中，然后在该语句块后跟一个或多个 catch 语句块，每个 catch 语句块负责捕获指定类型的异常并进行处理。

② catch 语句块中的参数是某个异常类的引用变量，该引用变量应该与 try 语句块中抛出的异常对象匹配。一个 try 语句块可以对应多个 catch 语句块，用于对多个异常进行捕获，如果要捕获的异常类之间没有继承关系，则各个 catch 语句块的顺序无关紧要，但是如果它们之间具有继承关系，则应将子类的 catch 语句块放在父类的 catch 语句块之前。因此，Exception 类一定要放在最后一个 catch 语句块中。

③ 如果 try 语句块中的一条语句抛出了异常，则其后续语句不再继续执行；如果抛出的异常对象与 catch 语句块参数中的异常类匹配，异常就会被对应的 catch 语句块捕获，并执行对应的 catch 语句块中的代码，执行完毕后，程序继续运行。

④ 如果 try 语句块中没有抛出异常，则其后的各 catch 语句块不起任何作用，try 语句块运行结束后跳过 catch 语句块，继续运行 try-catch-finally 语句后面的代码。

⑤ finally 语句块是可选项，无论是否发生异常，该语句块总会执行。finally 语句块用于为异常处理提供一个统一的出口，使得控制流在转到执行 try-catch-finally 语句后面程序之前，能够完成释放资源、关闭文件等操作。

注意

无论在 try 语句块中是否发生了异常，finally 语句块中的语句都将被执行。

3. 处理 Java 的多个异常

在 Java 程序设计中，一个 try 语句块可能会抛出多个异常，这时就需要在 try 语句块后面定义多个 catch 语句块，每个 catch 语句块捕获一个对应的异常，这就是多异常处理。多异常处理使用嵌套的 try-catch-finally 语句，当内层的 try 语句块抛出一个异常对象时，首先由内层的 catch 语句块进行检查，如果与被抛出的异常对象匹配，则由该 catch 语句块进行处理，否则由外层的 try 语句块后的 catch 语句块进行处理。

4. 手动抛出异常

程序运行过程中，当满足预定义异常类的产生条件时，系统会自动抛出异常。但是对于在系统的类库中没有定义的异常类，系统不会自动抛出异常，这种情况下需要手动抛出异常。

异常可以由虚拟机抛出，也可以在 Java 程序中使用 throw 语句手动抛出。

throw 语句的语法格式如下。

```
throw 异常对象
```

其中，异常对象必须是继承自 Throwable 的异常类的对象。

5. 类的成员方法中的异常处理

类的成员方法也可能产生并抛出异常，对于方法体中产生的异常，有以下两种处理方法。

（1）在方法内使用 try-catch-finally 语句捕获并处理异常。

（2）在方法声明中增加 throws 扩展名，指定抛出对应的异常，并在调用该方法时使用 try-catch-finally 语句捕获并处理异常。

带 throws 扩展名的方法定义格式如下。

```
返回值类型  方法名（参数列表） throws 异常类
{
    方法体代码
}
```

在方法声明中使用“throws 异常类”指明该方法可能抛出的异常。方法体通过 throw 语句抛出异常后，如果由上一级代码来捕获并处理异常，则在抛出异常的方法中使用 throws 关键词在方法声明中指明要抛出的异常类；如果要在当前的方法中捕获并处理 throw 语句抛出的异常，则必须使用 try-catch-finally 语句。

如果方法中抛出多种异常，则 throws 后面是用逗号作分隔符的异常类列表。在这样定义的方法中，方法内部不处理异常，而是在方法调用时捕获并处理异常。如果抛出的是运行时异常，则异常类也可以不出现在 throws 后面的异常类列表中。

如果方法体中可能抛出多种异常，则这些异常都应该出现在 throws 后面的异常类列表中。还有一种简便的方法，即在 throws 后列出异常类的父类，如 Exception 类或 Throwable 类。

扫描二维码，浏览电子活页 B-1，阅读“Java 的异常处理机制”的完整内容。

电子活页 B-1

附录 C Java 中常用的英文缩写

（1）IDE：Integrated Development Environment，集成开发环境。

（2）GUI：Graphical User Interface，图形用户界面。

（3）JVM：Java Virtual Machine，Java 虚拟机。

（4）API：Application Program Interface，应用程序接口。

（5）AWT：Abstract Window Toolkit，抽象窗口工具箱。

（6）OOP：Object-Oriented Programming，面向对象程序设计。

（7）JDK：Java Development Kit，Java 开发工具包。

（8）SDK：Software Development Kit，软件开发工具包。

（9）J2SE：Java 2 Standard Edition，Java 2 标准版，即 Java SE。

（10）J2EE：Java 2 Enterprise Edition，Java 2 企业版，即 Java EE。

（11）J2ME：Java 2 Micro Edition，Java 2 微型版，即 Java ME。

（12）Java SE：Java Platform，Standard Edition，Java 开发平台的标准版，Java SE 以前称为 J2SE，Java SE 包含支持 Java Web 服务开发的类，并为 Java EE 提供基础。

（13）Java EE：Java Platform，Enterprise Edition，Java 平台的企业版，Java EE 以前称为 J2EE，Java EE 是在 Java SE 的基础上构建的，为企业级的应用开发提供可移植、健壮、可伸缩且安全的服务器端 Java 应用程序。

（14）Java ME：Java Platform，Micro Edition，Java 平台的微型版，Java ME 以前称为 J2ME，Java ME 为在移动设备和嵌入式设备上运行的应用程序提供一个健壮且灵活的环境。

（15）JRE：Java Runtime Environment，Java 运行时环境。

（16）EJB：Enterprise JavaBean，企业级 JavaBean，使得开发者能够方便地创建、部署和管理跨平台的基于组件的企业应用。

（17）JSP：Java Server Pages，Java 服务器页面。

（18）MVC：Model-View-Controller，模型-视图-控制器模式。其包括 3 个基本部分：模型

（Model）、视图（View）、控制器（Controller）。

（19）JFC：Java Foundation Classes，Java 基础类库。

（20）JDBC：Java Database Connectivity，Java 数据库互连。

（21）ODBC：Open Database Connectivity，开放式数据库互连。

（22）SQL：Structure Query Language，结构查询语言。

（23）URL：Uniform Resource Locator，统一资源定位符。

（24）IP：Internet Protocol，互联网协议。

（25）TCP：Transmission Control Protocol，传输控制协议。

（26）UDP：User Datagram Protocol，用户数据报协议。

（27）RIP：Routing Information Protocol，路由信息协议。

（28）DNS：Domain Name Service，域名服务。

（29）DLL：Dynamic Linked Library，动态连接库。

（30）ATM：Automated Teller Machine，自动取款机。